认知无线网络
理论与关键技术

Cognitive Wireless Network
Theory and Key Technology

冯志勇　张平　郎保真　张奇勋　编著

人 民 邮 电 出 版 社
北　京

图书在版编目（CIP）数据

认知无线网络理论与关键技术 / 冯志勇等编著. --
北京 ：人民邮电出版社，2011.1
（4G丛书）
ISBN 978-7-115-24246-4

Ⅰ. ①认… Ⅱ. ①冯… Ⅲ. ①无线电通信－通信网
Ⅳ. ①TN92

中国版本图书馆CIP数据核字(2010)第210719号

内 容 提 要

本书主要介绍了认知无线网络的基础理论、关键技术以及相关的标准化进展，共分 9 章。第 1 章主要介绍了认知无线网络的定义及概述；第 2 章重点介绍了目前学术界和工业界已经提出的一些适用于认知无线网络的网络体系架构；第 3 章介绍了认知无线网络的认知技术；第 4 章介绍了认知无线网络中的学习；第 5 章重点介绍了动态频谱管理方法和联合的无线资源管理；第 6 章介绍了课题组的又一个创新性研究方向：Self-x 算法流程；第 7 章内容提供了认知无线网络跨层优化的概述；第 8 章介绍了认知无线网络性能评估的重要指标；第 9 章提供了 CR 技术在各个标准化组织的研究进展。

本书反映了目前认知无线网络领域的最新研究成果，跟踪了国内外认知无线网络研究的动向，是全面、深入了解认知无线网络的极有价值的参考书。书中绝大部分内容取材于作者最新的研究成果和发展动向，具有一定的前瞻性和学术参考价值。本书既可供通信、电子、信息等专业的相关科研人员、研究生和大学高年级学生作为参考书，也可供信息网络技术研究开发人员、网络运营商的工程技术人员参考。

4G 丛书

认知无线网络理论与关键技术

◆ 编　　著　冯志勇　张　平　郎保真　张奇勋
责任编辑　姚予疆
执行编辑　刘　洋

◆ 人民邮电出版社出版发行　　北京市崇文区夕照寺街 14 号
邮编　100061　　电子函件　315@ptpress.com.cn
网址　http://www.ptpress.com.cn
北京艺辉印刷有限公司印刷

◆ 开本：787×1092　1/16
印张：14.75
字数：359 千字　　2011 年 1 月第 1 版
印数：1－3 000 册　　2011 年 1 月北京第 1 次印刷

ISBN 978-7-115-24246-4

定价：49.00 元

前　言

未来的无线移动通信网络，将是一个多种运营商、多种无线接入技术共存的异构网络，这个网络提供更加丰富的业务类型，同时需要利用宽带化技术来满足用户不断增长的高速数据需求。如何提升频谱利用率来满足用户带宽需求，并且如何协同异构的网络来满足各种业务的需求，给用户带来更好的体验将是未来网络面临的重大挑战。

认知无线网络是在认知无线电技术基础上形成的网络形态，是当今通信技术的前沿研究领域之一。认知无线网络具有高度的智能性，能够感知当前网络的环境信息并且能够分辨当前的网络状态，然后依据这些状态进行相应的规划决策和响应。通过引入智能性，认知无线网络能够更好地实现端到端通信目标的优化，并提高网络资源的使用效率。

认知无线网络研究的主要问题及关键技术包括以下几个方面：认知无线网络中的信息获取，包括对频谱感知，感知导频信道和认知数据库等的研究；认知无线网络学习机制，包括机器学习的广泛应用，学习方法应该考虑的问题及方法的演进；认知无线网络的动态频谱管理和联合无线资源管理；网络的各项自主管理功能，包括自配置、自优化、自愈合等；认知无线网络的跨层联合优化以及认知无线网络性能的评估指标等。与认知无线电技术相比，认知无线网络的网络结构发生了根本性的变化，增添了很多新的功能和新的元素。

为了实现上述的变化，认知无线网络应该具备以下主要特征：网络间的协同功能，对环境的感知能力；对环境变化的学习能力及对环境变化的自适应性；通信质量的高可靠性；对网络资源尤其是频谱资源的动态管理以及系统功能模块和协议的可重构性等。尽管认知无线网络的研究工作刚刚起步，但已经彰显无限的潜力，其高度的智能性将对未来的信息通信发展产生不可估量的影响，甚至会改变我们生活的方方面面，提高我们的生活质量。所以对于认知无线网络已成为全球范围内新一代信息通信网络领域具有重要意义的核心方向之一。认知无线网络具有高智能性及灵活性；从构成网络的终端、无线接入等到网络的协议、软硬件体系结构多方面都要具有自主、自管理、自配置、自优化等功能。因此，认知网络真正意义上的工程化应用，仍然有相当长的道路要走。

针对认知无线网络的标准化问题，多个国家的大学和研究机构、信息通信设备制造商和网络运营商以及国际标准化组织如 ITU、ETSI、IEEE、3GPP 等都纷纷投入大量资源对这一领域进行研究，已经取得许多令人鼓舞的重要研究成果。2004 年，软件无线电论坛成立了认知无线电工作组与认知无线电特殊兴趣组，专门开展有关认知无线电技术的研究，对认知无线电的定义、可用技术、模型架构及认知数据库等信息交互机制做出了贡献。与国外的研究几乎处于同步，国内近年来也开始了有关认知无线网络理论、关键技术以及标准化方面的研究，也获得了相应的研究成果。

本书主要介绍认知无线网络的基础理论、关键技术以及相关的标准化进展，共分9章。第1章主要介绍了认知无线网络的定义及概述，重点对认知循环，认知无线网络实现的3个阶段进行描述；第2章重点介绍了目前学术界和工业界已经提出的一些适用于认知无线网络的网络体系架构，对架构的原理、功能实体及相关的运行机制进行了详细描述。在认知网络中引入了端到端效率，并对体系架构提出了进一步的要求；第3章介绍了认知无线网络的认知技术，包括频谱检测技术、频谱感知方法、感知导频信道，以及认知数据库。对其各自的模型、原理、目前基本的研究方法及研究过程中的困难与挑战等进行了详细描述；第4章介绍了认知无线网络中的学习，包括机器学习的问题描述，认知网络的任务以及认知网络学习所面临的问题；第5章重点介绍了动态频谱管理的方法和联合的无线资源管理，其中，动态频谱管理针对不同体系架构下的不同场景对频谱管理的方法进行了分类，并介绍了相关的执行机制；联合无线资源管理则全面详细地介绍了接纳控制、负载均衡的流程机制及目前的一些有效的算法。本章还针对各种算法的仿真结果进行对比和分析；第6章介绍了课题组的又一个创新研究方向：Self-x 算法流程，该章对相关算法进行概述并描述相应的应用场景，举例说明算法的应用，同时对各个算法进行评估。此外，本章还提供了 Self-x 的标准化研究工作的介绍；第7章提供了认知无线网络跨层优化的概述，在此基础上对跨层技术依托的架构和实现、跨层设计的方法、跨层反馈机制、跨层设计的应用以及基于模型的跨层方法进行详细描述；第8章介绍了认知无线网络性能评估的重要指标，包括网络性能、服务性能和算法性能的评估；第9章提供了认知无线技术在各个标准化组织的研究进展，包括ITU、IEEE、ETSI以及软件无线电论坛等其他组织的相关研究活动。

本书反映了目前认知无线网络领域的最新研究，跟踪了国内外认知无线网络研究的动向，是全面深入了解认知无线网络的极有价值的参考书。书中绝大部分内容取材于作者最新的研究成果和发展动向，具有一定的前瞻性和学术参考价值，适合作为网络和通信领域的教学、科研工作和工程应用的参考书。既可以供通信、电子、信息等专业的相关科研人员、研究生和大学高年级学生作为参考书，也可以供信息网络研究开发人员、网络运营商的网络工程技术人员参考。

本书主要由张平教授、冯志勇教授、郎保真教授和张奇勋博士撰写。在本书撰写过程中，北京邮电大学无线新技术研究所的刘宝玲教授和泛在网络研究室的科研人员、研究生为本书的编写提供了大力的协助，在此特别感谢姚艳军、何春、谭力、陈亚迷、尹鹏、张第、王莹等人做的工作。

本书作者的研究工作得到国家重点基础研究发展计划（“973”项目）（2009CB320400）、国家自然科学基金重点项目（60632030）、国家自然科学基金重点项目（60832009）、国家高技术研究发展计划（“863”计划）（2009AA011802）、国家科技重大专项（2009ZX03007-004、2010ZX03003-001）、国家无线电管理局研究项目和欧盟FP7端到端效率（FP7-ICT-2007-216248）等国内、国际项目的连续资助，在此表示深深的谢意！

由于认知无线网络的研究仍处于不断深入之中，加之作者水平有限，书中难免存在不足之处，恳请专家、读者指正。

目　录

第1章 认知无线网络

随着无线通信技术的发展，具有不同接入技术的网络重叠覆盖，用户端的业务需求更加多元化，如何在异构网络的环境下为用户提供泛在的网络接入、高质量的服务水平已成为亟待解决的问题，认知无线网络的出现为此提供了重要的思路，同时，也为提高无线资源的利用率提供了解决方案。本章将介绍认知无线网络的相关概念和关键技术。首先引出认知无线电和认知网络的概念，接着详细描述这两个概念，最后引出这两个概念的结合产物——认知无线网络。

1.1 认知无线电和认知网络概述

认知无线电（CR，Cognitive Radio）是认知无线网络中提高频谱利用率的一项关键技术，通过检测空闲频谱，为认知无线网络提供基本的频谱信息，并根据环境的变化对发射参数等进行自适应的调整。本节将对认知无线电和认知无线网络产生的背景和概念进行简要的介绍。

1.1.1 认知无线电

随着无线通信技术的飞速发展，频谱资源变得越来越紧张。尤其是随着无线局域网技术、无线个域网络技术的发展，越来越多的人通过这些技术以无线的方式接入互联网。这些网络技术大多使用非授权的频段工作。与授权频段相比，非授权频段的频谱资源要少很多，而相当数量的授权频谱资源的利用率却非常低。

为了解决频谱资源匮乏的问题，提高现有频谱的利用率，一些学者提出了认知无线电的概念。认知无线电的基本出发点是：为了提高频谱利用率，具有认知功能的无线通信设备可以机会式地工作在已授权的频段内；同时，非授权用户的接入不能对已授权频段内用户通信造成干扰。这种在空域、时域和频域中出现的可以被利用的频谱资源被称为“频谱空洞”[1]。认知无线电的核心思想就是使无线通信设备具有发现“频谱空洞”并合理利用的能力。

1.1.2 认知网络

20世纪末，在Internet的冲击下，通信网经历了深刻的变革，人们提出了下一代网络（Next Generation Network）的概念，研究思路由网络综合转向网络融合（network convergence），第一次在统一的IP技术基础上展现了信息通信网的融合前景。然而，随着无线通信技术突飞猛进的发展，规模的快速扩张，以及能力的空前提高，通信网，特别是宽带接入网变得越来越复杂。面向不同应用的无线终端具有不同程度的智能性，近年来针对多制式网络适配，产业界大力研制多模终端，学术界也在积极研究基于软件无线电（SDR，Software Defined Radio）技术的可重配置终端。

为支持如此复杂的异构接入环境的融合，研究人员提出了新的融合技术思路——认知网络（cognitive network）。认知网络是指网络能够感知外部环境，通过对外部环境的理解与学习，实时调整通信网络内部配置，智能地适应外部环境的变化。CR 的主要目的是支持频谱资源共享、提高无线电频谱利用率，而认知网络的主要目的是向用户提供最佳的端到端性能。

1.2 认知无线电

一直以来，关于认知无线电的定义存在很多种解释方法，下面给出几种有代表性的认知无线电的定义，并对认知无线电的特点和认知循环进行简要介绍和描述。

1.2.1 认知无线电定义

认知无线电的前提基础是软件无线电。在引出认知无线电的概念之前，本节需要对软件无线电的发展情况做简要介绍。

软件无线电是 Mitola 于 1992 年明确提出来的。根据 Mitola 的定义，理想的软件无线电电台是一个有能力支持多重空中接口和协议的多波段无线电台，它的所有参数都由软件在通用的处理器上定义。软件无线电是理想软件无线电的一个折中方案：它是在现有的技术条件下用专用集成电路、现场可编程门阵列、数字信号处理器和通用处理器进行适当混合来实现的。

认知无线电是建立在软件无线电平台上的一种内容认知型的智能无线电，通过在无线域建模来扩展软件无线电的功能，通过无线知识描述语言（RKRL，Radio Knowledge Rendering Language）来提高个人服务的灵活性。它能通过学习实现自我重配置，动态自适应通信环境的变化。

自 1999 年 Mitola 博士首次提出认知无线电的概念[2]并系统地阐述了认知无线电的基本原理以来，不同的机构和学者从不同的角度给出了认知无线电的定义[2~4]，其中比较有代表性的包括联邦通信委员会（FCC，Federal Communications Commission）和著名学者 Haykin 教授给出的定义。

根据文献[2]的定义，认知无线电技术将连续不断地认知外部环境的各种信息（如授权用户终端和认知无线电终端的工作频率、调制方式、接收端的信噪比、网络的流量分布，甚至可以是认知用户的行为和说话内容等），并对这些信息进行分析、学习和判断，然后通过无线电知识描述语言与其他认知无线电终端进行智能交流，以选择合适的工作频率、调制方式、发射功率、介质访问协议和路由等，保证整个网络能够始终提供可靠的通信，最终达到最佳的频谱利用率。认知无线电最大的特点在于智能性，这也是它与普通软件无线电最大的不同。

FCC 认为：“认知无线电是能够基于对其工作环境的交互改变发射机参数的无线电”[5]。

Haykin 教授则从信号处理的角度出发[6]，认为认知无线电是可以认知外界通信环境的智能通信系统。认知无线电系统通过学习，不断地认知外界的环境变化，并通过自适应地调整其自身内部的通信机理来实现对环境变化的适应，以达到改进系统的稳定性和提高频谱资源利用率的目的[7]。

1.2.2 认知循环

认知无线电系统具有检测、分析、调整、推理、学习等过程，这一系列的过程组成认知循环，如图 1-1 所示。自适应调整的过程一方面改进了系统的稳定性，另一方面也提高了频谱资源的利用率。

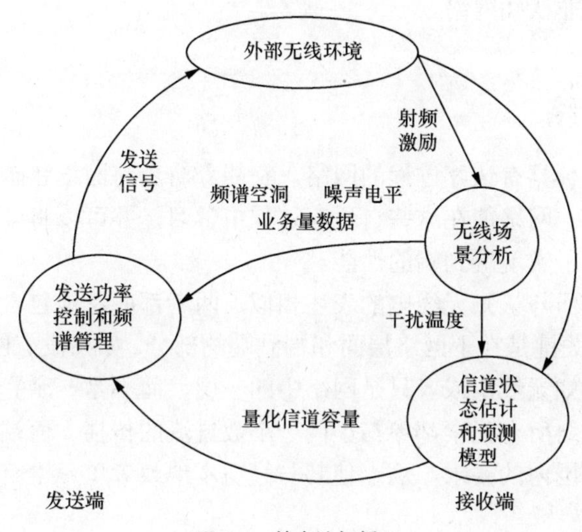

图 1-1 基本认知循环

由此可知，CR 具有以下几个特点：

① 对环境的感知能力；

② 对环境变化的学习能力；

③ 对环境变化的自适应性；

④ 通信质量的高可靠性；

⑤ 频谱资源的高利用度；

⑥ 系统功能模块的可重构性。

1.3 认知网络

认知网络是在认知无线电的基础由 Motorola 及 Virginia-Tech 公司率先提出的，他们认为认知网络是一种具有认知能力的网络，能够感知网络当前的状况，并根据当前的状况来计划、决定并采取行动。Virginia-Tech 公司的 Thomas 给认知网络下了一个定义：它是一种能够感知当前网络条件并据此进行规划、调整和采取适当行动的网络。也就是说，认知网络能够感知当前网络条件并根据系统性能目标进行动态规划和配置，通过自学习和自调节，采取适当的行动来满足性能目标。这要求网络能够从认知过程中积累经验并用于今后的决策和行动，并且所有决策和行动服务于特定的系统目标。认知无线电是认知网络的一种特例，它更多考虑如何根据网络环境来调节工作频率和频段以高效利用宝贵的无线频谱资源；而认知网络则更加重视整个网络的性能和系统总体目标。后者涉及数据传输过程中的所有网络元素，包括子网、路由器、交换机、终端、加密机制、传输媒体和网络接口等，涵盖整个网络，而不是局部范围或个别元素。

认知网络的总体目标是在较长的运行时间内以较低代价提供更好的网络端到端性能，具体的性能目标包括资源使用效率、服务质量、安全性、可管理性等。认知网络的能力和应用受限于底层网络单元的自适应性和认知过程的有效性，并且为此付出的代价必须是在可接受范围之内，这些代价可以用系统开销、规划成本和网络运行耗费来衡量。一般情况下，认知网络的复杂程度要高于非认知网络。

1.4 认知无线网络

认知无线网络是一种具有认知过程的网络，它能分辨当前网络状态，然后根据这些状态进行规划、决策和响应。网络能在这些自适应过程中学习，并可以将学到的知识用于以后的决策。最终目标都是为了实现端到端的性能。

这个定义在认知方面与认知无线电的表述相似，两者都广泛地包含了许多认知和学习的简易模型。这个定义的关键是在于网络层面和端到端的部分。如果没有网络和端到端的视角，这个系统也许将成为认知无线电或者只是网络中的一层，而不是一个完整的认知无线网络。这里的端到端指的是网络所有元素都参与了同一个数据流的传播。而端到端的目标使得认知无线网络有一个全网范围内的要求，这点使其与只在本地或者单元素范围内自适应的方法区别开来。

认知无线网络应该将对网络性能的观察（或者代理观察）作为决策处理过程的输入，然后将可作用于网络中可调元素的一系列行为作为输出。理想的情况是，一个认知无线网络应该具有前瞻性而不仅仅是反应式的处理，它应该在问题出现之前就尝试校正修整。此外，认知无线网络的体系架构应该具有扩展性和灵活性，以支持未来改善的网络架构和新增的网络元素，从而实现更高层次的通信目标。认知集中在对无线环境域、网络环境域和用户域的多域认知上，完成对海量认知信息的获取，为以后的学习、决策、调整阶段提供信息输入。学习阶段主要是通过反馈环路分析行动对外界环境变化进行响应，逐步修正达到最优的行动策略目的。决策和调整阶段是针对认知信息和经验学习，选择最优的行动决策并通过重配置方式进行相应参数的调整。这个阶段涉及无线频谱资源的分配和管理、对异构无线网络资源的联合管理，期望得到资源的最大利用效率，从而获得系统性能的最大提升。为了实现这一目标，跨层设计可以通过增加层间交互的方式对相应的协议层做出最优决策和调整命令，Self-x利用其自配置、自管理、自优化的特性对网络进行实时监测和调整。本书将在后面的几章中陆续介绍这几个阶段所涉及的各项技术。

1.4.1 认知阶段

为了适应时变的无线信道环境，及时获取网络的状态信息，认知无线网络需要借助认知技术，来实现无线资源的有效利用和网络性能的整体提升。由于未来必定是多种异构网络共存的局面，用户可以根据网络的运行状况来自主选择要接入的性能最佳的网络，从而为用户提供最好的端到端 QoS（Quality of Service）保证，认知为这一目标的实现提供了重要的手段。为了提高认知的效率和完备性，充分认知环境的变化，认知域需要由传统的单一无线环境扩展为包括无线环境、网络环境和用户环境在内的多域认知环境。

传统的静态、局部的频谱分配策略已经不能解决日渐突显的频谱匮乏问题，如何有效地整合空闲的频谱资源并动态地进行分配变得尤为重要。因此目前关于认知的研究也主要集中在对“频谱空穴”的感知上，检测空白频谱并重新分配，提高资源的利用效率。主要相关的技术有：信号检测技术、感知导频信道（CPC，Cognitive Pilot Channel）技术、数据库技术。

1.4.2　学习阶段

学习阶段是当外界环境参量发生变化时，系统感知此变化并做出相应的动作响应，通过动作响应的结果，判断对系统性能的影响。对系统响应结果进行学习，并将学习结果输入策略库，以便下次发生相同的变化时采取经验条件下最优的行动策略。简而言之，期望通过经验学习来获得系统性能的提升。当用户感知到对外界环境的某些参数后，做出决策并作用于外界环境，外界环境给认知用户一个反馈，学习阶段就是逐步分析这些反馈，以达到最佳策略，继而完成学习的过程。相关的学习方法主要有：监督学习、非监督学习和半监督学习。

1.4.3　决策和调整阶段

1．频谱管理

由于认知无线网络中用户对带宽的需求、可用信道的数量和位置都是实时变化的。频谱分配技术将一些不规律和不连续的频谱资源进行整合，按照一定的公平原则将频谱资源分配给不同的用户，实现资源的合理分配和利用。自适应频谱资源分配的关键技术主要有：载波分配技术、子载波功率控制技术、复合自适应传输技术。为了协调授权用户和非授权用户间的关系，提高频谱管理的效率，新的频谱管理思想和管理规则亟待提出，以适应用户的需求和技术的发展。

2．联合无线资源管理

各种异构无线接入技术（RAT，Radio Access Technology）共存将会是未来无线网络环境的一大特点。具体来说，各种无线接入技术将会出现重叠覆盖，各自面向不同的服务要求，技术特性之间存在互补性。这些特点使得异构无线接入技术之间的资源共享成为可能，由此提高系统性能和资源利用率，带来更好的用户体验。

联合无线资源管理（JRRM，Joint Radio Resource Management）用于多个异构无线接入网之间的无线资源分配，它通过联合会话接纳控制、联合会话调度、联合负载控制和切换等功能来实现更高的系统性能和频谱效率。

3．跨层设计

所谓跨层优化设计，是通过在网络各层间共享与其他层相关的信息，利用各层之间的相关性，将各层协议集成到一个综合的分级框架中，对无线网络进行整体设计的一种思想。这种设计模糊了严格的层间界限，打破传统的通信系统分层框架，将分散在网络各个子层的特性参数协调融合，使得协议栈能够以全局的方式适应特定应用所需的 QoS 和网络状况的变化，根据系统的约束条件和网络特征来进行综合优化的方式。跨层的设计思想，实现了对网络资源的有效分配，达到了提高网络的综合性能，为用户提供更好服务的目的。

4．Self-x 技术

下一代网络融合了多种异构网络，这极大地增加了网络管理的复杂性，针对此问题，研究人员提出了基于自主计算（AC，Autonomic Computing）的异构无线网络自主管理架构。

自主计算的概念最早由 IBM 在 2001 年提出。所谓自主计算，即通过设计、构建一个能够自管理的计算系统来实现系统的自我管理，以便将管理人员从复杂管理任务中解脱出来，降低系统的复杂性，减少管理成本。它的本质是由系统主动监视自身的运行状态，并按照管理策略针对不同的运行状态自动执行相应的调整系统操作。自主计算的核心思想是实现自主管理（Self-management）功能，主要表现为：自配置（Self-configuring）、自恢复（Self-healing）、自优化（Self-optimizing）、自保护（Self-protecting）。以上自主管理的功能也被称为 Self-x。

参考文献

[1] Mitola J. Cognitive radio: Making software radios more personal.IEEE Personal Communications, 1999, 6(4): 13-18.

[2] Mitola J. Cognitive radio [D]. Stockholms, Swedrn: Royal Institute of Technology (KTH), 2000.

[3] Mitola J. Cognitive radio for flexible mobile multimedia communications//Sixth International Workshop on Mobile Multimedia Communications (MoMuC'99), San Diego, CA, November 1999.

[4] Notice of proposed rule making and order [R]. FCC Et Docket no. 03-322, 2003.

[5] Haykin S. Cognitive Radio: Brain-Empowered W ireless Communications [J]. IEEE Journal on Selected Areas in Communications, 2005, 23 (2):201-220.

[6] 王军，李少谦．认知无线电：原理、技术与发展趋势．中兴通讯技术，2007, 13(3):1-4.

[7] Mitola J.Cognitive Radio: An Integrated Agent Architecture for Software Defined Radio. PhD thesis, Royal Institute of Technology (KTH), 2000.

第 2 章 认知无线网络体系架构

认知无线网络的研究以适变性的体系结构为核心问题，主要研究了认知、动态频谱管理、无线传输、端到端重配置等问题，根据认知循环，将整个过程分为感知、决策调整、学习 3 个阶段，每个阶段都要设计相应的模块来实现认知无线网络的需求。模块的设计根据相应的架构来实现，因此，本章将对两种经典的认知无线网络架构以及各个模块的功能进行介绍。

2.1 认知无线网络的体系架构概述

认知无线网络是一种具有认知功能的网络，它可以获得当前网络运行的实时状态信息，然后根据这些状态信息进行规划、决策和响应，网络在这种自适应过程中进行学习并将学到的知识用于以后的决策，其目标是实现端到端性能的提高。采用认知无线电技术的认知无线网络，不仅包括了认知无线电技术，同时从网络层面提出了更多、更高的要求；无论是网络元素还是网络结构和功能都增添了很多新变化。认知无线网络将各种现有的或未来的具有认知能力、重配置能力的无线接入技术及具有认知能力、重配置能力、可以同时保持多条链路的用户设备整合到一个通用的网络框架中，实现各种异构无线网络的融合，以最大程度地提高无线网络资源利用效率，增强业务能力，改善用户体验。

以适变性为特征的体系结构是认知无线网络的核心问题，其研究内容包括以下几个方面。

1. 认知无线网络中的认知技术

认知无线网络必须先通过一定认知技术获取内、外部环境的信息，包括无线环境、网络环境等。目前研究者比较关注的是无线频谱环境的认知，例如频谱占用情况等，然后基于认知的结果实现对网络的配置和对无线资源的管理。频谱感知（检测）技术的目的是找到空闲的频谱，这需要各个接入网络有足够的能力来捕获频谱使用的信息，发现频谱空洞。

2. 动态频谱管理

目前，频谱是各国无线电管理机构以颁发许可的方式进行固定分配的。这种频谱管理的方式有效地控制了不同网络使用频谱之间所产生的干扰，但是同时也导致了频谱利用的低效。与静态频谱分配（FSM，Fixed Spectrum Management）相比，动态频谱管理/分配

（DSM/DSA，Dynamic Spectrum Management/Allocation）可以根据各个网络的频谱需求来动态分配频谱。随着软件无线电和重配置技术的发展，动态频谱分配不再是一个空想的概念，已经一步步走向现实。

动态频谱管理是一种针对异构无线通信系统的宏观的无线频谱管理，是一组网络控制机制的集合。它应用于融合多种无线接入网络的异构无线通信系统中，能够支持动态的、智能的、合理有效的分配策略，使得各个接入网络在不同的时间粒度上协商分配有限固定的无线频谱资源，从而实现提高异构网络频谱使用率和系统收益最大化的目标。动态频谱分配操作的时间粒度为小时或分钟级。

3．智能联合无线资源管理

多种异构无线接入技术的共存将会是未来无线网络环境的一大特点。具体来说，各种无线接入技术将会出现重叠覆盖，各自面向不同的服务要求，技术特性之间存在互补性。这一特点使得异构无线接入技术之间的资源共享成为可能，由此提高系统性能和资源利用率，带来更好的用户体验。

联合无线资源管理管理多个异构无线接入网之间的无线资源分配，它通过联合会话接纳控制、联合会话调度、联合负载控制和切换等功能来实现更高的系统性能和频谱效率。其调控时间粒度为分钟或秒级。

4．认知导频信道

随着异构网络融合研究的发展，近期出现了认知导频信道（CPC）这个概念。

在异构的无线网络环境背景下，无线终端选择一个最佳的无线接入点以一种最合适的无线接入技术接入网络是十分必要的。但由于动态频谱分配机制的存在，终端在开机时无法获取频谱情况，这时就需要通过 CPC 获得运营商和接入网的存在信息以及优先选择列表等消息，选择最合适的接入网。

5．端到端重配置

异构无线网络融合是移动通信系统发展的重要趋势。由于缺乏有效的协调，目前存在的多种 RAT 构成了孤岛般相对独立的自治域，系统间的干扰、重叠覆盖、重复的投资建设、单一的业务提供能力、稀缺的频谱资源等现实问题使得网络融合变得难以解决。实现异构技术的有效融合与协同工作，异构资源的优势互补和协调管理，不仅是技术发展的必然趋势，也是网络运营商实现最佳用户体验和最优的资源利用的根本途径。以软件无线电技术为基础的端到端重配置（E2R，End-to-End Reconfiguration）技术为我们提供了一个技术融合的最佳契合点。

端到端重配置通过扩展终端乃至基站的动态协议栈配置和软件下载功能，添加必要的网元实体和支持功能，设计相关的设备管理和资源管理机制和流程，让无线终端和网络根据各方需求灵活地在不同 RAT 间进行选择，从端到端的视角实现了泛在的无线接入、无缝的业务提供、动态的资源优化。

6．基于认知的无线传输

为了在新型基于认知的无线网络的不同网络模式下充分利用频谱资源以实现信息高效传输，我们需要研究环境和资源自适应的传输信息处理理论和方法，充分利用包括空间、时间、频率、用户、网络等在内的多维信号空间进行信息传输和接收，研究自适应匹配不同环境与网络模式的无线传输体制及其实现方法，以提高认知无线网络的传输效率。

7．Self-x

下一代网络融合了多种异构网络，极大地增加了网络管理的复杂性，针对此问题，研究人员提出了基于自主计算的异构无线网络自主管理架构。

自主计算的概念最早由 IBM 在 2001 年提出的。所谓自主计算，即通过设计构建一个能够自管理的计算系统来实现系统的自我管理，以便将管理人员从复杂的管理任务中解脱出来，降低系统的复杂性，减少管理成本。它的本质是由系统主动监视自身的运行状态，并按照管理策略针对不同的运行状态自动执行相应的调整系统操作。自主计算的核心思想是实现自主管理（Self-management）功能，主要表现为：自配置（Self-configuring）、自恢复（Self-healing）、自优化（Self-optimizing）、自保护（Self-protecting）。以上自主管理的功能也被称为 Self-x。

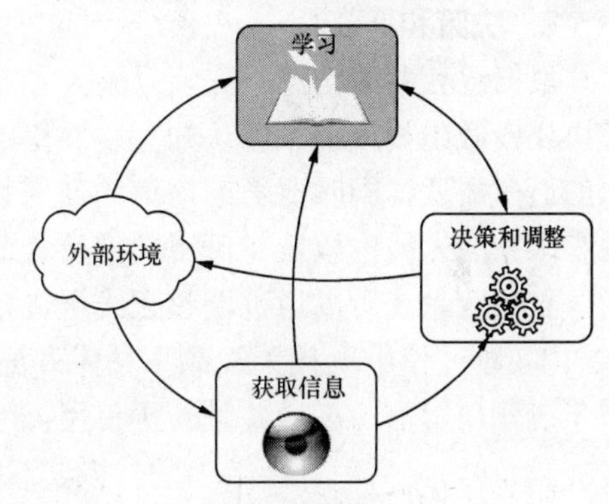

图 2-1　认知环

认知环如图 2-1 所示[1]，外部环境包括其他用户信息、本地和国家政策限制（如无线电规范、优先权等）、频谱白带及无线环境（如信道信息）等。网络在获取信息的同时监测外部环境，并在预处理后把这些信息发送至学习、决策和调整过程。学习过程将这些信息与其已有的信息进行比较，并存储这些信息以用于未来的决策。为维持一个连续的学习过程，已做出的决策和调整及其成功的案例也要用于学习。

1．获取信息

认知无线网络可以感知其运行环境的变化并从中获取信息，从而不断调整其参数以使系统运行于最佳状态。

为使系统可以从过去的经验中学习并且在新的场景中做出正确决策，认知无线网络需要从大量数据中选择有用信息。这些信息必须以一种合理的方式进行存储以用于机器学习。以下是一些认知无线网络需要获取的信息。

① 无线环境：确定目前可用网络和无线系统及其目前的频谱分配，确定某一具体频带的即时状态（是否已被使用）。

② 地理环境：定位信息。

③ 内部状态：运行负载、干扰等级等。

④ 政策限制：允许的最大干扰，由运营商设置的无线接入优先级等。

重要的信息是其运行（如频率、自身传输功率、实时的干扰）和地理（如其自身位置）环境，包括与协议栈不同层及相应的网络节点有关的不同类型的信息。此外，由监管机构、网络和系统运营商、设备供应商等制定的政策也是这类信息的关键组成部分。

原则上，可使用以下方法获取以上信息。

① 频谱感知：如执行频谱宽带扫描。

② 监测可以提供所需信息的无线信道，如认知导频信息 CPC。

③ 接入可以提供必要信息的数据库，如使用 IP-link。

④ 利用定位系统获取其位置信息，如 GPS（Global Positioning System）或其他的定位系统。

存在多种潜在信息源可用于改进认知无线网络的性能。这些信息源可能是内部的（如接收的信号强度指示（RSSI，Received Signal Strength Indication）测量或者一个放大器偏置电流），也可能是外部的（如运行环境中的政策和从网络化数据库中获取的信息）；也可以是其自身的（如无线电的自身位置）；一些信息也可能来源于用户（如使用类型和用户需求）。在预处理阶段，数据转换为一种合适的形式以用于决策制定和调整过程。

2．决策和调整

根据已获取的信息、先前经验及预定义的目标，认知无线网络可以通过改变其运行参数和协议栈做出相应决策。认知无线网络的任务是明确多用户及无线运行环境的需求以支持用户的通信需要，同时要考虑信道的使用状态。这涉及用户自身和其他用户的位置、时间、本地和国家的无线电政策、可用频谱及合适的地域。

自适应系统可以通过调整无线电设备、频率、传输功率及调制方式等实现下述目标：

① 通过使用现代无线频率技术和先进的实时控制软件实现更高水平的服务质量，从而使系统变得可靠、高效并且易于使用；

② 利用灵活、分层较少的体系实现扩展的射频网络；

③ 减少传输次数；

④ 保证频谱的高效使用；

⑤ 降低用户间干扰；

⑥ 增加业务密度；

⑦ 减少对熟练操作者的依赖。

认知无线网络的动态调整包括：

① 改变接入频率、传输功率、调制编码方式等；

② 在时域和空域根据业务和干扰条件、网络内部设备等改变可用的无线接入技术；

③ 改变无线接入技术的运行频率，根据终端的功能改变无线接入技术的内部设备。

此外，还可以同时通过更多的行为实现动态调整。改变设备支持的无线接入技术意味着要改变其内部的协议栈。

在动态接入应用中，使用的频谱必须是可调的，在本地的频谱政策限制下（如无线电使用规定），认知无线网络必须能够使用本地未使用的无线频率或频带以提供更好的无线接入。

3．学习过程

认知无线网络需要获取并分析先前行为的反馈，学习过程的目的是通过使用有关网络已有行为和相应结果的信息来实现认知无线网络的性能改进。这些信息可以视为一种系统操作的模型，学习过程的关键功能是创建并维护有关变化的无线环境的信息知识库。其必须保证所收集和存储信息的可靠度和准确性。上文介绍的决策和调整过程可以通过使用已存储的信息实现改进网络的运行效果。

许多机器学习的算法和模型都被认知无线网络所采用，根据可得的信息和现在的运行状态，认知无线网络对现存的算法和模型继续进行训练。例如，算法要分析每个已有例子的属性，在模型训练后，不论模型是否运转良好都可以进行用例测试。基于这些行为的结果所获取的大量经验，认知无线网络可以使用合理的算法以针对当前环境做出决策。某些情况下，可以有多个算法适用于同一环境，对于其采取的每一次调整，认知无线网络都对结果进行评估并不断优化模型参数。

结合以上认知环需要实现的目标，在设计认知网络时需要设计相应的功能模块以实现上述需求。下面两节将详细介绍目前已有的两种认知无线网络的体系架构。

2.2　IEEE 1900.4 架构和功能介绍

于 2005 年成立的 IEEE 1900 标准组对认知无线电技术的发展及与其他无线通信系统的协调与共存有着极其重要的意义。换句话说，IEEE 1900 标准是为不同的无线电设备与频谱制订总体结构，使它们能够共融互通并进行动态频谱分配，形成综合网络。

目前，一共有 5 个工作组。它们的任务分别如下所述。

IEEE 1900.1 工作组的任务是解释和定义有关下一代无线电系统和频谱管理的术语和概念，主要澄清术语并且弄清各个技术之间的关系，提供对技术的准确定义和对关键技术的解释，如频谱管理、策略无线电、自适应无线电、软件无线电等。

IEEE 1900.2 工作组主要为干扰和共存分析提供操作规程建议，提供分析各种无线服务共存和相互间干扰的技术指导方针，其项目提案需求书（PAR，Project Authorization Request）提交投票和项目完成时间分别是 2008 年 2 月和 8 月。

IEEE 1900.3 工作组主要为软件无线电的软件模块提供一致性评估的操作规程建议。提供分析软件定义无线电的软件模型以保证符合管理和操作需求的技术指导方针。

IEEE 1900.4 工作组的主要任务是为动态频谱接入的无线系统提供实际应用、可靠性验证和评估可调整性能。在第一阶段，标准将限于结构和功能定义，而后一阶段将着重于与信息交换有关的协议制定。

IEEE 1900.5 工作组的主要任务是为管理认知无线网络中的动态频谱接入定义策略语言和策略架构，并且研究动态频谱接入中的频谱检测问题。

IEEE 1900.6 工作组致力于规范单设备检测、协作检测、分辨恶意检测信息、上报数据结构、执行规范等，目前标准的制定已接近尾声。

本节主要介绍 1900.4 工作组中定义的架构和功能。具体包括：1900.4 工作组考虑的系统场景、系统架构、功能模块和 3 个应用案例。

2.2.1　1900.4 工作组考虑的系统场景以及一些假设

1900.4 工作组考虑的场景是一个异构的无线网络。其中包含多个无线接入网络（RAN，Radio Access Network）（这些网络可能使用不同的无线接入技术），这些无线接入网络可能属于不同的运营商也可能属于同一个运营商。认知终端需要有多模（multi-mode）和多归属能力（multi-homing），这样认知终端就能同时接入到一个或多个无线接入网络。

在图 2-2 中，网络管理实体（NM，Network Manager）负责相关软件的下载、上传，网络状态的监控、错误监测，小区的重配置管理等。如果每个运营商有多个网络，那么运营商频谱管理实体（OSM，Operator Spectrum Manager）将起到协调不同网络的作用，包括启动接入网络的重配置来改变目前的频谱分配策略。如果每个运营商只有一个网络，那么 OSM 将代表运营商表达其改变目前频谱分配的意愿。不管哪种情况，OSM 都只在一个运营商内部管理 RAN。

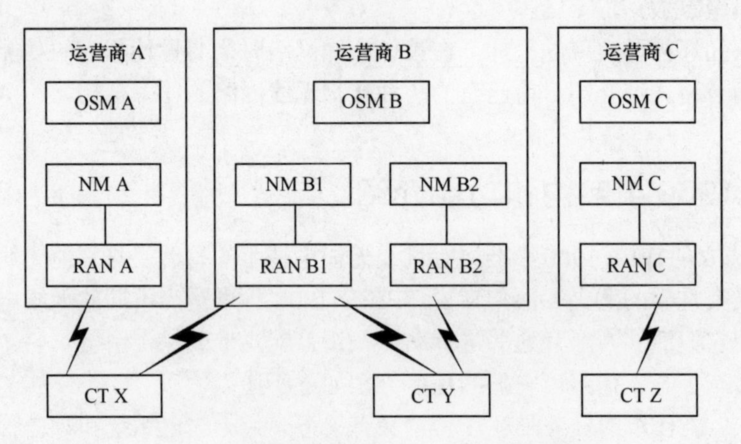

图 2-2 IEEE1900.4 工作组考虑的复杂无线网络场景

在所考虑的异构无线网络场景之上，1900.4 工作组规范了一整套管理系统，包括网络重配置管理实体（NRM，Network Reconfiguration Manager）和终端重配置管理实体（TRM，Terminal Reconfiguration Manager）以及实体之间的接口，具体如图 2-3 所示。定义这个管理系统的目的是优化无线资源的利用，包括网络的吞吐量和业务服务质量。NRM 和 TRM 之间交流的信息需要通过一个逻辑信道（见图 2-3）实现，也叫做 Radio Enabler（RE）。RE 可能用现网中的数据信道承载，也可能用专用网络承载。

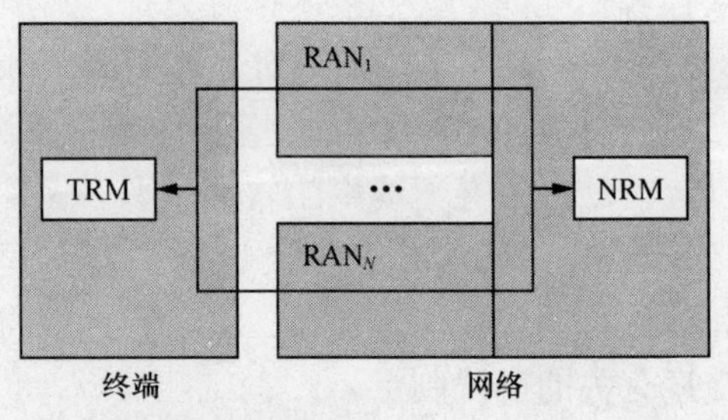

图 2-3 1900.4 系统中的主要实体

2.2.2 1900.4 工作组定义的架构、功能模块以及模块之间的接口

1900.4 工作组定义的整体架构如图 2-4 所示。下面两小节将分别介绍具体的功能模块以及模块之间的接口。

1．功能模块的介绍

由图 2-3 可以看出，从总体上来说，1900.4 工作组定义的功能模块可以分为两类：网络侧模块和终端侧模块。

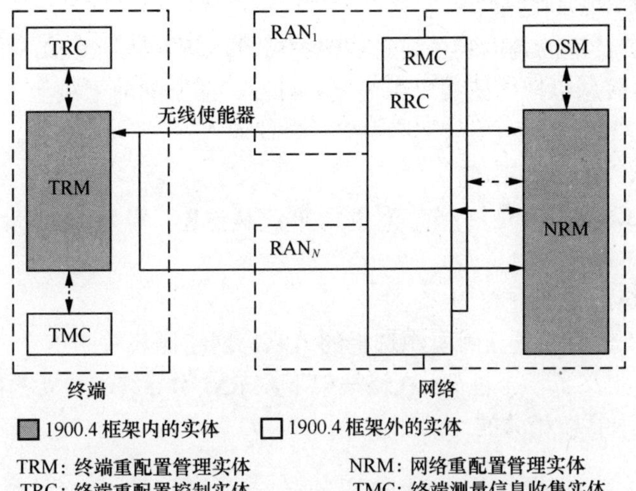

图 2-4　1900.4 的系统架构

（1）网络侧模块

① OSM：运营商通过 OSM 来控制 NRM 做出动态频谱分配决策。

② RMC：收集网络侧相关的信息并传递给 NRM。

③ NRM：该实体负责管理网络和终端，达到分布式的资源优化利用和提高 QoS 的目的。

④ RRC：根据 NRM 的决策，管理 RAN 的重配置。

（2）终端侧模块

① TMC：收集终端侧的信息并传递给 TRM。

② TRM：在 NRM 做出的决策框架下，根据用户的偏好与可得的环境信息来管理终端，从而达到网络侧和终端侧的分布式资源最优利用。

③ TRC：根据 TRM 做出的决策，控制终端的重配置过程。

2．模块之间的接口以及传递的信息

（1）TMC 和 TRM 之间的接口

从 TRM 到 TMC 传递的是终端侧信息获得的请求，从 TMC 到 TRM 传递的是终端侧的信息。终端侧的信息包括用户的偏好、QoS 等级、终端的能力、终端的测量、终端的地理位置。

（2）TRM 和 TRC 之间的接口

从 TRM 到 TRC 传递的是终端重配置请求，从 TRC 到 TRM 传递的是终端重配置响应。

（3）OSM 和 NRM 之间的接口

从 OSM 到 NRM 传递的是频谱分配所根据的策略，从 NRM 到 OSM 传递的是频谱分配决策有关的信息。频谱分配的策略是与运营商的动态频谱分配有关的无线资源优化利用的目标。

（4）RMC和NRM之间的接口

从NRM到RMC传递的是网络侧信息获得的请求，从RMC到NRM传递的是网络侧相关的信息。网络侧的信息包括：无线资源优化的目标、网络侧的无线能力、网络侧的测量、网络的传输能力。

（5）NRM到RRC之间的接口

从NRM到RRC传递的是网络重配置请求，从RRC到NRM传递的是网络重配置响应。

（6）NRM和TRM之间的接口

从NRM到TRM传递的是无线资源选择的策略、网络侧相关的信息、其他终端的信息。无线资源选择的策略定义了一个框架，在该框架下，TRM引导终端进行重配置过程。从TRM到NRM传递的是与本终端相关的终端侧信息。

2.2.3 1900.4工作组的3种应用场景

图2-5总结了1900.4工作组考虑的3种应用场景。

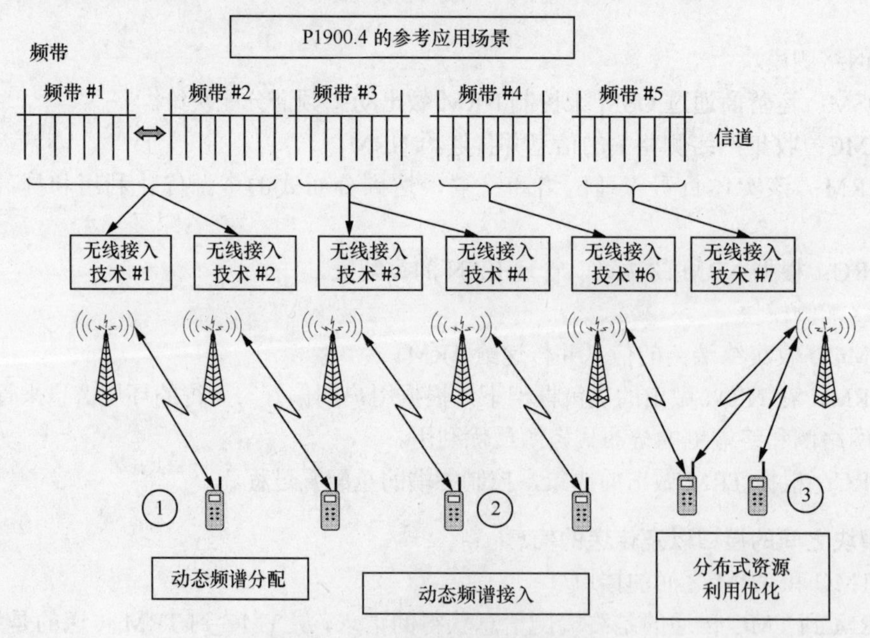

图2-5 1900.4考虑的3种应用场景

动态频谱分配（dynamic spectrum assignment）：此案例是在复杂无线网络中，动态地给在某个时间和地点运营的各个无线接入网络分配频谱资源。这个分配过程需要遵从某些既定的规则。该案例包括以下的情形：

① 一个新的载波被分配给3G网络；

② 先前被分配给3G网络的某个频带现在被分配给宽带无线接入网了，例如802.16e；

③ 如果大量的WLAN终端突然接近WLAN的AP（Access Point），网络做出决定：把802.16e网络的某个频带分配给WLAN网络使用。

动态频谱接入（dynamic spectrum access）：此场景考虑的是不同网络所拥有的频带相互

重叠时，不同网络的终端动态地接入频谱。前提是遵从某些既定的规则以及不同网络和终端之间的干扰在一定的门限下。该案例下的应用场景有：

① 非授权的次级系统（例如 802.22）接入到空闲的电视频段；

② 非授权的 WLAN 网络（例如 802.11n）接入到空闲的电视频段。

分布式的资源利用优化（distributed radio resource usage optimization）：该案例考虑的是以一种网络和终端分布式的方式优化资源的利用。这是通过两个阶段的优化来实现的。在第一个阶段，网络侧的 NRM 产生资源利用的限制，并且为了满足全局目标而评估这些限制（例如全部网络的功率最小化或者负载均衡等）。这些资源使用的限制经由 RE（Radio Enabler），从 NRM 传给 TRM。在第二个阶段，终端通过选择最佳的信道或者频带，产生最大的吞吐量，提供满意的 QoS 满足用户偏好。这些选择决策跟第一阶段产生的策略一致。1900.4 工作组已于 2009 年 2 月完成了标准的制定并出版。

2.2.4　P1900.4.1

2009 年 4 月，工作组分为两个方向，1900.4.1 主要针对异构无线网络中接口和协议制定，以实现分布式决策的无线资源优化使用；1900.4a 主要针对的是 1900.4 工作组中动态频谱接入网络使用频谱空洞时的架构和接口修改。

P1900.4.1 以 1900.4 标准为基础，为 1900.4 标准中已经明确定义的接口及服务接入点提供更为详细的描述，如图 2-6 所示。在 1900.4.1 中，没有定义 TRM 与 TRC 之间的接口，主要考虑在 1900.4 中 TRM、TMC 和 TRC 可能由同一厂家制造，同时增加了不同 NRM 之间和不同 TRM 之间的接口，NRM 之间的接口主要用来实现不同运营商之间的 NRM 协作，TRM 之间的接口主要用来实现终端之间通信时的 TRM 协作。

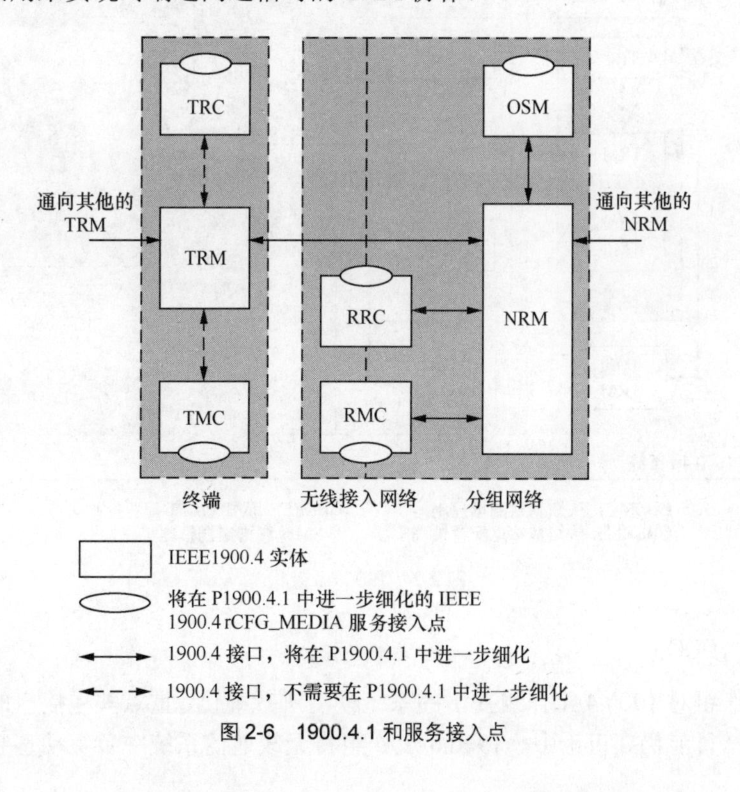

图 2-6　1900.4.1 和服务接入点

2.2.5 P1900.4a

该草案标准是 1900.4 标准的发展，它增加定义了 1900.4 中的部分内容，使得无线移动设备可以在不经过授权的情况下，通过用户接口（物理层、MAC 层、载波频率等）使用空白频带。

在 1900.4a 中，增加了认知基站测量收集器（CBSMC，CBS Measurement Collector）、认知基站重配置管理（CBSRM，CBS Reconfiguration Manager）、认知基站重配置控制（CBSRC，CBS Reconfiguration Cotroller）以及频谱空洞管理（WSM，White Space Manager），如图 2-7 所示。

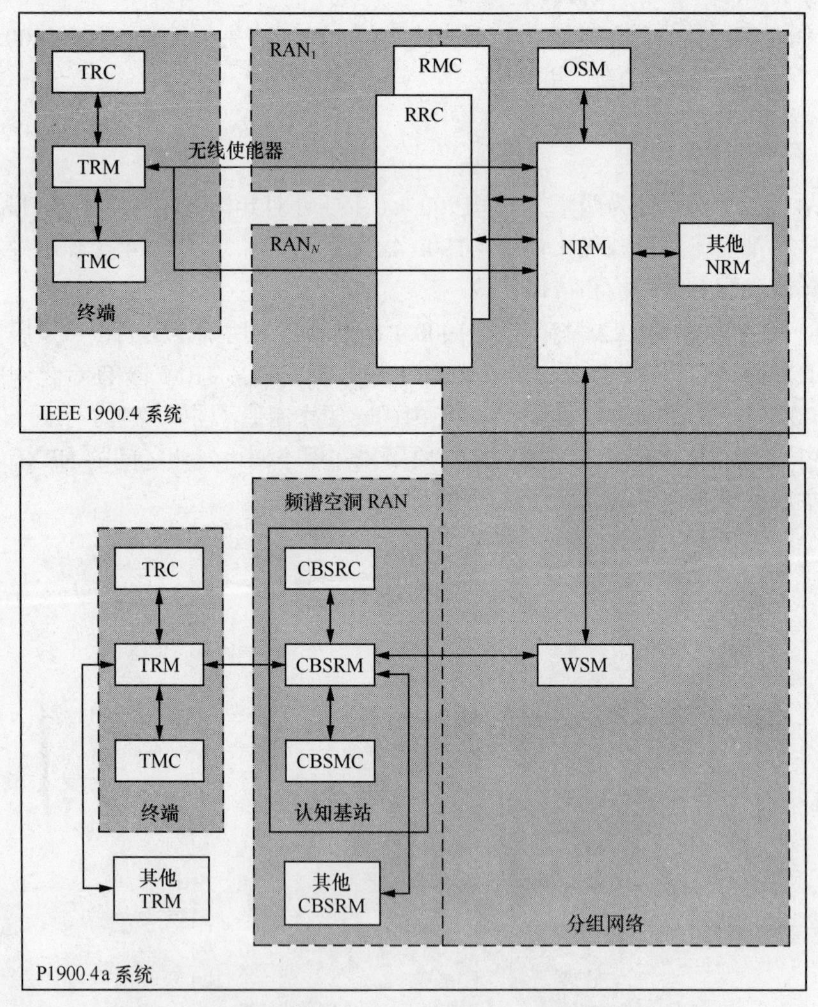

图 2-7　1900.4a 架构

2.2.6 P1900.6

1900.6 工作组对 1900.4 工作组提出的系统模型进行细化，重点关注接口的设计及详细的信息交互内容，目前仍在讨论中。1900.6 工作组将无线通信系统中负责动态频谱感知以及接入的模块划分为 4 个逻辑实体：认知引擎（CE，Cognitive Engine）、传感器（sensor）、客户（client）、数据存储器（data archive）。

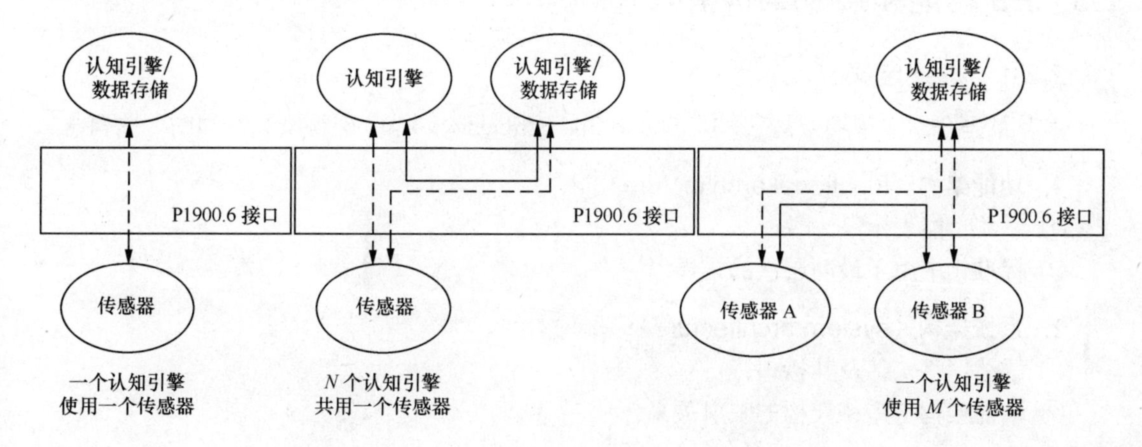

图 2-8　应用场景

根据横向、纵向频谱共享方式的不同，将应用场景进行分类。详细描述了 6 种长时期替代主用户场景、一种短时期替代主用户场景、5 种业务增强场景、两种分布式检测场景以及 3 种检测增强场景。综合各种应用场景，抽象为以下 3 类。

在讨论检测需求时，将 1900.6 接口模型归纳为由 3 种业务接入点（SAP，Service Access Point）组成：应用业务接入点、检测业务接入点、通信业务接入点。分别制定出以上 3 类抽象应用模型的接口参考模型，并完成了接口及功能分类。

1900.6 沿用 1900.4 的实体结构，并在 1900.4 实体结构上标注 1900.6 的实体位置。从应用以及业务的角度分别给出了单个实体及接口结构，并根据 3 种抽象应用场景，给出了实体间信息交互的实体及接口模型，并完成了接口的描述。

在结合应用场景与接口分析检测需求时，1900.6 详细分析了各个应用场景分别对应于哪一类抽象应用场景，具有的检测需求、应用接口以及主要检测参数，并做了以下工作。

（1）将以下信息分类对应：

① 同一检测需求对应哪些应用场景；

② 同一关键检测参数对应哪些应用场景；

③ 频谱检测模型对应哪些 1900.6 接口；

④ 1900.6 接口对应哪些检测相关的信息；

⑤ 检测器的接口对应有哪些位置。

（2）将检测相关信息分为：检测信息、检测控制信息和传感器（sensor）信息。

（3）详细列举了检测参数的数据结构及类别。

1900.6 还从状态转移的角度考虑了通用状态转移，并详细分析了各个逻辑实体内部及接口状态转移情况。

使用 ITU-T X.210 规范的服务使用者（service user）和服务提供者（service provider）模型，针对不同逻辑实体之间交互的情况，规定了通用检测步骤。

2.3 E3 功能和系统架构需求

2.3.1 框架定义

本节首先介绍端到端效能（E3，End to End Efficiency）系统架构研究方面的一些概念。

1．功能架构（functional architecture）

① 系统功能表示；

② 标准化中用于最高层次的描述。

2．系统架构（system architecture）

① 描述网络实体及其接口；

② 功能架构与系统架构的映射关系。

3．协议架构

① 控制平面、用户平面、管理平面；

② 主要用于网络实体间详细的接口定义。

4．软件和硬件架构

主要用于实施目的。

所谓的参考架构可以定义为以上每种架构的具体变化。

2.3.2 JRRM、ASM、DNPM 的功能架构

1．端到端重构功能架构概要

端到端重构中为无线电资源管理（RRM，Radio Resource Management）和动态频谱管理（DSM）定义的功能架构包括以下模块：联合无线电资源管理（JRRM）、高级频谱管理（ASM，Advanced Spectrum Management）、动态网络规划管理（DNPM，Dynamic Network Planning and Management），第三方运营商（meta operator）及业务预测（TE，Traffic Estimator）。在认知无线电的背景下，该功能架构会涉及自处理并引入相关分量的认知机制。

图 2-6 所示为由先前提到的 5 个功能模块组成的功能架构（FA，Fuctional Architecture）[2][3]。

根据与服务区交互所得的信息，每种功能模块可能属于不同的研究层次。层次 1 考虑涉及单个无线接入技术的信息，层次 2 考虑涉及同一时间内存在于相同地域的多种无线接入技术的信息，层次 3 考虑属于不同网络运营商的若干系统间的合作信息。

在下面的章节中将给出对 JRRM、DNPM 和 ASM 及其之间交互的简要描述。

2．涉及的实体

JRRM：JRRM 的目标是在优化整体无线接入技术性能的同时提供给用户最佳的服务质量。JRRM 通过无线电管理算法来实现此目标，因此属于层次 1，独立地为独立运行无线接入技术获取信息。

ASM：ASM 为异构网络优化进行频谱分配。ASM 算法会考虑频谱可用性、干扰及经济等因素以选择最合适的频谱配置。因此，ASM 与 JRRM 和 DNPM 的协作是很必要的。此外，ASM 属

于层次 2，保持与系统级行为相关的信息并同时为多种运行的无线接入技术提供频谱解决方案。

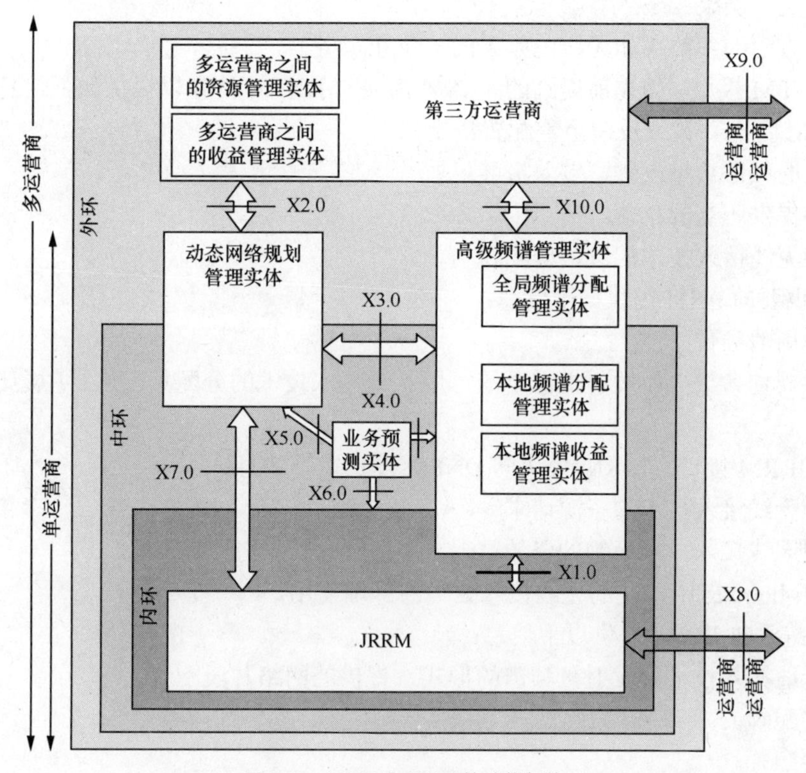

图 2-9　JRRM 和 DSM 的功能架构

DNPM：DNPM 的目标是有效管理可重置体系。考虑无线接入技术的灵活性、服务质量及频谱分配和运行平衡，DNPM 可以利用若干优化算法进行配置。DNPM 与其他的功能架构实体如 ASM 和 JRRM 等协作以达到综合运行条件（无线环境）、网络实体概况和策略的目的。DNPM 属于层次 2，获取先前与服务区域的交互相关的信息，其解决方法不仅可以更快地提供最合理的配置，还可以预测未来可能会出现的问题并在其发生前提供解决办法。

3．接口定义

ASM-JRRM 接口。JRRM 可以使用该接口为 ASM 提供以下信息：

① 系统级参数如路径损失、QoS 等级等；

② 无线资源使用情况检测；

③ Multi-homing 中涉及的无线接入技术的频谱使用；

④ 无线接入技术的功能；

⑤ 每种无线接入技术的频谱需求；

⑥ 可接受的干扰水平。

ASM 可以为 JRRM 提供如下信息：

① 不同无线接入技术间的频谱分配；

② 需要检测的频带及需要的精度；

③ 每个用户的分配限制；

④ 频谱交易结果；

⑤ 经济方面的参数（如无线电频谱的单位花费等）。

ASM-DNPM 接口。如先前提到的，ASM 需要与 DNPM 协作以提供如下信息，这些信息需要由 DNPM 考虑并最终反映至重配置决定：

① 可用的频谱数量或频谱接入机会；

② 服务提供所需的花费；

③ 不同无线接入技术的频谱分配。

DNPM 也要向 ASM 提供如下信息：

① 未使用的频带；

② 网络规划参数（如发射机需要的可用无线接入技术的分配集，进行中会话的 QoS 等级分配集等）。

DNPM-JRRM 接口。JRRM 模块向 DNPM 发送以下信息：

① 可用无线接入技术的资源请求；

② 可用无线接入技术拒绝的资源；

③ Multi-homing 中涉及的无线接入技术的频率使用。

DNPM 需要向 JRRM 提供以下信息：

① 以无线接入技术和发射机频谱的形式，提供的网络片段配置；

② 基站配置；

③ 网络配置。

2.3.3 具备自处理功能的认知合作无线资源管理及网络管理功能架构

1．实现端到端效能的功能架构需求

上节介绍了端到端重构中定义的 RRM 和 DSM 功能架构、涉及的主要实体及接口。端到端效能涉及的自处理功能对系统功能又增加了新的需求。

对传统的 RRM 和 DSM 功能架构需要进行，改进以反映这些自处理功能的引入及重置过程。一种可行的实现如图 2-10 所示。

实现演进的功能架构所需要的实体主要基于传统的端到端重构，这里要引入重置管理以强调演进功能架构中不同实体间的协作。

这里把联合无线电资源管理 JRRM 置于多重无线接入技术复用之上，以强化并确保此功能在多重无线环境中的通用性，包括自我优化功能以反映无线资源的优化、和无线接入的优化等。

把自组织功能纳入 DNPM 的范畴以反映本层次的自组织算法，随后的章节会详细给出 DNPM 中如何进行需求设置。

2．具有自处理功能的 DNPM 演进功能架构需求

本节描述如何在端到端效能功能架构的 DNPM 部分中进行需求设置。图 2-11 示出了 DNPM 的管理功能，用于可重置网络体系根据环境条件[4]做出合适的调整。传统管理功能主要包括如下部分。

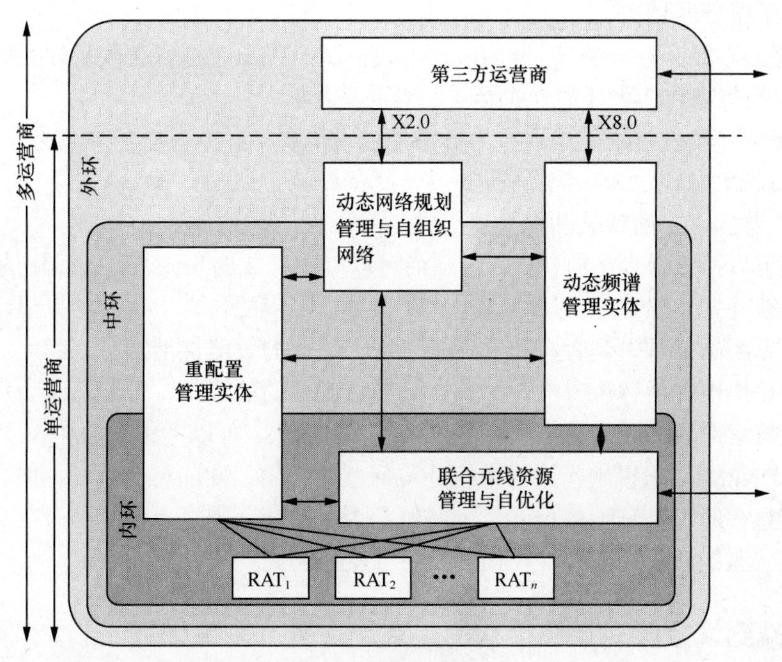

图 2-10　演进的功能架构

① DNPM：包括若干优化算法。

② 网络实体：由若干灵敏基站（FBS，Flexible Base Station）和演进节点（eNB）构成。这些实体可以根据 DNPM 做出的决策进行重置。

③ 体系概括：负责向管理体系提供无线环境监测信息。

④ 学习：负责向考虑配置能力、决策效率和用户偏好的管理体系提供输入并向负责决策适用性的优化过程提供反馈。

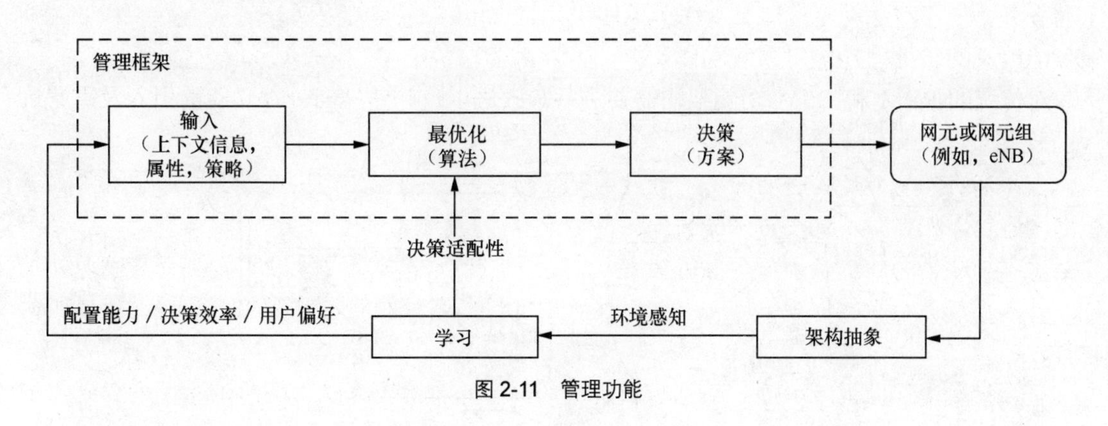

图 2-11　管理功能

管理（DNPM）需要的输入包括以下几方面。

① 环境信息：反映其功能的用户情况和资源情况。

② 由目标和策略得出的政策信息。

③ 由无线资源管理实体得出并包括现服务区域运行状态的背景信息。

DNPM 优化引擎负责考虑前面提到的输入并提供相容的重置决策。重置决策需要增强型决策模块应用于服务区域。

端到端效能背景下 DNPM 的目标通过学习机制实现了改进以获取认知无线电网络区域的自我管理功能。DNPM 学习技术基于以下步骤及需求：

① 维持考虑环境及过去所采取行为影响的需求信息；

② 将获得的信息转化为知识经验；

③ 基于这些知识主动或被动地处理问题。

由于经验可以提供合理的解决办法，从而可以减少优化的步骤，降低优化的时间。因此，降低了总体复杂性并实现合理的网络调整，还可进行相应的仿真。仿真结果显示，在相同的背景条件下，系统确定过去是否有相同背景以用于优化的可能性增加了。因此，系统可以对每种环境背景更快地提供解决方法。另外，只要达到相同的条件，管理系统为每种环境背景提供合理解决方案需要的时间就大大减少。综合以上结果，可以考虑对 DNPM 管理系统进行进一步研究。DNPM 会积极地作用于网络环境问题并应用已知的解决办法。前面提到的各种问题的时间信息有助于监测步骤预测某个问题是否在预期范围之内或者是否在具体的时间范围内。因此，问题的解决办法往往在问题发生前就已实施。

2.3.4 端到端效能对系统架构的需求

1. 端到端效能的参考系统架构

本节包括端到端效能协议中假设的参考系统架构，参考文献[6]中给出的体系定义在这里同样适用。

参考系统架构基于 3GPP SAE 标准工作[5]，包括端到端效率所需要的具体认知机制。端到端效率功能架构与现有的系统体系的关系详细体现于图 2-12 中。主要的功能实体及分布在随后的章节会进一步地描述。

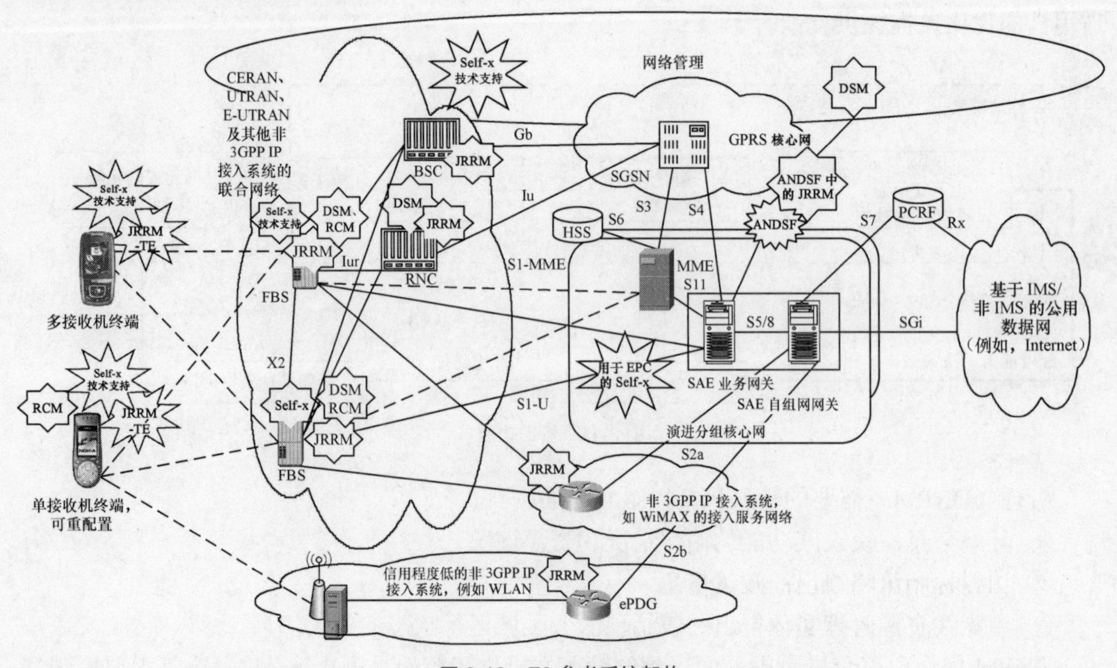

图 2-12　E3 参考系统架构

2．端到端效能参考系统架构中的功能实体映射

下面对图 2-12 端到端参考系统架构中的主要功能实体进行简要描述。

（1）JRRM：该系统功能位于终端、无线接入网络（RAN）及演进的分组数据核心网络（EPC，Evolved Packet Core Network）。

① 终端的 JRRM 实现接入选择决策（基于策略）的改进并进行检测。

② 无线接入网络中的 JRRM 支持提供检测配置并收集检测结果（如链路性能、网络负载等）。

③ EPC 中的 JRRM 实现在接入网络搜索及选择功能中的策略提供：对认知导频信道（CPC）的支持，提供接入选择策略，感知接入网络的资源使用状态。

（2）自组织（Self-x）：自组织功能位于终端、无线接入网络、网络管理（O&M，Operation and Management）及演进的分组数据核心网络（EPC）中。

① 终端的自组织实际上存在于网络侧自组织功能所需的对具体检测的支持中。

② RAN/灵敏基站（FBS）中的自组织提供并评估具体的检测和计数器（关键性能指示），还要进行基于策略和规定的决策改进。

③ 网络管理中的自组织根据网络运营商的偏好（如服务质量、吞吐量等）实现监管及高水平的运行协调。

④ EPC 中的自组织需要确定并基于策略及规定实现决策的改进。

（3）动态频谱管理（DSM）：系统功能位于接入网（RAN）及网络管理（O&M）中。

① 网络管理中的动态频谱管理（DSM）需要获取由网络运营商定义的频谱分配策略，根据这些策略进行频谱分配，并与自组织功能、JRRM 及 ANDSF 进行交互协作。

② 接入网中的 DSM 执行频谱分配并探测频谱接入机会及总体干扰情况。

（4）重配置管理（RCM，Reconfiguration Management）：该功能位于可重置终端（reconfigurable terminal）及接入网（RAN）和灵敏基站（FBS）中，RCM 执行重置管理并决定可行的合作机制配置。需要注意的是：第一种决定的配置是功能性的，然后传送至相应的物理层，这些物理层配置在可重置实体的重置过程各个方面都有所应用。

3．自组织功能和具体逻辑/物理实体映射的进一步考虑

本节要考虑与其协调级别相关的自组织功能进行区别分类的需要。与其位置和由 SON（Self Organized Network）任务覆盖的环境延伸相应，涉及具体的逻辑和物理实体以提供和支持 RRM 任务的成功运行。

在单基站/接入点（BS/AP）层次及相邻的无线接入网络实体（RANE，Radio Access Network Entity）之间下列功能是有效的。

① 小区之间的负载平衡，可以以内部频率、区间频率或无线接入技术之间运行的形式细化。运行负载以无线资源、基站硬件资源（如进程功率、可用的传输功率）或传输网络资源（与核心网连接的容量）的形式对接入网络资源产生不同的影响。

② 数据交互支持及优化，除信道频率和链路质量之外也可能包括对服务需求（实时）的考虑、终端功率限制、相邻区间的负载情况。

③ 干扰协调及控制，包括不同范围的邻近距离及对运营商之间干扰（使用相同无线电系统）的考虑及额外的系统干扰（如由未授权无线电系统邻近信道造成的干扰等）。在这方面主

动扫描和干扰情况感知都会影响无线实体的自主决策，并通过数据分布及信令的补充协调不同实体间的活动，从而达到总体优化的解决方案。

④ 维持相邻区间邻近关系是以上功能的一项重要特征，而且可能支持额外的或未来用于支持网络信息实时更新及保持一致性的任务，在基站（或者更高层次的实体）内出现部分或完全错误的情况下允许使用备用解决方案。虽然大量可分布式获得的重要系统信息数据是实现总体的更高效率的必备条件，但大量的详细数据也会增加系统负载并因此影响性能，两者之间需要折中方案。

在接入和核心网实体的层次上需要与基站/接入点间及分层控制实体（核心网实体（CNE，Core Network Entity）如接入网关，分级的移动管理实体（MME，Mobility Management Entity），用户平面实体（UPE，User Plane Entity））紧密合作完成以下功能。

① 与中心节点的交互功能越来越重要，其考虑对更高层次安全和完整保护、确认、授权和鉴定、空闲状态管理（时域非活动状态用户）、全局移动性及在用户（UE，User Equipment）背景下连续的改变，以及由负载平衡及底层 SON 功能造成的强制终端交接。在总体端到端效率框架下与用户会话相关的不同数据流和/或路径端到端控制也要在此全局层次上进行管理。

② 对以嵌入式智能为代表的未来无线接入网络实体（如一般的基站、接入点）的管理可以在与常规无线接入网络实体（RANE）的协作中由 CNE 执行。这种“其他”网络接入节点也包括在管理或地理上位于运营商影响之外的“迟滞”接入点（私人空间，如巡航的船舶或者家庭基站提供 Femto 小区覆盖），或在时域上在低流量情况下出于节省能源的目的处于关闭状态的 Ad-Hoc，或延迟节点、mesh 节点以及用户设备等。

③ 一个新使用的基站/接入点的自配置功能可由 CNE 辅助以允许传输逻辑及物理信道正确的设置，在通电后进一步自测，新设备运行状态的存储在实施时要从相应的 CNE 及邻近的基站和接入点获得反馈。

在参与实体的层次上，最复杂的任务需要在 RANE、CNE 及网络管理实体（NME）间进行数据交换：

① 需要所有 FCAPS（Fault Configuration Account Performance Security Management）的中心控制及监管的自组织功能要包含在运行及维护（OAM，Operation And Maintenance）通信、配置、政策服务和家庭用户系统（HSS，Home Subscriber System）的实体中以通过标准化接口提供稳定的网络运行并应用于供应商之间的情景；

② 支持子网建立的完全自安装和自配置的功能，这些子网可以表示为地域受限网络（校园、岛屿等）或具体的专用网络（如服务于有特殊服务需求或覆盖范围大的热点地区，既可以是类似奥运会、世界锦标赛的大事件，也可以是出现紧急或自然灾害的未计划情况）；

③ 大规模网络维护的自组织（如部分或整个无线接入网络（RAN）的硬件和软件更新）、网络状态清单（如评估一种新开发的网络或服务特征运行的测试或试验的影响），网络性能监测、探测、相关性及错误修正（愈合）、中断等也需要与所有 3 个层次节点的合作以确保处理的正确性。

参考文献

[1] ITU-R WORKING DOCUMENT TOWARDS A PRELIMINARY DRAFT NEW REPORT ITU-R [LMS.CRS], Annex 15 to Working Party 5A Chairman's Report. Cognitive radio systems in the land mobile service.

[2] G. Dimitrakopoulos, K. Moessner, C. Kloeck, D. Grandblaise, S. Gault, O. Sallent, K. Tsagkaris, P.Demestichas. Adaptive Resource Management Platform for Reconfigurable Networks. ACM/Springer Mobile Networks and Applications journal, Vol. 11, No.6, December 2006, pp. 799-811.

[3] D. Bourse et al. The E2R II Flexible Spectrum Management (FSM) Framework and Cognitive Pilot Channel (CPC) Concept – Technical and Business Analysis and Recommendations. E2R White Paper, December, 2007.

[4] Saatsakis, G. Dimitrakopoulos, P. Demestichas. Enhanced Context Acquisition Mechanisms for Achieving Self-Managed Cognitive Wireless Network Segments. to appear in Proc. ICT Mobile and Wireless Communication Summit, Stockholm, 10-12 June, 2008.

[5] 3GPP TR 23.882. 3GPP System Architecture Evolution – Report on Technical Options and Conclusions. http://www.3gpp.org/ftp/Specs/Latest-drafts/23882-1f1.zip.

[6] E3 Deliverable D3.1. Requirements for collaborative cognitive RRM.

第3章 基于认知的信息获取技术

CRS（Cognitive Radio System）的最关键特征在于信息的获取，这些信息包括：操作和地理环境信息、确定的策略及其内部状态、监测利用类型和用户需求及任何后续变化。为了获取相关信息，CRS 必须采用各种信息获取方法，这其中频谱感知、认知导频信道和数据库接入是很重要的方法，本章即将针对这 3 种技术展开描述[1]。

3.1 频谱感知

频谱感知方法用于扫描频谱、提取频谱信息，当前，不同的检测方法被用于 CRS 的频谱感知。这些方法包括：匹配滤波器、能量和循环平稳检测等。这些检测方法在计算复杂度和检测信号的能力上有所区别。因而，算法的选择依赖于感知的需求和可用的计算资源。本节将从频谱感知的性能指标、感知的方法以及频谱检测所面临的挑战展开介绍。

3.1.1 频谱感知的性能指标

频谱感知的关键性能指标定义如下。

1．当前系统信号的阈值检测

当前各种不同系统频谱感知方法所需要的最小信噪比（SNR，Signal to Noise Ratio）。

2．当前系统信号的检测时间

各个频谱检测方法检测当前系统信号使用的时间间隔。

3．漏检测概率

已被占用的频段被错误感知为闲置频段的概率。

4．错误警告概率

闲置频段被错误感知为被占用频段的概率。

5．频谱机会丢失概率

期望的关状态（即闲置时间）未被 CR 用户检测到的概率。

6．干扰比

期望的开状态（即当前系统网络的传输时间）被 CR 用户的传输中断的概率。

3.1.2　感知方法

无线环境的无线频谱信息是认知无线系统实现其功能的重要背景信息。当前认知无线系统有几种不同的频谱感知方法。这些方法包括能量检测、匹配滤波、循环平稳检测和基于小波的检测等。当前的这些感知方法具有不同的感知能力以及计算复杂度。可以根据感知需求、可用资源（如功率、计算资源和感知应用）选择合适的感知方法。频谱感知的性能通常以检测概率和实现目标检测概率所需的感知时间作为标志。

1．匹配滤波检测

静态高斯噪声条件下的最佳检测器是匹配滤波器，这是因为它最大化了接收信噪比。然而，这种方法需要预先知道被检测信号的完整信息（调制类型、顺序、脉冲形状及数据包格式等）。具有导频、前缀和同步字的无线网络可以使用这种匹配滤波检测。但是，由于认知无线系统需要为不同信号类型配置接收机，感知单元实现的复杂度将很大，以至不可实现。此外，匹配滤波器不适合在低 SNR 区域进行频谱检测，这是因为在这些区域很难实现同步。

2．能量检测

如果不需要检测主用户的信息，则最佳检测器是能量检测器。该检测器的通用性以及低计算和实现复杂度使它成为一种常用的检测方法。能量检测器简单地测量接收信号的能量并将它同一个依赖背景噪声的阈值进行比较。然而，能量检测的问题是背景噪声对于检测器来说可能是未知的，因此，即便可以通过导频信号实现训练，找到一个合适的阈值依然很困难。由于能量检测器不能识别噪声和来自主用户的干扰，非计划中的信号可能触发错误的检测。能量检测器在低 SNR 区域或者用于检测扩频信号时，难以实现较好的性能。使用来自能量检测器信息的一个方法是基于背景噪声的方法；在这种方法中，接收机测量通过特定频谱的来自多个传输路径的累积射频功率，并为累加水平设置上限。只要认知无线节点的传输量不超过这个限制，就可以使用这个频段。

3．循环平稳性能检测

这类检测器是基于信号的循环平稳特性的，而循环平稳特征是以信号的周期性或者统计特性（比如平均值以及自相关）为根据的，可以用于辅助频谱的检测。循环平稳性能检测器可以区分噪声和主用户信号，这是因为噪声不具有相关性，并且它可以对不同类型的传输和主用户进行分类。在低 SNR 区域，循环平稳性能检测器的检测概率性能优于能量检测器。然而，循环平稳检测的计算复杂度相对较高并且需要比能量检测器更长的感知时间。为了实现更有效的检测，可以将循环平稳特性同基于神经网络的类型识别相结合。

4．本地震荡泄露检测

本震（LO，Local Oscillator）泄露检测是一种授权频谱信号检测的间接方法。值得一提的是，这种检测方法被用于电视闲置频谱的检测。这一思想充分利用当今世界上很大部分的电视/无线接收机都是基于超外差接收机架构的。在这些接收机中，有些 LO 功率同天线耦合，导致反向泄露。此方法就利用这一现象：通过 LO 泄露检测和识别辨识电视信号存在性。这种方法在检测范围方面存在限制，它可能需要在电视接收机旁额外地部署中继传感器。

5. 自相关检测

在自相关检测中，二进制假设的决策统计来源于信号自相关序列而不是接收信号本身。相关延迟的选择需要与涉及的信号的最大带宽一致。在将相关序列通过 FFT（Fast Fourier Transformation）变换到频域后可以得到决策数据。在存在噪声功率不确定性时，该方案相比能量检测提高了检测概率，并且相比循环平稳性能检测降低了复杂度。然而，如果存在多个主用户，由于相关操作的非线性将产生不想要的信号，从而导致性能的下降，并且在主用户很多而信号很弱的情况下尤为明显。

6. 分布式感知

分布式感知系统在过去用于商业和军事感知。而在这里，焦点是无线频谱感知。由于噪声和干扰、阴影、衰落以及感知方法限制等多种因素的存在，很难使用单一信号传感器获取高质量的感知。在这种情况下，可以使用分布式感知——各个传感器可以位于认知节点的内部或者外部。正如“分布式感知”这个名称所暗示的，频谱感知是通过使用空间分布的多个传感器执行的。这些分布式传感器具有交换感知信息、做出决策并向认知终端或者基站传递感知信息的能力。感知的信息以一种合作的方式提供给认知节点，其中来自所有传感器的数据累加得到最后的感知信息。这种实现方法可以极大地提升认知无线系统的感知能力，有助于缓解感知需求并放宽每个传感器感知方法的选择。

7. 多分辨率频谱检测

经典能量检测的频域实现利用 FFT，其频域分辨率是固定的，不能达到检测速度与质量的折中。多分辨率频谱检测算法可实现可变分辨率的分析，通过利用连续小波变换计算检测频带的能量从而判断授权用户是否存在。

多分辨率频谱检测（MRSS，Multi-Resolution Spectrum Sensing）算法利用连续小波变换对功率谱估算时，在低频部分具有较高分辨率，而在高频部分分辨率较低。理论上通过减小小波基函数的冲击时长可达到对高频部分的高分辨率，但是由于小波的特性，时域波形变窄，将导致频域波形变宽，致使对高频的分辨率有限。

8. 基于小波包变换的频谱检测算法

针对 MRSS 算法高频分辨率低的缺点，基于小波包变换的检测算法将频带进行多次均匀划分，对小波变换多分辨率分析的高频部分进行分解处理，使整个目标频带具有相同的分辨率。此方法不仅实现了多分辨率的检测，并且对高频部分也能够实现细分辨率的检测，缺点是运算复杂度比经典能量检测算法的频域实现和 MRSS 算法都要高。

3.1.3 频谱检测的挑战

频谱检测需要高采样率、较大动态范围内模拟到数字（A/D）转换的高分辨率以及高速信号处理器。考虑宽带感知，终端需要捕获并分析宽的频带，这就对射频单元增加了额外的要求。宽带感知同时意味着需要在大范围内检测具有不同特征的信号，这样就增大了感知的复杂度，因为它需要适应不同的能量等级或者主用户的循环平稳特征等。频谱感知的一种更可行的方式是基于信道的频谱感知；该方式联合其他节点，最小化该操作模式下消耗的时间和功率。因此，在一个限带系统中首先引入 CRS 是很有帮助的。

如果机会式地利用频谱，主系统能够在任何时间索要自身的频带，因此，认知无线系统要能够识别主用户是否存在并根据特定主用户的请求在指定时间内清空相应频带。举例说明，如果认知无线系统机会接入公共安全频带，由于频繁有主用户出现，认知用户需要频繁地切换到其他频带，因此认知系统需要频繁地进行感知。此外，主用户的时域特征影响感知操作的频率，显然地，如果是一个地理区域上的电视站点，其存在并不经常改变。

隐藏节点问题意味着由于严重的多径衰落或者阴影等的存在，认知无线系统无法检测到主用户的存在。类似地，也可能出现这样的情况，主用户接收机在认知无线系统传输范围内但主用户发射机却不在。同时可能存在只接收不发送的用户，比如被动无线天文业务，是没法被检测到的。

3.2 认知导频信道（CPC）

在一些无线环境中，终端的认知能力对于无线资源的优化利用具有重要意义。认知无线系统能够结合考虑无线环境信息，为所需传输的信息选择最合适的技术和频率。

为了获取无线环境信息，认知无线系统需要感知可达频率范围（例如，从 400MHz 到 6GHz）内的频谱；但是，如果可达频率范围太大，这种做法将是十分耗时和耗费能量的。基于这点，引入 CPC 概念——它通过一种公共导频信道，输送能使终端了解无线信道占用状态的必要信息。

多播的 CPC 模式是点播 CPC 模式的一种演进，接受点对多点的信息传送方式。在这种模式下，将 mesh 信息送入调度系统之前的一段时间内，网络应该等待来自相同 mesh 的用户请求。

3.2.1 CPC 操作流程

CPC 的典型应用场景描述如图 3-1 所示，主要是一个异构的或者多 RAT 的环境。移动通信终端在刚开启时，并不知道所处地理区域哪个 RAT 最适合接入，或者存在于该地理区域的 RAT 都利用了哪些频率范围。

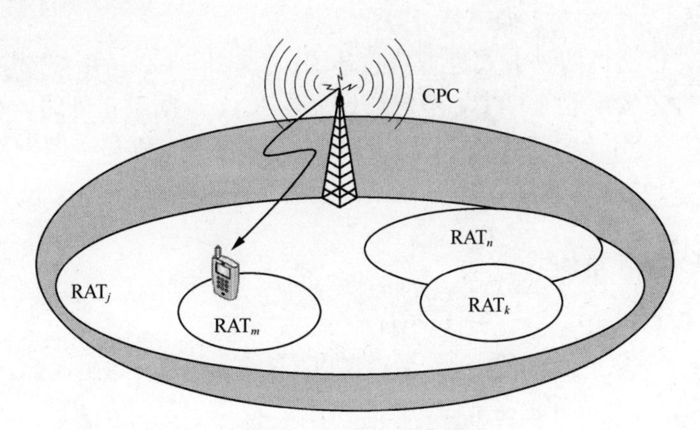

图 3-1 多 RAT 应用环境

确实，在采用动态频谱分配（DSA）和灵活频谱管理（FSM）方案的情况下，由于重分配机制的动态性，移动终端将不得不在一个完全陌生的频谱背景下启动通信。

如果一个认知无线移动终端没法得到其可达频率范围内部署的 RAT 服务区域的相关信息，就必须扫描整个频谱以获取频谱构成。然而，这需要消耗大量的功率和时间，有时甚至不是有效的方法，比如针对“隐节点”案例。

在这种背景下，支持认知功能的导频信道（CPC）可以为移动终端提供足够的信息使之能够发起一次时间、情况、位置联合优化的通信会话。CPC 在终端位置广播频带、RAT、负载情况等的相关信息。

理论上，CPC 使用小区划分方式覆盖地理区域。在每个 CPC 小区对小区范围内同频谱相关的信息进行广播，比如：

① 当前分配给蜂窝类无线系统（例如，GSM、UMTS、LTE/LTE-Advanced、WiMAX、DVB-H、Wi-Fi）的频带标示；此外，还有不同蜂窝无线系统的导频/广播信道细节（例如，GSM 系统 BCH 载波、UMTS 系统的 CPICH 载波、Wi-Fi 的导航信道）；

② 特定频带当前状态的标示（例如，使用的或者未使用的）。

CPC 小区可以划分为多个栅格以提高通过 CPC 传输信息的可靠性和有效性。而且栅格划分方案为如何有效划分栅格提供指导，其中，考虑了与划分的栅格大小相关并对 CPC 信息传输的可靠性和有效性有重要影响的因子，例如，用户密度、在多 RAT 重叠覆盖的栅格的信息表示、多 RAT 重叠场景下动态栅格划分的大小。此外，还需要考虑 CPC 信息传输延迟和 CPC 整体流程的有效性。

设想将 CPC 操作流程分成两个阶段，分别称为“启动”阶段和“进行”阶段。

①“启动”阶段：开启后，终端检测到 CPC 并利用一些定位系统确定其地理信息。其中，CPC 检测依赖于所使用的物理资源的特定 CPC 实现。在 CPC 检测和同步之后，终端根据所处位置恢复 CPC 信息，完成操作流程。移动终端恢复的信息足以启动时间、场景和位置联合优化的通信会话。在这个阶段，CPC 广播终端位置处同运营商、频带和 RAT 相关的信息。

②“进行”阶段：一旦终端接入网络，周期性检查 CPC 传递信息有助于快速检测到由于移动位置变化或者网络重配置引起的环境变化。在这个阶段，CPC 广播“进行”阶段的相同信息和额外数据，例如服务、负载情况等。

此外，CPC 可以通过两种方式进行信息传递：“带外”CPC 和“带内”CPC。因此，CPC 部署也有两种方案：带外 CPC，考虑通过元素 RAT 分配频带外的一个信道提供 CPC 服务；带内 CPC，使用异构网络环境技术的一种传输机制（例如，逻辑信道）提供 CPC 服务。

3.2.2 CPC 实现举例

1. 地理相关信息组织

有必要根据应用信息的地理区域组织通过 CPC 传输的信息。这里，有两种方式可以用于提供地理位置信息，二者的区别在于如何提供信息上。

① 基于 mesh 的方法：这种方法将地理区域划分为多个 mesh 区域，进而由 CPC 为每个 mesh 提供网络信息，这可能覆盖一个大范围区域的传输，因而包括许多 mesh。初始请求评

估似乎认为这种方案可能需要大量的带宽。

② 区域覆盖方法：基于这种方法，不同 RAT 提供相应的覆盖区域，从而不再需要 mesh 概念。例如，随后可以提供如下信息：运营商信息、相关的 RAT 以及对应每个 RAT 的覆盖区域和频带信息。

（1）基于 mesh 的方法

CPC 运营于特定地理区域，可以设想将这个区域划分为多个 mesh，如图 3-2 所示。mesh 可以定义为具有特定电气共性（例如，对 mesh 中的任一点，某一频率上检测到的功率都高于特定水平，等等）的区域。mesh 大小的确定取决于能够识别上述共性的最小空间分辨率。

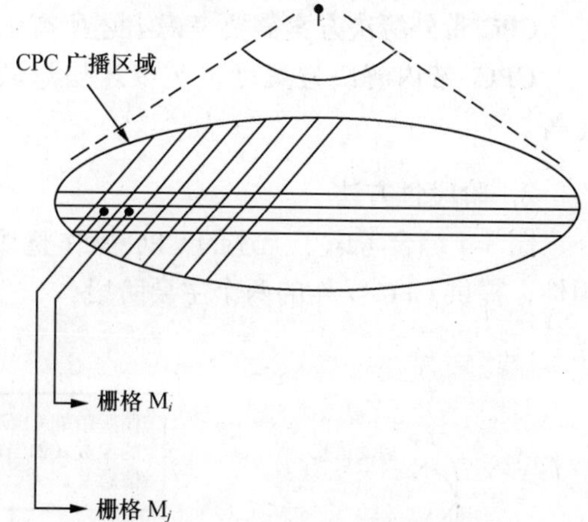

图 3-2　划分为栅格的 CPC 地理区域

（2）区域覆盖方法

给定地理区域，CPC 内容的组织需要考虑所在区域的下层 CPC 保护，确认所传的内容符合 CPC 覆盖特性。

例如，在 CPC 信息同运营商/RAT/频率可用性相关的情况下，CPC 信息将组织成每个 RAT 的单位覆盖区域。

使用这种方法，获悉移动终端的位置对于 CPC 操作并不是一个严格的要求，而是一种以更高效率提取知识的能力：

① 定位不可用情况下，只要移动终端能够接收 CPC 信息，关于该地区不同区域的信息都是可用的；

② 定位可用情况下，确切位置的信息子集可以被识别，从而移动终端可以使用该信息。

区域覆盖方式下，基本 CPC 信息结构如图 3-3 所示。

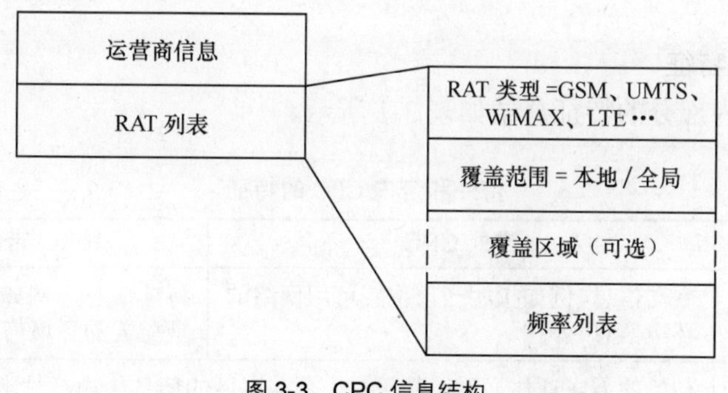

图 3-3　CPC 信息结构

CPC 信息架构包括如下信息域。

① 运营商信息：运营商标识。

② RAT 列表：为每个运营商提供可用 RAT 信息。这一信息在第 i 个运营商的每个 RAT 进行重复。

③ RAT 的类型：比如说可以是 GSM、UMTS、CDMA2000、WiMAX、LTE 等。

④ 覆盖范围：针对局部覆盖情况（比如参考地理点）。

⑤ 频率信息：提供 RAT 使用的频率列表。

CPC 带外解决方案需要考虑上述所有信息域。

CPC 带内解决方案可以在上述信息域的基础上添加其他信息域，例如策略、环境信息等。

2．阶段性方法

图 3-4 综合考虑了上述的 CPC 操作整体流程的主要步骤以及带外 CPC 和带内 CPC 的可用性，提供 CPC 操作的两个主要阶段。

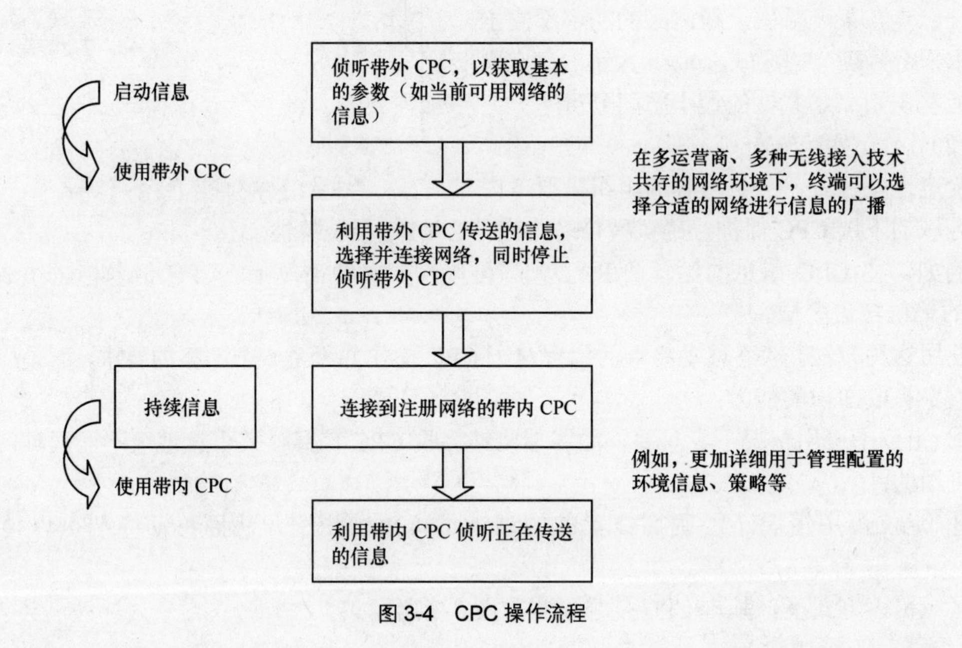

图 3-4　CPC 操作流程

3．带外和带内特征

CPC 带外和带内部分的特征总结如表 3-1 所示。

表 3-1　带外和带内 CPC 的特征

特　征	带外 CPC	带内 CPC
传输的信息	启动信息，例如指明当前位置可用网络的环境信息	持续信息，例如更加详细的可用于管理配置的环境信息、策略等
信道比特速率需求	初始的需求评估显示：基于整个覆盖区域的信息传输，对比特速率要求较低；而基于栅格的方法要求有非常大的带宽	
数据流方向	下行（可选上行）	下行和上行
载体	最有可能是大覆盖区域内的一个调和频带，也可能是一种新型的 RAT 技术，或者满足某种特性的传统技术使用的频道（例如 GSM 信道）	某一运营商网络的一个载波（例如映射到 UMTS 载波的一个逻辑信道）

3.2.3　CPC 的主要功能

CPC 具有如下功能。

① 根据特定条件（比如，期望的服务、可用的 RAT、干扰条件等）协助终端选择合适的网络。这为联合无线资源管理（JRRM）提供了支持，从而能够更有效地使用无线资源。

② 通过从网络向终端传递无线资源使用策略，为无线资源的有效利用提供支持。

③ 通过允许终端辨识最适于操作的 RAT，并在必要时下载重配置终端功能的软件模块，为重配置提供支持。

④ 通过协助终端识别指定区域的特定频率、运营商和接入技术，从而不需要执行长时间消耗能量的频谱扫描过程，为环境感知提供支持。

⑤ 通过通知终端新 RAT/频率的可用性，协助网络提供商在网络部署时更容易进行动态变化，从而为动态网络规划（dynamic network planning）和高级频谱管理（ASM）策略提供支持。

⑥ 提供特定频带当前状态的信息（例如，使用的或者未使用的）。

总之，认知导频信道（CPC）是认知网络协助用户终端接入多元无线网络的有效解决方案。

引入 CPC 的好处总结如下：

① 简化 RAT 选择程序，方便用户生活；

② 防止大量频带扫描，从而简化制造商的终端实现（物理层）；

③ CPC 概念与 DSA/FSM 的实现尤其相关；

④ 作为一种下载信道，CPC 概念对所有场景下的运营商和用户都是很有意义的，它对于下载新的协议栈以连接到网络是必要的。

CPC 的部署可能要求现有技术有能力并愿意广播这个信息。然而，由于隐私问题或者技术限制，这种情况并不总发生。频率利用的信息以及 CPC 所需频带的格式需要以这样的方式进行协调，要使得基于 CPC 实现的认知无线系统能够使用并理解信息。

3.3　数据库

数据库接入是 CRS 获取信息的一个重要方式。在这类数据库中可以包含各种对 CRS 有用的信息，包括 CRS 操作环境、策略、使用类型和用户需求。它可以作为 CRS 的一个模块，存储并管理认知信息以支持认知环中执行的具体功能。

3.3.1　多域认知数据库

认知无线电系统中的认知信息是复杂的，包括空、时、频、用户、网络和系统的不同层次[2]。数据库应根据其属性划分为不同的域，并在划分域的基础上进行认知信息管理。因此，提出多域认知数据库的概念，每个域代表一种类型的认知信息，从而可以对 CRS 中的认知数据库的信息进行分类和组织以改进信息的管理、信息表示和信息接入，并支持预测、学习和共享等功能。

① 无线域：无线域包括无线传输特征参数（考虑不同的无线接入技术），如传输功率、频带、载干比（SINR，Singal to Interference plus Noise Ratio）、传输速率、无线资源带宽等。

② 网络域：网络域包括反映网络状态的参数如业务流量、系统负载、网络收益、网络延迟、路由、调度机制、节点拓扑等。

③ 用户域：用户域侧重于来自用户平面或用户所考虑的信息，如定位信息、QoS 请求、用户 IDs、统计情况等。

④ 政策域：政策是指管理无线资源如通信规划、频谱政策等的指导。

CRS 中的数据库包含不同无线接入技术中多域认知信息，数据库的本地结构可以按以上所述的域划分进行组织。

认知信息的多域组织如图 3-5 所示。

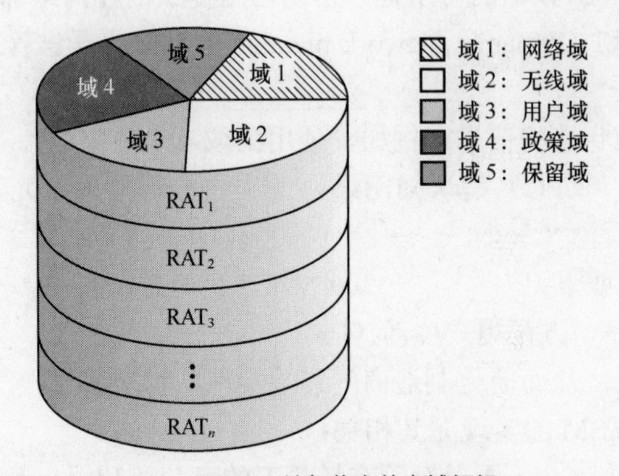

图 3-5　认知信息的多域组织

多域认知工作机理：网络中各节点首先进行本地认知，本地认知内容包含了多域环境感知信息。

无线环境认知信息：频谱空洞、地理信息、链路质量与无线信号特征等。

网络环境认知信息：路由评估、网络流量、网络拓扑等。

用户环境认知信息：用户偏好、业务类型、服务质量等。

本地认知是单节点认知到的信息，要形成区域的认知信息，还需要通过中心节点的数据融合来完成，这样就涉及认知信息的传输问题。

为了避免造成网络过大的负荷，需要将认知信息进行有效表达，认知信息的流动形成了认知流。每个节点都有智能决策的功能，大多认知信息可以进行本地处理，为全局处理进行支撑的认知信息才上传，中心节点可以进行区域处理，并对区域内的网络进行重构，这样形成了分层处理。

无论是本地认知信息，还是融合后的区域认知信息，都可以通过学习推理进行深层次的认知信息预测，也就是预测环境的变化。本地认知信息、协同认知信息、预测认知信息为智能决策提供了依据，决策后形成了控制流。

多域认知数据库实现机制如图 3-6 所示。

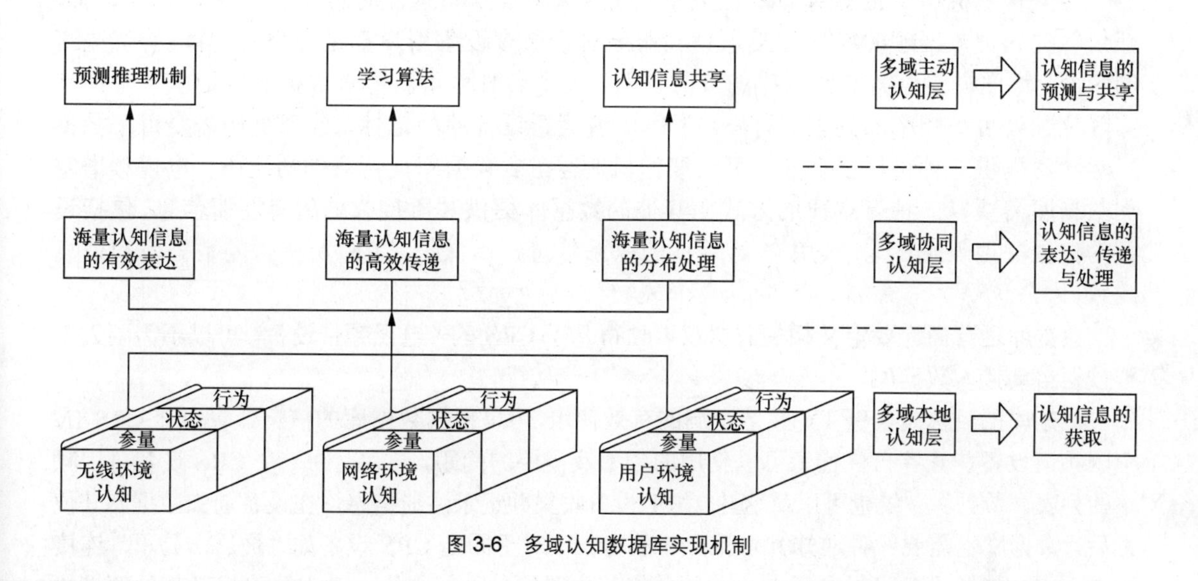

图 3-6　多域认知数据库实现机制

3.3.2　数据库接入

介绍了多域认知数据库之后，怎样接入数据库成了关键的问题。本节将以 UHF（Ultra-high Frequency）频带中频谱空洞的使用为例介绍 CRS 中的数据库接入，并介绍数据库接入所面临的挑战。

1．UHF 频带中的频谱空洞的使用

频谱空洞是一个管理概念而不是一个技术概念，与该国家在其 TV 频段相关的频谱管理实践有关。频谱空洞是频谱的一部分，某一时刻给定地域中在非干扰/非受保护基础上可用于无线通信应用（业务、系统），在国家的层次上其他业务与之相比有更高的优先权。

在 UHF 频带中，陆地电视业务使用的多频率网络总是假设在一定的地理区域内有一部分用于广播的信道未被使用。

最近，一些管理机构开始采取措施以允许免许可设备可以在无干扰的基础上运行于电视频谱的白带。为使用 CR 设备并使处于工作状态的设备免受有害干扰，管理机构需要进行确立各种规范性限制，如地理定位系统及对工作用户的必要保护。使用的无线电可能因未来的应用种类而有所不同：固定或个人/便携。

美国已于 2008 年 11 月允许免许可设备接入电视频带 54～60MHz、76～88MHz、174～216MHz、470～608MHz 和 614～698MHz 中的可用信道。

FCC 决策需要 TV 频带设备采用定位/数据库接入和频谱感知能力。定位功能及数据库方法涉及一个 CRS TV 频谱空洞设备的位置决策，并接入数据库以运行于该位置的确认授权站台和需要保护的接收站点。

CRS 的位置可由嵌于设备内部的专用程序或者定位技术如 GPS 获取。一旦获取了电视空闲频谱设备的位置，则使用内部或外部数据库对每个频率范围进行分析以判断 CRS 与正在进行的业务及受保护的接收站的距离是否足够远，以避免造成有害干扰。

一些管理机构也希望对需要管理 TV 频谱空洞数据库运行的实体提出一种公共请求。任何管理这种数据库的实体都必须使其服务对于所有设备用户都是可用的，且没有优先级的区分。管理机构也需要数据库的及时更新，设备实时地重新检查数据库以给出一个在其实际位置处可用频率的列表。另外，为确保这些新设备的稳定性，管理机构需要每个数据库运营商提供一种可用于多年、可继续的机制。在多数据库运营商的情况下，电视频谱空洞数据库需要以一种有规律的方式向其他的数据库提供其所接收的所有注册信息，包括设备的位置（地理坐标）、其用户/运营商的联系信息，以保护 CRS 所接入的数据库间信息一致。

数据库运营商需要定义相关的协议以使得基于 CRS 的“电视频带设备”可以不需要人工干预而自动接入数据库。

数据库的目标是确保 TV 频谱空洞的有效使用，可以根据数据库的信息计算当前 CRS TV 空闲频谱设备在其各自位置上可以使用的频率及需要的间距，最后返回一个 CRS 设备可用频率的列表。数据库系统也可以从这些 CRS 设备收集并记录注册信息。在设备通知数据库其位置后，数据库也需要一种通知其可用频率的方法。对于固定 CRS 设备如“最后一公里”连接的接入点，这些设备可以进行专业安装并将其位置信息进行固化。个人计算机及其他便携式设备可以使用定位技术如 GPS 芯片、用于三角测量的信号塔或其他任何的位置决策方法（假设这些方法可以在任何地点和时间提供足够精确的位置信息）。一旦 TV 空闲频谱设备获取其位置，便可以与数据库进行通信以决策在其区域内可用的频率。

2．数据库使用面临的挑战

数据库的使用存在许多挑战，尤其在数据库的管理方面。将信息收集到数据库并保持信息的实时更新对于数据库的成功使用是十分关键的。另外还有建立、维护及更新数据库的消耗，以及不同参与者的责任及支出。数据库的管理包括需要考虑到的安全和保密性。

认知无线设备需要具备获取其位置并接入数据库的能力。利用数据库以指示移动系统的频谱使用是一项具有挑战性的工作，因为存储在数据库中的信息可以很快会变得不再适用。使用数据库的另一个例子是环境信息处理及无线敏感设备敏感信息的存储。

除用于即时需要外，环境信息还可以用于其他目的。尽管如此，在一般的无线传感器网络中节点只有与功率提供、处理能力、测量存储相关的有限资源。因此，即时的环境信息在提供给认知终端前只会短时存在于传感器节点中以用于有限处理。在这种情况下，需要积累充分处理的终端和无线接入网络的测量信息作为长期的频谱使用信息存储于网络侧数据库服务器中。数据库可以用于认知终端以快速寻找最优的基站，估计其位置并减少扫描时间。也可以用于运营商以无线接入网络或基站间动态分配频谱、计划基站的未来使用，控制或者建议终端先选择具体的基站以用于无线资源优化。

一般情况下，环境信息可以按需或者基于一定的调度获取。另外，认知终端节点可以直接从传感器或其他处理并存储信息的实体处获取环境信息。环境信息可以从存储设备中获取并以多种方式得到应用。例如，如果一个认知终端节点可以直接使用最新更新或可用于现时处理的已有存储信息。存储信息也可以用于预测频谱使用的变化趋势并将其传送给认知终端节点以增强认知终端的无线敏感度。

参考文献

[1] Working Party 5A SWG5A5-1 CRS&SDR, Working document towards a preliminary draft new report ITU-R. Cognitive radio systems in the land mobile service.

[2] Working Party 5A SWG5A5-1 CRS&SDR. Proposed contribution to working document towards a preliminary draft new report ITU-R. Cognitive radio systems in the land mobile service multi-dimension cognitive database for cognitive radio system.

第 4 章 认知无线网络中的学习

Clark, Partridge, Ramming, and Wroclawski[1~3]最近提出了一种计算机网络管理的新观点——认知平面，这为当前低层数据收集和高层做出决策提供了一种新的方法。认知平面的一个重要理念是它能实时地学习自身的行为，以更好地分析问题并调整策略，提高决策的可靠性和鲁棒性。认知平面这一概念包含了学习的方法和理念[4][5]。基于认知平面的学习主要采用机器学习的方式；学习的主要目的是掌握方法，利用过去的经验来提升性能体验。本章将首先考察机器学习的不同方面，熟悉网络认知的方法；接着对机器学习研究的主要问题的描述进行回顾；然后考虑设计认知平面的 3 个任务：设计、支持对象和学习在认知平面中的作用，通过讨论一些开放性的话题，研究认知平面的提出，给机器学习领域带来什么样的挑战，最后评估机器学习算法对于认知网络的作用。

4.1 概述

日常生活中，我们经常说一个人从某次经历中“学习”到了他以前不会的东西或者是做不好的东西。机器学习就是通过设计一些能在计算机上运行的算法，对算法进行实施、运行和分析，并尝试使用这些算法去描述为什么会存在从“不能”到“能”的变化的行为。这个学科吸收了很多其他领域的方法，包括统计学、认知心理学、信息论、逻辑学、复杂理论以及运筹学，但其最终目的还是理解“学习”这种行为的计算特点。

一般认为问题表述是学习的重点。事实上，该领域常常将不同的表述形式以不同的模板表示，如决策树、逻辑法则、神经网络、案例库、概率标记。早期关于描述形式的讨论为机器学习提供了支持，但在 1990 年左右所进行的研究中，通过对实验数据的对比，发现没有一种表述形式总是能够实现更好的学习，同时也发现了特征细节的体现或者说表述形式及其重要；精确的特征描述仍然是机器学习成功运用的标志[6]。

另一种普遍的看法是，学习经常发生在某些性能测试任务的比较中，一个具体的学习方法应始终与性能因素相关，并且该性能是使用学习过程中获得或者修正得到的知识进行计算的。图 4-1 描述了这样的组合系统，该系统能够感知环境，通过学习把感知信息转化为知识，并将这些知识提供给运行在该环境下的性能模块。这里的性能是指系统没有学习功能时的行为。这可能需要一个简单的执行，如分配一个标签或选择一个行动，但它也可能涉及复杂的推理、计划或解释。学习的总体目标是改善任何综合系统设计需要完成的任务的性能。

首先，我们需要明确学习、性能以及知识三者之间的关系。图 4-1 表明，系统在持续的循环运行中，已有的性能产生经验，从而触发学习行为，反过来又导致性能的改变。可以将这种模式称之为在线学习，具有一部分该领域研究的特点。一个更常见的方法就是离线学习，假定训练经验在集合外都是可以使用的，把这些经验转化为知识只能进行一次，图 4-1 还包括了一个可选链接，以使系统现有的知识影响学习过程。这种理念还没有广泛应用于目前的研究，一旦能够获取并使用这些相关的知识，就能很好地辅助学习的过程。

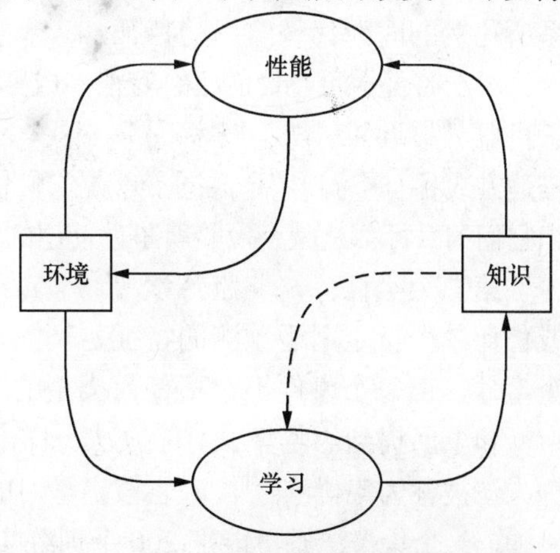

图 4-1　学习、知识、性能、环境之间的关系

这一节主要考察了机器学习的不同方面，接触到了网络认知的方法，下节将回顾机器学习研究的主要问题的描述，考虑设计认知平面需要支持的 3 个任务以及学习算法在这些任务中所起的作用，然后讨论一些开放性的话题，研究认知平面的提出给机器学习领域带来了什么样的挑战，最后我们提出一些方法用于评估机器学习对于认知网络的作用的。

4.2　机器学习中的问题描述

典型的机器学习方法[7][8]可以用描述线串联，这取决于人们是否通过决策树、神经网络、案例库、概率统计或其他方法对学到的知识进行描述。而更基本的问题就是如何描述一个学习任务，主要是促使学习行为发生的输入和使用获取的知识的方法来衡量。本节考察 3 个使用广泛的关于机器学习的描述。

4.2.1　分类和回归的学习

最常见的描述着重于提高分类或回归性能而进行的知识学习。分类涉及一个有限的测试事件集合，而回归则是用一些连续变量或属性来预测事件的数值。在网络诊断场景中，分类面临的主要问题是判断连接失败的原因，是目标中断、目标过载，还是 ISP（Internet Service Provider）服务质量下降。类似的回归问题可能涉及预测连接返回的时间，事件通常被描述为离散或连续的属性或变量。例如，对网络的状况的描述可能包括数据包丢失、传输时间和连接性属性，一些分类和回归工作代替了运行时相互之间的关联描述。因此，在特定情况下，无论节点的数字特征（例如，缓冲区的利用率）是否比其相邻的节点高，可以用节点之间的关联性来描述。

在某些情况下，节点开始并不知道需要预测的其他节点的特征。其可能预测一些已经被测量过的节点不需要的特征，这种行为通常被称作形式完成或弹性预测，可用于表示符号特征、连续属性或二者的结合。例如，给定一些网络变量的信息，这些信息很容易测量，代价较低，人们可能需要预测其他需要代价很高的网络变量，一个相关的任务会给定其他变量的观测值来预测条件概率下的该变量的可能值。另一种方法是通过整个变量的集合来估算联合概率分布。

在通过分类和回归产生知识的过程中，有很多不同的描述学习任务的方式。最常见的被称为监督学习，假设给予学习者训练事件，这些事件包含了将预测的特征分类和赋值。例如，假设某监督学习方法包含有200个4种不同类型的连接失败的实例，每种类型有50个实例，每个实例都给出在进行分类时用到的特征。对于回归将提供类似的方法，用存储每个实例关系所花费的时间代替给出的特征。

对于监督学习，目前已经有很多成熟的方法，包括决策树、归纳法[8][9]、神经网络、支撑矢量机器[10]最近邻居法、概率法[11]。这些方法在表达学到的知识和特定的使用知识法则时使用的描述方式各有不同，一个共同点就是它们依赖于目标的分类或者空间预测模型的响应变量。而且，当它们的目标都是减小检验新事件使用的预测模型所带来的误差时，均使用相同的方法改进。

第二大类任务，非监督学习，假定给予学习者训练的事件没有包含任何关联的分类信息或任何单个特定用于预测的特征，例如，可能会提供非监督的方法，包含与上述相同的200个事件，但每个事件不包括任何类型的连接失败信息或恢复连接所需的时间。

和上面提到的监督学习的方法一样，非监督的学习方法也有很多，大致可以分为两类。一种方法被称为集群法[12][13]，它假定学习的目标是把训练实例按照自己的规定划分为不同的类。例如，一个集群法则可能把200个训练实例划分为许多类，每个类的集群法则都认为是不同的服务中断类型；另一种方法被称为密度估计[14]，为了预测具体事件发生的概率而建立不同的模型，这种方法一般会生成一个概率密度函数，这个函数既涵盖了训练实例又涵盖了新实例。

第三种方法称为半监督学习[15]，这种方法介于前面两种方法之间。该框架内，一部分训练实例包含相关的类或特征值的预测，其余的实例（通常是多数）没有这些信息。这种方法在检验分类领域里较为常见，该领域有大量的训练实例，但类标记数量十分有限，代价较高。我们的目标和监督学习类似，不仅要降低分类或回归量使得预测更加准确，还要利用无标记的实例改善这种方法的性能。例如，即使200个关于服务中断的训练实例中只有20个包含类信息，仍然可以利用其余实例的规律性来增加分类的准确性。

分类和回归是学习过程的两种最基本能力，因此产生了许多针对这两项任务的具有强健性的方法。并且分类和回归方法已经广泛用于开发从数据中提取可用性和精确性较高的预测模型。Langley和Simon[6]回顾了早期这些方法取得的成功，而且随着对数据挖掘的研究，它们已经成为商业应用的重要方法。分类和回归的学习方法不仅在复杂任务中扮演重要的角色，对于下面要介绍的需要额外机制的任务同样不可或缺。

4.2.2 行为和决策的学习

第二种描述方法解决了代理选择行为和计划需要的知识的学习问题。在其最简单的形式中，行为选择只是单纯的一个反应，忽略任何过去行为的信息。这种方法和分类直接形成映射关系，选择行为是对不同分类的响应，这些分类是代理基于整体情况的描述而进行划分的。行为选择还可以直接映射为回归量，代理通过一个给定的整体状况来预测整体效能或是每步行动的效率。

两种方法都能有效地解决问题、决策和调度，它们更多的是制定未来的行动，而不是根据当前环境做出下一步采取的行动。这样的活动一般都会涉及选择把已经获得的知识作为指导还是作为约束条件。知识的形式可能是行动选择分类器或者是以行为或状态为变量的回归函数。但是，它同样可以形成较大规模的结构，称为算子，即指定多个行动一起执行。

与分类和回归一样，我们可以描述许多学习任务，这些学习任务能够产生行为选择知识。已知的最简单的方法是学徒学习或者自适应接口[16]，它把学习者嵌入了更大的与人类用户交互的系统中。该系统能接受来自用户的指导选择，也能向用户提出建议，系统可以接受指导或做出其他的反应。因此，用户对于每个选择向系统直接提供反馈，有效地把学习的行动选择问题转化为一个监督学习任务，然后可以使用我们上面讨论的方法解决问题。与此相关的范例，就是已知的示范编程[17][18]，其重点就是学习算子，方便用户在后续行为中调用，从而以更少的步骤完成事情。

例如，某人可能设计一个交互工具，通过逐次实现各个步骤来实现网络的配置，并把几个替代部分纳入配置中或添加到现有的组件中。用户可以从中选择接收这些建议或全部拒绝而另外选择其他选项。每次互动都会产生一个训练实例，例如如何配置一个网络并作为将来的互动使用，另外还需要考虑可以提供类似网络故障诊断和修复的自适应接口。

一个和学习行为相关的描述被称为行为克隆[19]，它在一些域内搜集已有的行为轨迹，但不直接提出建议或者进行交互。主体的每个抉择都转化为一个训练实例，然后用于监督学习。行为克隆目标的主要不同点就是它能自发地产生一个代理去执行决策制定的序列，而学徒学习和自适应接口的目标则是产生智能协助。例如，系统可以观察执行一系列计算机网络配置命令时的行为，并把这些行为转化为监督学习的训练实例，这些实例为将来行为选择提供方案。但是，系统也可能试图提取相同的轨迹，把那些经常发生的行为作为算子，使得再遇到同样的问题时能以更少的步骤解决。

还有一种略为不同的描述涉及延迟奖励学习的理念，通常称为强化学习。这里，代理通常在一定的环境中采取行动并收到一些奖励信号，这些信号表示目标达到的理想状态（如重新建立一个服务连接），奖励信号可以延迟。在强化学习框架内的研究主要分为两种模式，一种模式是控制策略直接通过数值函数与状态描述的映射来表示（如将来总的奖励期望）[20][21]，这种方法和过去的行为序列相关，涉及的奖励可能滞后，序列可调用一个回归的方法来学习预测预期值。另一种模式，不是对控制策略通过行为和状态的映射关系直接译码，而是在涉及[22][23]这样的策略空间中搜索学习。

可以使用任何一种方法学习动态网络路由策略[24]，这里的奖励信号可以是基于路由性能的标准指标。该系统将尝试建立不同的路由，每一条都涉及很多的决策步骤，了解基于观测性能的路由策略。随着时间的推移，理智的策略选择会改变路线，给出有利于整个网络的行为。

另一种描述和强化学习密切相关，但也涉及问题解决过程中的学习和心理搜索[25]，而不是从一定环境下采取的行动中学习。代理有一些模型影响行动的选择或者一些所需要的资源，它可以用来模拟心理行为序列制定的过程。但通常存在多种可能的序列，这里主要介绍如何通过搜索问题空间产生一个或多个解决问题的序列，也可以产生死循环以及其他多余的结果。成功和失败的学习材料需要通过选择的可取性和不可取性来区分。

对问题解决过程中出现的轨迹的学习行为的研究可以分为 3 大模式。有些工作的重点是学习本地搜索控制以选择知识、拒绝或者偏好某种行为或者状态。这种知识可能被用于控制规则或一些相关符号的表达，也可能作为一个数字评估函数。后一种方法和估算延迟奖励数值函数是密切相关的，这也被用于任务调度[26]和集成电路布局[27]。另一个模式强调从算子解决问题的路径形成出发以减少有效搜索的复杂度。第三个框架类比解决问题，同样存储大规模结构，但是采用更加灵活的方式使之适应新问题。

例如，这些方法可能都适用于解决网络路由和网络配置这样的任务。有些应用可能需要一些由个体选择产生的影响模型，所以代理可以决定给定的状态在实际中是否可取。因此，该系统从一开始就能够产生路由线路或配置，但如果搜索空间很大，这样做可能导致效率低下。经过路由或配置的多次尝试，系统将得到如何直接进行搜索的启发知识，从而使它在解决未来问题时更加有效且保证不降低性能。

最后一个描述涉及一个复杂系统的优化经验。考虑一个调整化工厂参数的问题以改善其业绩（例如，减少能源消耗、减少废品、提高产品质量、提高生产速度等）。如果没有工厂的预测模型，我们只能借助于尝试不同的参数设置，来观察工厂的业绩响应。

上面的例子体现了一个观点：表面响应[28]试图通过测量系统在各点的行为以找到一个最佳的系统工作点。传统的关于当前工作点的设计方法和执行试验（例如一些因子设计的形式）适合于二次函数的结果，用于估计该目标函数表面的局部形状，然后选择一个新的运行点，使之为该二次曲面的最值点并重复该过程。

机器学习的研究人员已经找到了合适的方法实现对假设的弱化，同时需要训练实例更少。其中一种方法[29]采用回归法分析以前的实验结果，并确定该目标函数的可行域，然后在检验区域内选择一个距离其他检验点较远的新检验点。另一种方法[30]更适合在一些离散参数的空间内搜索如网络配置的参数空间。给定一个性能得到验证的参数设置，其符合预测额外“好”点位置的概率分布，然后样本根据概率分布重新进行配置，并验证性能，直到其收敛。

关于行为选择的学习和策划是另外两个值得关注的问题。首先，在许多领域中感知需要相互调用，它可以看作是一种行为。因此，代理可以学习感知策略、支持高效的网络诊断，如关闭一个涉嫌攻击的连接。其次，一些策划学习的方法假设当某行为被调用时使用的描述预期影响的行为模型是可用的，这将导致学习行为模型时的任务转变。这与分类和回归的学习问题有许多相似之处，但它的目的是支持更高级的行动策略和策划学习。

4.2.3 学习的具体说明和理解

第三个描述的重点是学习知识时个体能够理解事件的情形。分类是体现这种思想的一个简单例子，因为个体可以“理解”隶属于某类的实例。但更复杂的方法试图以建设性的方式即结合多个单独的知识要素来解释观测结果。分类和回归主要的不同点就是用来准确预测模型的内容，而解释方法都需要模型以解释数据深层结构。这个解释生成的过程通常被称为诱导。

解释或诱导的方法也许更容易用自然语言来解释处理过程，通常一个性能任务涉及与上下文无关的语法或一些相关的描述形式。这样的语法包含涉及非终结符号形式的重写规则，以及如何用这些规则来解释一个句子。这种方法可以运用于其他领域，包括解释和诊断网络行为。例如，给定网络中各节点的数据传输速率之间，人们可能会使用自己已知的过程，如一部新电影如何在同一区域满足不同人的需求。

人们可以在解释框架内指定许多不同的学习任务。一个最简单的问题就是假设每个训练实例都伴有对该领域知识的解释。这一描述方法在自然语言集合里广泛使用，这里用“树组”来表示包含大量的句子及其相关解析树的事件。学习任务涉及基于训练实例生成一个可以用来解释未来的测试案例的模型。这种方法对于使用者来说无疑是一种负担，因为它要求为每个训练实例添加解释，极大地制约了学习过程，而且它将任务分解为单独的集合，每个集合都需要本领域内的知识来解释。

第二类学习任务假定训练实例不需要相关联的解释，只需提供背景知识，学习者可以自行给出解释。这个问题与第一类学习任务相比需要更少的监督，因为第一类学习任务中学习者必须考虑各种可选择的解释，然后决定与此相对应的一个训练实例，但这种结果可再次用于解释未来要发生的事件。第二种方法对于使用者来说负担较轻，因为它不必提供每个训练实例的情况说明，而只是形成该领域的理论，其他学习者能够根据这个理论构建自己的解释域。Flann 和 Dietterich[31]将这一学习任务称为归纳解释，但它和归纳构造[32]和解释生成[33]也是密切相关的。

一种变异的学习模式是提供的训练实例既没有训练序列的解释也没有背景知识，学习者必须从数据中的规律性概括总结出自己的解释体系，并能够有效地解释新的测试实例。一个自然语言中的例子涉及从逻辑训练句[34]中归纳与上下文无关的语法重写规则，包括与终止符号无关的语法。显然，这一任务不需要耗费开发人员很多的精力，但对于学习系统提出了更大的挑战。这种方法在机器学习中有很多名称，包括条件生成、代表转化和归纳构建。

由于通常学习任务产生解释模型要比分类和回归产生困难，一些研究人员已制订了更实用的版本。假设给定一个变异的解释模型并根据数据的数字特征进行估算，这种方法包括：确定与上下文无关文法的概率，通过差分方程和贝叶斯网络中的条件概率调整这些参数。另一种变通办法是假设解释模型正确率很高，且充分利用训练数据调整自己的结构[35]。例子中包括了从训练实例中修改的霍恩子句程序，提高定量数据方程的数量，并针对训练语句改变语法。

4.2.4 问题描述的总结

总的来说，人们可以用各种方式来描述机器学习的任务。这些方式在对已掌握知识的利用方法以及对驱动学习过程的训练数据的本质认识上不同。表 4-1 在不同的框架内总结了学习问题。人们也意识到了从不同角度认知学习过程的重要性。基于监督方法的分类和回归是研究最多的方法，但并不表明它是最好的解决计算机网络中问题的方法，对于认知平面的研究学习应当考虑所有可用的选择。

表 4-1 学习问题的描述总结

描述问题	执行任务
分类和回归	给定部分 x，预测 x 其余部分 给定 x 预测 y 给定 x 预测 $P(x)$
执行和规划	在状态 s 下，迭代式地选择行动 a 为实现目标 g，选择行动集合 $\langle a_1,\cdots,a_n\rangle$ 通过设置不同的 s 优化目标函数 $J(s)$
说明和理解	分析目标或事件数据流的树形结构

另一个重点是，人们可以用很多差异很大的学习任务来描述一个给定的现实世界中的问题。例如，人们可能会对诊断的网络错误进行划分，这就涉及当前的网络状态，是正常运行还是有一些预先知道的错误。然而，人们会把它描述为一个理解当前网络行为的问题，换句话说，就是一些没有观察到的过程联合在一起也能解释当前的情况。还有一种选择就是把诊

断行为缩小为挑选有源传感器的问题。每个描述都是用不同的方法解释诊断任务，并支持完成任务过程中的学习行为，同时也作为一种评估学习内容成功与否的标准。

4.3 认知网络的任务

知识平面的愿景描述了计算机网络的一系列新功能。本节回顾该愿景在已确定认知功能前提下所需要的 3 种功能，包括与入侵者相对应的不规则的检测、默认诊断及网络的快速配置。

4.3.1 不规则检测和默认诊断

现有的计算机网络需要人工管理以监测其行为并保证能够实现所需要的服务。为实现此目的，网络管理器需要控制非常规或非必需的行为，隔离其行为源，诊断错误并修复问题。由于大规模网络是以一种分布式的方式管理，而且个体只能获取和控制系统的一部分信息，以上任务也就变得复杂起来。但是，检查这些单网络管理器的行为是很有用的。

不规则检测涉及网络中发生了一些非常规或者非必需的行为。这类问题的一种可能解决方法是应用贝叶斯网络中的最新进展建立一个密度估计模型。单个组成部分，网络的大部分区域，或者在一定的层次上，整个 Internet 可以建模为各个量（队列长度、业务类型、回路时间等）的联合概率分布，异常情况即网络处于该状态的概率很小。

另一种解决办法有时也称为 One-class 学习或者一种类的特征描述学习。一个分类器可以获取包含了占“正常”流量一定目标百分比（如 95%）的紧凑描述，任何与该分类器相比分类为“负”的情况可以认为是异常。

在异常探测中还存在一些问题。首先，必须选择分析的层次及用于异常情况监测的变量。这涉及理解并概括传感器数据的第一个应用方法。在知识平面中，可以想象和监测包括网络业务类型（如通过协议类型）、路由、传输延迟、数据丢失、传输错误等方面的变化的异常探测器有完整的层次结构。异常情况可能在某一抽象层次上并不能探测到，但在另一个层次上可能很容易就检测到。例如，蠕虫可以在单主机的情况下避过检测，但依靠若干主机的合作仍可以检测。

第二个问题是虚警及重复报警。一定类型的异常可能是不重要的，因此网络管理器需要一种可以训练系统过滤出这些异常的方式，监督式学习可以用于解决这种问题。第二种行为错误隔离需要管理器可以鉴别网络中异常或错误发生的位置。例如，如果某一节点负载很大，可能是由于该路由上某一站点的改变而不是其他原因。因此，尽管异常探测可以在本地执行（如在每个路由器），错误隔离需要更多的知识平面全局性功能以决定该异常的范围和可能的延伸。

诊断涉及从异常行为的原因中得出结论。显然，虽然原则上可以在精确位置已知的情况下确定某一问题的存在，其仍然符合错误隔离。诊断涉及一些已有问题的识别，如网络管理器曾遇到过的问题，或者一种新的问题但其特征中有熟悉的内容。

可以将监督式学习方法用于网络管理器，使系统可以识别已知的问题，这是以下要讨论的问题自动解决的开始。

错误隔离和诊断都需要积极地测量以收集信息。例如，在较高层次上发现的异常明显地需要在更高的层次上有更详细的检测以查找原因。在“Why”场景下，可以想象对包括本地计算机（如配置）及因特网（如“pings”以检测目的地址是否可达）的积极探测。诊断必须综合考虑收集信息的消耗及其潜在的可信度。例如，如果连接成功，需要的时间较少，相反可能需要相当长的时间。如果目标是尽可能快地解决问题，那么连接就可能变得代价很高。

明显地，错误隔离和诊断也需要建立系统的结构模型。现在网络研究中很多工作都旨在于提供理解并描述 Internet 结构更好的方式。用于理解的机器学习可以用于实现该自动化过程。研究得出的结构和行为模型就可以用于基于模型的推理方法以实现错误隔离和诊断。

一旦网络管理器探测到问题的存在，那么下一步就要进行修复。解决此类问题有不同的行为过程，这些过程都有不同的消耗和收益。另外，当决策涉及多重管理器时，需要引入不同的标准用于协商。选择一种修复策略需要可获得的行为信息、对网络行为相应的效果及涉及的平衡。

监督式学习方法可以用于学习不同修复行为的效果。按计划学习的方法可以用于修复学习（或者只是评价由人工管理者所建议的修复策略）。这里也可以使用一些“合作过滤”方法以提供给管理者一种分享修复策略的更简单的方法。

正如所提到的，“Why”问题[1]需要对隔离错误的诊断，但涉及关于异常、错误定位和用于修复系统的行为的问题解决的变化。每一种都假定了一定的接口使用户可以用自然语言提出特定的问题，或者更可能的是以一种受限的询问语言。定义知识平面应支持的“Why”问题空间也是一项很重要的任务。

4.3.2　对入侵的反应

对入侵（人为、人工或二者结合）的响应及保证网络和应用的安全包括了一系列可以由其网络管理器执行时间解释的任务，这里可以将其分为已发生过的、现在的或者侵入发生后的任务，时域模型如图 4-2 所示。

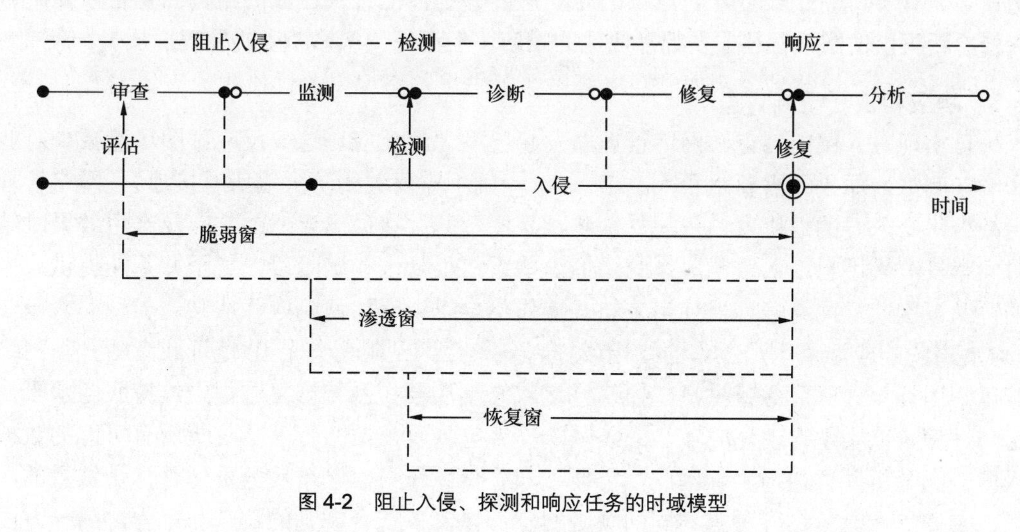

图 4-2　阻止入侵、探测和响应任务的时域模型

1. 阻止任务

网络管理器通过经常性地检查和尽量减少未来入侵的可能以事先消除威胁。网络管理器

主动执行安全审计以测试计算机系统的弱点——脆弱性或风险。但是，用于渗透或漏洞测试的扫描工具（如 Nessus、Satan 和 Oval）仅用于根据新发现的闯入计算机系统或干扰其正常工作频率的可能性不断增加识别有限漏洞的数量。因此，网络管理人员不断更新扫描工具插件，允许他们来检测新的漏洞。一旦确认漏洞或渗漏存在，网络管理器评估中断服务的便捷性并在相应的补丁或入侵检测信号之间评估受影响的应用程序，每一个评估都要进行对风险水平和服务水平的权衡。

网络管理人员的作用是减少脆弱性窗口，在一个新的漏洞出现后，能够及时提供预防解决方案（比如补丁、更新的配置等)。实现这一目标的一个基本策略基于两个保守的任务：第一，尽量减少渗透次数（即禁用通过配置防火墙不必要的或可选的服务，只允许使用站点功能必要的端口)；第二，提高对新的脆弱性和风险的灵敏度（如 Partidge 讨论的与蠕虫有关的订阅模式)。

最后，网络管理者不断监测系统，以便实现对预入侵行为的理解，并用于进一步入侵时的可用参考。监测是一项持续的、预防性的任务。

2．探测任务

入侵越早发现，就越有机会减少对计算机系统的未授权使用或误用。计算机网络管理器在不同层次上监控计算机活动：系统调用的路径、操作系统日志、审计跟踪记录、资源使用、网络连接等。其不断对监控结果进行综合并实时报告，和不同的安全设备（如防火墙和入侵检测系统）产生的警报进行关联，从而在造成负面影响前阻止可疑的活动（即降低破坏性操作)。鉴于入侵者逃避安全设备的能力不断发展，需要有来源不同的证据。可疑及与每项报告或警告有关的功能失常的程度仍然需要不断的人为监督。因此，网络管理器总会处理大量的日志信息和无数警报。为了应对这种冲击，网络管理器需要经常调整安全装置以减少虚警的数目，即使增加了检测不到实际入侵的危险。

一个入侵被探测到的时间会直接影响该入侵造成的损害程度。网络管理器的目的是减少渗透窗口、计算机系统被侵入时启动的时间跨度并延伸至直到造成的损害已完全修复。正确的入侵诊断可以使网络管理器发起最便捷的响应，但在每一次诊断中仍要权衡质量与便捷性。

3．响应和恢复任务

一旦实现对入侵的判定，网络管理器发起已考虑的反应。这一反应试图尽量减少对业务的影响（例如，如果只需要阻止一个 IP 地址，则不需要关闭防火墙所有接口)。网络管理器尽力减少每个入侵的退避窗口——从探测到入侵开始并在做出合适的响应及产生效果时结束的时间差——采用自动入侵响应系统。但这些系统仍处于初始阶段，甚至并不能提供人为响应的协助。因此，网络管理器使用分布式操作集合以说明如何响应并从某一类型的入侵中恢复。对攻击的响应涉及用户工作的终止或挂起某一会话到阻止一个 IP 地址或者断开与网络的连接以禁用让步式的服务或主机。损伤恢复或修复需要在系统修复过程中维持服务水平，使得这一过程难以实现自动化。一旦系统从入侵完全恢复，网络管理器收集所有可能的数据，对入侵全面分析并评估损失。因此，需要不断备份系统日志。事后分析的目标是双重的，一方面，它搜集诊断信息（考虑不同的规则要求）以支持符合规则的调查和行为，另一方面，收集经验并提供文件和程序以促进对未来入侵的识别和消除。

理想情况下，网络管理器的最终目标是使每个可能的入侵的 3 个窗口（弱点、渗透性和退避）汇聚至一个时间点。响应入侵的任务（人为、人工或两者结合）不必区分这些明显地需要恢复的任务以从非恶意的错误或失败响应中恢复。

4.3.3　网络配置和优化

网络配置和优化可视为问题设计和配置系统的一般实例。本节将回顾配置问题空间并简要描述在人工智能和机器学习领域为解决这些问题研究的新方法。

1．配置任务的空间

早期研究人员就在人工智能领域中研究了工程系统的设计和配置问题[36]。配置的概念一般定义为从给定组成部分或组成类型出发的一种常规设计（即与设计组成部分自身过程相反）。因此，如表 4-2 所示的配置问题空间，使得解决问题的难度大大增加。

表 4-2　以复杂度表示的配置任务

问　题	全局参数	局部参数	拓　扑	组　成
参数全局配置	XX			
兼容参数配置	XX	XX		
拓扑配置	XX	XX	XX	
组件选择和配置	XX	XX	XX	XX

最简单的任务是参数配置，从一组全局参数中选取参数值以优化一些全局目标函数。一个典型的例子是设定温度、循环时间、压力和一个化学反应器的输入/输出流，另一个是控制进入高速公路的汽车速度及方向。如果已知一个系统的模型，该问题成为单纯的优化问题，在运筹学、数值分析、计算机科学等领域，研究人员已给出了很多算法来解决这些问题。

第二项任务是兼容参数配置。系统由一组彼此交互的组件组成，组件之间通过固定的拓扑连接以实现整个系统的功能。相互作用的效果受到参数设置的影响，这些参数必须兼容以便组件间进行交互。例如，子网中的主机集合必须确定网络地址和子网掩码以使用 IP 进行通信。全局系统的性能依赖于复杂的局部参数配置方式，也需要全局性的参数选择，如协议族使用。

第三项任务是拓扑配置。系统包括一系列组件，所以必须确定拓扑结构。例如，给定一些主机、网关、文件服务器、打印机和备份设备，网络应如何配置以实现总体性能最优。提出的每种拓扑结构必须通过兼容的参数选择进行优化。

最后也是最普遍的任务就是组件的选择和配置。起始阶段，给定配置引擎一个组件的可用类型目录（通常附有价格），其必须选择用来构建网络的组件种类和数量，然后通过对这些组件的布置解决拓扑配置问题。

2．重置过程

配置的第二个方面是决定如何有效实施配置。当安装一个新的计算机网络时（如在贸易展览中心），一般的办法是首先安装网关和路由器，然后是文件和打印服务器，最后是单个主机、网络接入点等。这样做的原因是，这种顺序可以方便地测试和配置每个组成部分并最大限度地减少返工量。如果服务器安装到位，自动配置工具（例如 DHCP）可以配置单个主机。

当改变现有的网络配置时会有不同的挑战，尤其是目标在切换至新的配置过程中网络不能产生明显中断。大多数配置步骤需要首先确定当前网络工作配置，然后计划一系列重置操作和测试以使系统转向其新的配置。某些步骤可能会影响远程配置的网络分区，而一些步骤必须在不知当前配置的情况下执行（例如，已有一个网络分区的拥塞问题或攻击）。

以下是在人工智能和机器学习领域已有的关于配置的研究。

3．参数选择

只有当系统模型已知时参数选择才能实现最优。统计学已经研究了在系统模型不可知情况下的经验优化问题。

4．兼容参数配置

标准人工智能模型中的的兼容参数配置是满意度受限问题（CSP，Constraint Satisfaction Problem）。这里有一个图论问题，图中每个顶点是一个变量，可以从一个可能值空间中取特定值，每条边编码为与其连接的边的取值形成成对约束。目前已经研究出很多用于有效解决 CSP 问题的算法[7][37]。也可将 CSP 问题转换成布尔可满足性问题，已经研究出可以成功解决此类问题的随机搜索算法如 WalkSAT [38]算法。

标准 CSP 有固定的图结构，但可以扩展到包括可能图在内的空间并允许连续性（如线性代数）的限制。约束逻辑编程（CLP，Constraint Logic Programming）[39]已开发出基于逻辑编程的编程语言并将约束求解作为运行系统的一部分。逻辑程序的执行可以被视为约束图的有条件扩展，然后由约束系统解决。约束逻辑编程系统已用于细化和解决多种配置问题。

当前的研究还没有涉及通过应用机器学习来解决兼容参数的配置问题。有一种简单学习形式的“no good learning”应用于 CSP，但这只是一种在 CSP 搜索中避免多余工作的形式。但仍然有许多潜在的学习问题，包括学习与变量对相关因素的约束和遇到类似问题如何产生 CSP 解决方案等。

5．拓扑配置

已研究出两种方法用于解决拓扑配置问题：完善和修复。完善由一个“盒子”开始，表示对整个系统进行配置。该盒子有一个附加说明，对其所期望行为进行解释。完善规则分析了正式的说明，并用两个甚至更多的有具体连接的盒子来取代单盒。例如，开始时可指定一个小型办公室网络作为一个盒子，其连接了一系列工作站、一个文件服务器和两台打印机到 DSL 线路。完善规则可能用一个本地网络（表示为连接到不同的工作站和服务器的单个盒子）和路由器/NAT 的盒子取代上述盒子。然后再完善网络在无线接入点和无线网卡的设置（或者设置以太网交换机和以太网卡以及电缆）。目前在 VLSI 设计领域[40]已有一些研究利用机器学习来理解完善规则。

针对拓扑配置，基于修复的方法从初始配置（通常是不符合要求的配置）开始，进行修复直至符合要求的配置。例如，初始配置可能只是把所有的计算机、打印机和其他设备连接到一个以太网交换机，但这个交换机可能会体积巨大且费用昂贵。修复规则可能利用一些成树状结构的体积更小、价格更便宜的交换机代替。当要求配置和当前配置不匹配时，基于修复的方法可以检测到局部的违反约束条件。基于修复的规则可以称为“knows how”，能够针对各种异常行为，目前已经成功地用于解决调度问题[41]。

机器学习的方法和基于修复的配置都需要实现一启发式函数 $h(x)$，用来估计利用配置 x 通过使用修复运行器可以达到的最佳解决方案。如果 h 是正确的，爬山搜索法在给定 h 的最大的改进量的情况下选择修复以实现全局最优。一个学习 h 的方法是强化学习技术。Zhang

和 Dietterich[26] 描述了一种方法，用于学习启发式函数以优化航天飞机负载调度；Boyan 和 Moore[27]介绍了在集成电路芯片上利用学习 h 来配置功能块的算法。

在完善和修复方法中，满足约束的方法都可以用于决定当前配置的参数值以使其满足要求。如果没有合适的参数值，提出的改进或修复就无法实现，需要尝试一些其他的方法。这一过程有可能无法实现，此时需要回溯到先前的一些点或重新启动搜索。

6．组件选择和配置

以上描述的基于完善和修复的方法也可以用于扩展处理组件选择和配置。局域网配置实例显示出了完善规则可以将组件纳入到配置的范围中，修复操作也可以达到相同的效果。

7．改变运行条件

已经讨论过的方法只是针对在固定运行情况下的配置优化问题。但在很多情况下，包括网络联接、优化配置都需要根据网络中业务和组件集的改变做出相应的调整，这种改变可能是某运行条件引起的。同时又引出了另一个问题，收集的数据点如何在不同的运行条件下（如一种流量混合）提升性能。关于这个问题，目前还没有相关研究。

4.4　公开问题和研究挑战

机器学习领域的主要研究是由模式识别、机器人学、医学诊断、市场学和相关商业领域的问题推动的，这也是在当前研究中监督分类和强化学习的优势所在。在网络领域，需要转移机器学习的关注点，本节将对网络域机器学习的若干挑战进行讨论。

4.4.1　从监督到自主的学习

机器学习的主要问题是学习的过程是受到监督的，在监督学习中，“引导者”对训练数据进行标记，以指示期望的反应。虽然监督学习在知识平面上存在一些可能的应用（如识别已知的网络错误配置和网络入侵），但自主学习方法有更多的不需要引导者的应用。特别是许多网络应用涉及从实时数据流中检测异常，这可以描述为非监督学习和解释型学习的结合。

机器学习对检测异常进行研究，但通常仅仅考虑固定层次的抽象。对于网络，异常可能发生在单个数据包层上，也可能发生在连接、协议、业务流和网络范围内的扰动等层次上。因此，机器学习面临一个很有意思的挑战：开发能够在各个抽象层次上执行同步非监督学习的方法。在非常细节的层次上，网络业务持续变化，即不断进行更新。引入多种不同抽象层次的目的是隐藏不重要的变化，同时显示重要的变化。

各个不同层次上的异常检测能够充分利用这些层次上的规律性，来保证检测到的异常是真实存在的。电脑显像利用了相似的想法——多尺度分析；这种想法，合理地假设各个层次的抽象都有一个实际存在可遵循的模式，从而有效减少虚警次数。

4.4.2　从离线到在线的学习

大多数机器学习的应用都涉及离线的方法，对数据进行搜集、标记，然后以批处理的方式提供给学习算法。知识平面应用包含对实时数据流的分析，而这对学习算法提出了新的挑战同时提供了新的机遇。

首先，在批处理框架中，主要限制通常是由于训练数据太过有限产生的。相反，在数据流设置，每个时刻都有可用的新数据，因此这个问题相对不那么重要。但即便是一个大的数据流，某个特定相关场景例子也可能很少，所以训练数据缺乏的问题依然没有完全得到解决。

其次，批处理框架假定学习算法拥有无限计算时间，对知识架构空间中各个可能的架构进行搜索。但在在线设置情景时，对于每一个数据点，算法只能容忍有限时间。

最后，在批处理框架中，存在这样一个准则，即新数据点的错误概率要求最小化。而在在线框架下，考虑系统响应时间则更有意义。在检测到相关模式之前，需要观察多少数据点。这可以重新制定一个错误受限准则：在识别到某个模式之前，系统经历了多少错误。

4.4.3 从固定到变化的环境

事实上，几乎所有机器学习的研究都会做这样的假设：训练用例是从一个静态数据源提取出来的——数据点的分布以及学习的目标场景不随时间发生变化。但这种假设不适用于网络的情况。在网络中，业务量和网络结构是不断变化的。业务量以指数形式持续出现，并且几乎每天都有新的自主系统加入到Internet中，新的网络应用（包括蠕虫和病毒）也不断引入。

近几年来网络环境的一些变化源于新的应用类型和业务增长，其他改变则是由试图躲避现有入侵检测机制的不合作者所驱动的。随之而来的挑战就是要求机器学习采用新的方法，从博弈论方面考虑这个问题。

机器学习的研究需要制定新的准则来评估学习系统，判定系统在这些不断变化的环境中是否成功运行。一个主要的问题是评估异常检测系统；单从定义来看，异常检测系统总是在寻找它们从来没遇到过的事件。因此，这些系统不可能在一个固定集合的数据点上进行评估，而需要采用一定的方法，对新观察数据的新旧程度进行量化。

4.4.4 从集中到分布式的学习

有别于传统机器学习问题，知识平面的应用的另一个重要的方面是，后者经常能够在单一的机器上搜集到所有训练数据并对所搜集的数据执行学习算法。与此相反，知识平面的一个核心思想是它是一个包含传感器、异常检测器、诊断引擎和自配置组件的分布式系统。

知识平面的特性提出了一系列完整的研究问题。首先，个体异常检测器能够形成各自的本地业务模型，但它们也能够从知识平面中的其他地方学习到的业务模型中获益。这将帮助它们在第一时间检测到一个新的事件，而不是等到该事件出现多次后，才能判定其模式。

其次，有些事件本质上就是分布式的行为模式，因而无法在单一的网络节点检测到。主要的研究困难是：确定从本地搜集，然后在区域和全局进行汇聚，检测出相应模式，在这个过程应该采用什么样的数据，这就可能涉及一个信息交互的双向过程。其中，本地组件将统计数据报告给相对大规模的“思考点”。这些思考点检测到一个可能的模式后，提出需求，要求提供额外的数据来对这个模式进行确认。因此，它们需要向本地组件提出请求，要求它们集中额外的数据。对于机器学习研究来说，实现这种双向数据推理是一个全新的课题。

4.4.5 从设计到构建的描述

当前学习系统成功的一个重要因素是对描述训练数据属性的精心设计。该“特征设计”

过程尚且没有得到很好的理解——它需要结合应用域的背景知识以及学习算法的知识。为了解释这个问题，以入侵检测为例：同使用精确 IP 地址描述网络业务相比，根据这些业务是否使用相同的或者不同的 IP 地址来描述数据包的方法显得更为理想。这种方法保证了已经执行学习的入侵检测器不是针对指定的某个 IP 地址，而是从共享同一地址（不考虑具体的地址值）的一系列数据包中挖掘。

机器学习面临的重大挑战是开发出更为自动化的方法来构建各种学习算法的针对性描述，这就要求对当前人工数据分析使用的设计准则有明确的认识。

4.4.6　从知识贫瘠到知识丰富的学习

影响机器学习发展的一个重要因素是训练数据搜集同知识库建设的相对成本。知识库的创建和检错是一个相当困难、极其耗时的过程，并且产生的知识库维护费用也相当昂贵。相反地，有多种应用能够以较低的费用收集训练数据。这就是为什么语音识别和光学字符识别系统的建成主要是依赖于训练数据。任何一个接受过教育的成年人在语音识别和光学字符识别方面都可以称为专家，因而他们能够很容易标记数据点来训练一个学习系统。

但在一些其他领域（包括网络），仅仅存在很少的专家，这些专家在形成他们所掌握的网络架构和网络配置相关知识的准确表述时，能够较好地利用时间。在网络诊断和网络配置领域，专家们能够协助网络的组建及为实现正确配置预定义准则模型的构建。如何将训练数据和人为提供的模型与规则结合起来，将成为未来机器学习研究的一个重要目标。

4.4.7　从直接到声明性的模型

大部分的机器学习系统力求激发一个函数，将输入直接映射到输出，使得运行时几乎不需要人工干预。如在光识别系统中，学习后的识别器将一个符号作为输入，然后产生符号名字作为输出，完全不需要人工干预。因为这类学习系统直接地执行任务，所以这种得到的知识被称为“直接知识”。

但随着应用越来越复杂，简单地将行为组件视为一个分类器（或者直接决策器）不再合理。检测和配置任务要求有一个更加复杂的在运行时能够产生一系列的交互决策的行为组件。这些行为组件通常需要一些声明性质的知识，例如“一个错误配置的网关特征为 X 的概率是 P”，或者“同时选择 Y 和 Z 配置选项是不合法的”。机器学习的一个重要目标是学习声明性知识的形式（如使用最少的假设，说明自身如何被行为组件使用的知识）。

4.5　研究方法和评估面临的挑战

关于机器学习的实验评估已经有很长的历史了，可以追溯到 1960 年。现代实验评估运动始于 20 世纪 80 年代后期，研究者已经意识到了系统间对比的必要性，并建立了第一个数据库。其他用于实验评估的方法，如形式化分析方法、类比人类行为法，仍然在使用。但在过去的十几年里，在机器学习的研究方面，实验明显比文字更具有优势，因此，本节重点放在对这种方法的讨论上。

实验包括观察、描述系统差异的自变量，理解它们对描述行为的因变量的影响。因变量的选择，则需要根据具体问题来确定。对于错误诊断来说，涉及系统正确做出定性诊断的能力、预测网络未来行为的能力、发现并诊断问题的反应能力。相似的测量对非法入侵和病毒的响应也是适用的，尽管还应该包括响应的速度和有效性。关于配置方面的研究，因变量会涉到配置一个新系统所花费的时间和相应的质量，这些可能会需要一些额外的度量。对于路由方面的研究，重点在于路由选择的效率和有效性。

上面提到的行为测量与学习并没有直接的关系，它们同样可以用来评估一个不具备学习能力的网络，甚至是网管人员的能力。但是由于学习被定义为性能的提高，因此只能通过比较由于学习而获得的性能提高来衡量有效性。上面提到的一些度量都是非常模糊的概念，在进行实验评估前，需要提高这些度量的可操作性，这样才能将变量应用到关于学习问题的公式中，例如，预测准确性的分类、对行为选择的回报等。应用中应该尽量使用从网络的角度来看属于直接测量的变量。

实验的研究需要一个或者更多的自变量，来判断它们对行为的影响。总体来说，需要能够处理以下几个方面：

实验的影响，例如，对于一个学习系统观测次数的影响；

数据特征的影响，例如，噪声等级、特征丢失比例；

任务特征的影响，例如，配置任务的复杂度或连续错误的数量；

系统特征的影响，例如，具体的学习模块或对参数设置的敏感度；

背景知识的影响，例如，网络架构和带宽的信息等。

另一方面，变量的最终选取很大程度上依赖所研究的具体网络问题和采用的具体学习方法。对于机器学习如何帮助人们全面理解认知网络，还需要以后继续对上面提到的问题进行深入研究。

人们不可能抽象地说要进行实验，而需要针对具体的领域和问题。为了研究机器学习在网络管理中的作用，需要搭建许多测试平台来建立不同学习方法的实验评估体系。其中至少应该包括一个真实的网络，确保收集到的用于测试不同学习方法的数据的可靠性。这些应该和模拟网络进行互补，模拟网络可以使人有条理地改变性能任务、学习任务和可用数据特征等。Langley[42]认为实验应该把自然数据和综合数据结合起来，因为前者保证了相关性，而后者使人能够推断能量的来源和潜在的原因。

近 15 年来，关于机器学习研究所取得的成功可以追溯到加州大学尔湾分校一组数据集合的建立[43]，这个集合提供了一组评估学习算法的问题，而且鼓励对此进行比较研究。这个数据集合包含的应用问题非常广泛，从基础科学和医学，到光学字符识别和语音识别。

理想情况下，人们期望得到一个数据库的类比，能够仔细评估网络领域的机器学习。但由于知识平面的存在能够实现自适应的网络，能够在一段时间内学习自己的状况，因此，资源不应该局限于静态的数据集合，应该包含允许使用学习方法和相应的支持要素的仿真网络，以便能够以一种即时的方式，与网络环境进行实时的信息交互。

4.6 总结

本章主要回顾了目前机器学习领域的研究现状，强调了与知识平面相关的问题。首先讨论了机器学习方面主要问题的相关构想：分类和回归学习、行动和计划行动学习、解释和理解学习。随后讨论了与知识平面相关的各种任务，并检验这些任务如何与已有的问题进行匹配。有些情况，可以实现与已有问题的直接匹配，而另一些情况，如：复杂配置和诊断，几乎没有已有的关于机器学习的研究。

尽管网络问题能够与已有的构想相匹配，但并不意味着已经存在的算法可以直接应用。因为计算机网络的很多方面都会提出新的不同需求，而这些需求是已有的算法不曾遇到的。本章回顾了这些需求，并且讨论了这些需求对于自主、实时、分布、有丰富知识、能够处理时变环境的学习的必要性。最后，明确说明了用于评价学习系统的性能标准、建立提供模拟的环境、支持控制式实验的重要性。

总体来说，计算机网络，尤其是知识平面的提出，对于机器学习的研究提出了巨大的挑战。已有的机器学习的算法和工具，能够在把知识平面的构想变为现实的过程中发挥重要作用。人们也将更加关注未来几年内相关研究的进展。

参考文献

[1] Clark, D. (2002). A new vision for network architecture. http://www.isi.edu/~braden/knowplane/DOCS/DDC knowledgePlane 3.ps.

[2] Clark, D.D., Partridge, C., Ramming, J.C. and Wroclawski, J.T. (2003). A knowledge plane for the internet, Proceedings of the 2003 Conference on Applications, Technologies, Architectures, and Protocols for Computer Communications. pp. 3-10, Karlsruhe, Germany.

[3] Partridge, C., (2003). Thoughts on the structure of the knowledge plane. http://www. isi.edu/~braden/knowplane/DOCS/craig.knowplane.pdf.

[4] Langley, P. (1996). Relevance and insight in experimental studies. IEEE Expert, 11-12.

[5] Mitchell, T.M., Mahadevan, S. and Steinberg, L.I. (1985). LEAP: a learning apprentice for VLSI design.Proceedings of the 9th International Joint Conference on Artificial Intelligence, pp. 573-80, Los Angeles,CA.

[6] Merz, C.J. and Murphy, P.M. (1996). UCI repository of machine learning databases. http://www.ics.uci.edu/~mlearn/MLRepository.html.

[7] Langley, P. (1995). Elements of Machine Learning. Morgan Kaufmann, San Francisco.

[8] Quinlan, J.R. (1993). C4.5: Programs for Empirical Learning. Morgan Kaufmann, San Francisco.

[9] Clark, P. and Niblett, T. (1988). The CN2 induction algorithm. Machine Learning, 3, 261.

[10] Cristianini, N. and Shawe-Taylor, J. (2000). An Introduction to Support Vector Machines (and other kernel-based learning methods). Cambridge University Press.

[11] Buntine, W. (1996). A guide to the literature on learning probabilistic networks from data. IEEE Transactions on Knowledge and Data Engineering, 8, 195-210.

[12] Cheeseman, P., Self, M., Kelly, J., Taylor, W., Freeman, D. and Stutz, J. (1988). Bayesian classification. Proceedings of the Seventh National Conference on Artificial Intelligence, pp. 607-11, St.Paul, MN.

[13] Fisher, D.H. (1987). Knowledge acquisition via incremental conceptual clustering. Machine Learning, 2,139.

[14] Priebe, C.E. and Marchette, D.J. (1993). Adaptive mixture density estimation. Pattern

Recognition, 26(5),771-85.
[15] Blum, A. and Mitchell, T. (1998). Combining labeled and unlabeled data with co-training. Proceedings of the 11th Annual Conference on Computing Learning Theory, pp. 92-100, New York.
[16] Langley, P. and Simon, H.A. (1995). Applications of machine learning and rule induction. Communications of the ACM, 38, 55-64.
[17] Cypher, A. (1993). Watch What I Do: Programming by Demonstration. MIT Press, Cambridge, MA.
[18] Ourston, D. and Mooney, R. (1990). Changing the rules: a comprehensive approach to theory refinement.Proceedings of the 8th National Conference on Artificial Intelligence, pp. 815-820.
[19] Sammut, C., Hurst, S., Kedzier, D. and Michie, D. (1992). Learning to Fly. Proceedings of the 9th International Conference on Machine Learning, pp. 385-393, Aberdeen.
[20] Kibler, D. and Langley, P. (1988). Machine learning as an experimental science. Proceedings of the 3rd European Working Session on Learning, pp. 81-92, Glasgow.
[21] Sutton, R. and Barto, A.G. (1998). Introduction to Reinforcement Learning. MIT Press, Cambridge, MA.
[22] Murphy, P.M. and Aha, D.W., (1994). UCI repository of machine learning databases. http://www.ics.uci.edu/~mlearn/MLRepository.html.
[23] Williams, R.J. (1992). Simple statistical gradient-following algorithms for connectionist reinforcement learning. Machine Learning, 8, 229.
[24] Boyan, J.A. and Littman, M.L. (1994). Packet routing in dynamically changing networks: a reinforcement learning approach. In J.D. Cowan, G. Tesauro and J. Alspector (eds.), Advances in Neural Information Processing Systems, volume 6, pp. 671-678, Morgan Kaufmann.
[25] Sleeman, D., Langley, P. and Mitchell, T. (1982). Learning from solution paths: an approach to the credit assignment problem. AI Magazine, 3, 48-52.
[26] Zhang, W. and Dietterich, T.G. (1995). A reinforcement learning approach to job-shop scheduling. International Joint Conference on Artificial Intelligence, pp. 1114-1120, Montreal, Canada.
[27] Boyan J. and Moore, A. (2000). Learning evaluation functions to improve optimization by local search.Journal of Machine Learning Research, 1, 77-112.
[28] Oblinger, D., Castelli, V. and Bergman, L. (2006). Augmentation-based learning. IUI2006: 2006 International Conference on Intelligent User Interfaces, pp. 202-209.
[29] Moriarty, D.E., Schultz, A.C. and Grefenstette, J.J. (1999). Evolutionary algorithms for reinforcement learning. Journal of Artificial Intelligence Research, 11, 241-276.
[30] Baluja, S. and Caruana, R. (1995). Removing the genetics from the standard genetic algorithm. Proceedings of the 12th Annual Conference on Machine Learning, p. 38-46, San Francisco.
[31] Flann, N.S. and Dietterich, T.G. (1989). A study of explanation-based methods for inductive learning.Machine Learning, 4, 187-226.

[32] Drastal, G., Meunier, R. and Raatz, S. (1989). Error correction in constructive induction. In A.Maria Segre(ed.), Proceedings of the Sixth International Workshop on Machine Learning, pp. 81-3, Ithaca, New York.

[33] DeJong, G. (2006). Toward robust real-world inference: a new perspective on explanation-based learning.In J. F¨urnkranz, T. Scheffer and M. Spiliopoulou (eds.), Machine Learning: ECML 2006; Lecture Notes in Computer Science, pp. 102-113, Springer Verlag, Berlin.

[34] Stolcke, A. and Omohundro, S. (1994). Inducing probabilistic grammars by Bayesian model merging. In R.C. Carrasco and J. Oncina (eds.), Grammatical Inference and Applications: Proceedings of the Second International Colloquium on Grammatical Inference, pp. 106-118, Springer Verlag.

[35] Pack Kaelbling, L., Littman, M.L. and Moore, A.W. (1996). Reinforcement learning: a survey. Journal of Artificial Intelligence Research, 4, 237-285.

[36] Tonge, F.M. (1963). Summary of a heuristic line balancing procedure. In E.A. Feigenbaum and J. Feldman(eds.), Computers and Thought, pp. 168-190, AAAI Press/MIT Press, Menlo Park, CA.

[37] Dechter, R. (2003). Constraint Processing. Morgan Kaufmann, San Francisco.

[38] Selman, B., Kautz, H.A. and Cohen, B. (1993). Local search strategies for satisfiability testing. Proceedings of the Second DIMACS Challange on Cliques, Coloring, and Satisfiability, Providence RI.

[39] Jaffar, J. and Maher, M.J. (1994). Constraint logic programming: a survey. Journal of Logic Programming,19/20, 503-581.

[40] Moore, A., Schneider, J., Boyan, J. and Soon Lee, M. (1998). Q2: Memory-based active learning for optimizing noisy continuous functions. Proceedings of the 15th International Conference of Machine Learning,pp. 386-394.

[41] Zweben, M., Daun, B. and Deale, M. (1994). Scheduling and rescheduling with iterative repair. In M. Zweben and M.S. Fox (eds.), Intelligent Scheduling, pp. 241-255, Morgan Kaufmann, San Francisco.

[42] Langley, P. (1999). User modeling in adaptive interfaces. Proceedings of the 7th International Conference on User Modeling, pp. 357-370, Banff, Alberta.

[43] Blake, C.L. and Merz, C.J. (1998). UCI repository of machine learning databases. http://www.ics.uci.edu/~mlearn/MLRepository.html.

第 5 章 认知无线网络中的动态频谱管理和联合无线资源管理

5.1 概述

日益增长、种类繁多的无线应用使得无线通信技术朝着高速、宽带以及高服务质量需求的方向演进，这给如何有效地利用有限的无线资源带来了新的挑战。目前，有很多的研究致力于解决这一挑战并取得了一系列卓有成效的成果。总的来说，这些成果可以归结为两类：动态频谱管理（DSM）与联合无线资源管理（JRRM）。本章主要从动态频谱管理、动态频谱分配、动态频谱共享技术和联合无线资源管理，对认知无线网络中的无线资源管理进行详细描述。

动态频谱管理跟传统的静态频谱分配不同，它利用不同接入小区在空间和时间上负载的不同，有效、动态地给各个接入小区分配频谱，频谱不再永久地专属于某一个接入小区，而是灵活、按照需求地被分配给某个小区。在认知无线网络中，软件无线电技术使得动态频谱管理不再只是“宏伟蓝图”，而是活生生的现实。

传统无线资源管理（RRM）的目标是在有限无线资源的条件下，为网络内无线用户终端提供业务质量保障，其基本出发点是在网络话务量分布不均匀、信道特性因信道衰落和干扰而起伏变化等情况下，灵活分配和动态调整无线传输部分和网络的可用资源，最大程度地提高无线资源利用率，防止网络拥塞和保持尽可能小的信令负荷。传统意义上的无线资源管理包括接纳控制、信道分配、切换、负载均衡、分组调度、功率控制等。面向未来的认知无线网络必定是多种无线接入技术共存的网络。不同的无线接入技术有不同的特征，比如 WCDMA 和 WLAN 相比，前者网络覆盖面广，但是提供的数据服务速率相对较低；后者主要覆盖热点地区，但是能提供高速数据业务。因此，有必要把这两个网络作为一个整体，联合管理整个网络的无线资源。因此，联合无线资源管理势必将成为一种强有力的有效认知无线网络资源的手段。而 JRRM 和传统 RRM 之间的区别是：JRRM 应用于融合多种 RAT 的系统中，能够支持联合、智能的会话接纳控制、调度、负载控制、切换等功能。它是针对异构无线通信系统的一种宏观的资源管理，目的是为了使用户业务在各个无线接入网络中达到合理分布，而其中各个无线接入网络的具体无线传输资源管理仍然是由本网内部的传统 RRM 实体完成的。由于传统的无线资源管理技术已经成熟，本章主要介绍联合无线资源管理。

动态频谱管理和无线资源管理具有互补性质。具体来说，JRRM 用来补偿在执行动态频谱管理时业务量预测不完善造成的损失，也就是说 JRRM 处理的是用户业务瞬间的变化。从时间的角度来看，执行动态频谱管理的时间粒度较长，而 JRRM 是从较短的时间粒度，微调资源的分配。二者的结合，能有效地利用无线资源，提高用户的 QoS。

5.1.1　动态频谱管理的基本框架

动态频谱管理是以分钟级别到小时级别为时间单位而进行的无线资源管理功能。相比于 JRRM，DSM 时间颗粒度更大，而相比于 DNPM（Dynamic Network Planning and Management），DSM 时间颗粒度更小。3 种无线资源管理共同配合、协调，形成一个有机的整体无线资源管理方案。不同无线资源管理的功能框架逻辑关系如图 5-1 所示。其中，动态频谱管理又分为 3 个子功能，包括同构 DSM、单运营商 DSM 及多运营商 DSM，其时间颗粒度可以相同，也可以不同。

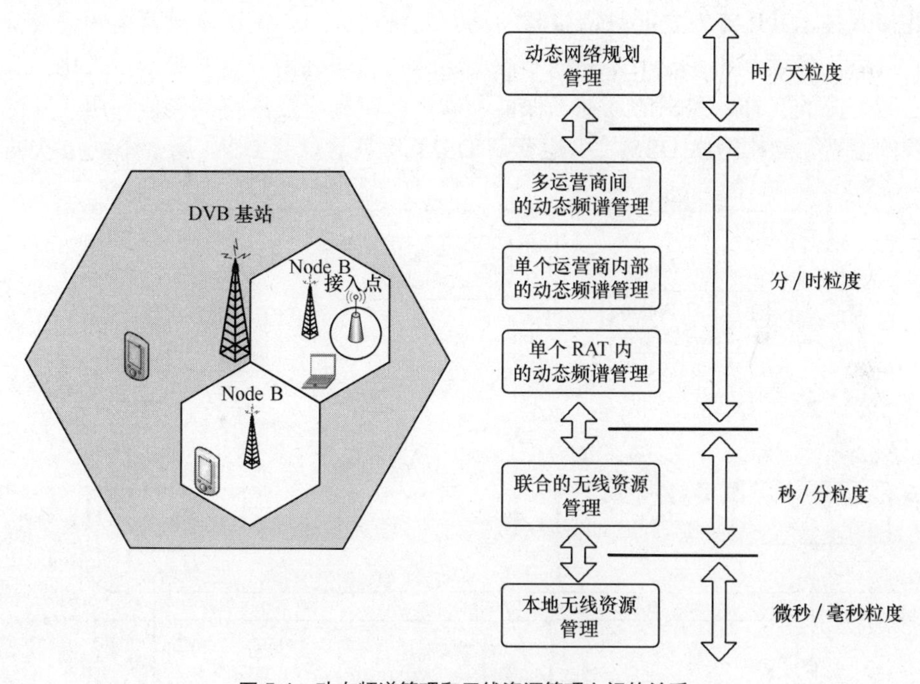

图 5-1　动态频谱管理和无线资源管理之间的关系

① 同构网络的动态频谱管理：是指单一网络的动态频谱管理问题。在异构环境中，单一网络的动态频谱管理问题是必要的，它是实现异构网络的频谱资源动态优化的第一步，同时也是最为基础的一步。在实现同构网络的动态频谱管理基础之上，可以实现更高一层的频谱管理，即异构网络的频谱管理。

② 单运营商的动态频谱管理：是指一个运营商下的多个 RAT 之间的动态频谱管理，其属于异构 RAT 网络的动态频谱管理。频谱资源属于同一个运营商，该运营商可以通过动态调配其所属的 RAT 之间的频谱资源，合理搭配业务量需求和容量，进而最优化运营商的目标需求。理论上，单运营商的动态频谱管理可能需要在同构网络的动态频谱管理的基础

上进行，也可能是一步到位将频谱资源分配给不同的无线接入技术，具体的实现取决于算法与机制的设计。

③ 多运营商的动态频谱管理：是指运营商之间的动态频谱管理问题，包含同构和异构网络之间的频谱管理。多运营商的动态频谱管理是动态频谱管理中最为高层的频谱管理方式，是在同构网络的动态频谱管理和单运营商的动态频谱管理的基础上进行的。其目标是希望能够进一步提高频谱利用率，充分挖掘运营商之间对频谱资源需求在时间维度和空间维度上的差异化来进一步提升系统的容量。

DSM 的实现是基于环境的自适应原则，即根据业务量的需求寻找容量和业务量的最好搭配。应用 Mitola 的认知理论，DSM 实现的机制与框架如图 5-2 所示。其中，网络首先需要学习和认知环境，所谓的环境包括用户环境、业务环境、频谱环境、无线环境等所有与 DSM 有关的环境信息。在基于学习和认知环境后，进行动态频谱管理的有关算法，寻找频谱分配的最佳策略。其中，首先将实现同构网络 DSM，进而保证频谱管理在同构网络得到合理的使用，并释放相应不使用的频谱资源。随后需要进行的是单运营商 DSM，实现同一个运营商下异构无线接入技术（RAT）之间频谱资源的动态优化与利用，保证本运营商频谱资源得到充分利用。最后，多运营商 DSM 是完成不同的运营商之间频谱资源的进一步优化，实现不同运营商之间资源的互补、需求的互补，保证不同运营商频谱资源得到最佳利用，并尽量减少频谱资源的浪费。同构网络 DSM、单运营商 DSM 及多运营商 DSM 属于不同层次的频谱管

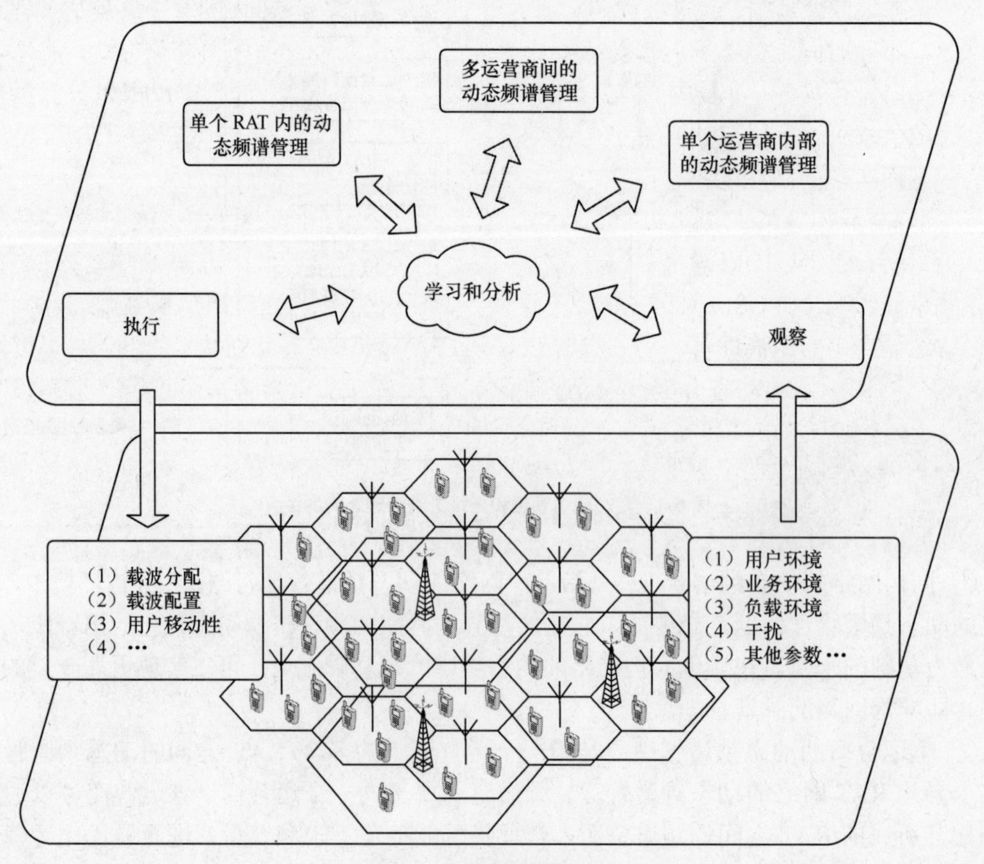

图 5-2 动态频谱管理框架

理，其解决的目标也不尽相同。同构网络 DSM 是为了能够释放更多的频谱资源，以作为单运营商场景 DSM 和多运营商场景 DSM 中提供的频谱资源。单运营商 DSM 的目的是优化异构网络频谱资源，在满足系统容量需求的前提下尽可能释放更多的频谱资源，进而为多运营商场景 DSM 提供可优化的机会。多运营商 DSM 则是利益需求最大化目标，其尽可能挖掘运营商之间的互补资源来实现运营商利益的最大化。动态频谱管理的输出是不同网络、不同小区的频谱分配结果，在得到频谱分配方案后，需要进行网络和终端的频率重配置，这属于认知理论中的执行动作。换而言之，动态频谱管理利用了认知理论中的观察、认知、决策、执行等 4 个基本步骤，完成了同构网络、异构网络、单运营商及多运营商的频谱资源优化利用及相关的目标。

5.1.2　动态频谱管理与网络规划的比较

传统无线网络规划也涉及频谱分配与管理问题。网络规划中，首先需要基于网络建设的需求、市场分析等，长期预测用户对通信业务的需求，并在此基础上进行基站的部署、选址、无线覆盖，并将频率分配给不同的基站。可以看出，频谱分配是无线网络规划的重要环节。然而，详细分析网络规划与动态频谱管理却有很大程度的不同。

① 静态与动态特性：传统网络规划是基于市场分析进行长期的业务预测而进行频率规划的，例如未来十年的周期，频率规划后不再改变，除非重新进行网络规划或者人为进行网络优化。动态频谱管理中，频谱分配是动态改变而不是固定的。DSM 的着手点是基于利用不同区域上、不同时间上、不同异构网络上业务量需求的差异和动态随机变化特性，实现资源与需求的动态最优搭配。相比于传统网络规划，DSM 具有很强的动态特性，通过寻找最优的频谱资源的供求关系，进而达到最优化的频谱分配策略。可以认为，动态频谱管理是基于传统网络规划而实现的细粒度的进一步频谱资源优化。

② 同构与异构特性：传统网络规划中的频率分配只解决同构网络的频率分配问题，如 GSM 的频率分配、WCDMA 的载波分配等。只有在基站部署和选址上需要简单考虑异构系统相邻频带的影响，如 GSM 1800 系统下行对 WCDMA 系统上行的影响，需要保证不同系统天线之间达到一定的距离即可。动态频谱管理中，随着端到端重配置技术的引入，不仅能够实现同构网络中频谱的动态分配，而且更重要的是还能够实现异构网络场景下频谱资源的联合优化。异构性给 DSM 带来更多的优化空间，通过异构网络的各方面的互补特性可以大幅度提升频谱资源利用率、系统容量、网络性能。同时，这也使得 DSM 问题变成一个十分复杂的问题，因为异构网络之间的频谱管理必须解决好算法的完善性、机制的合理性、设备的协同工作等一系列重要的问题，一旦失去协调将会导致系统间的干扰，使得网络性能极度恶化。

③ 单运营商与多运营商特性：无线网络规划只需要考虑单一运营商本身的频率分配问题，不需要顾虑到其他运营商对其网络造成的影响。这是因为频谱是基本分开的，不同运营商、不同无线业务使用不同的频段，互不干扰。随着异构融合趋势的发展，这种局面已经被打破。不同运营商能够实现资源的联合优化，进而最大程度获得频谱利用率最大化、业务性能最佳化、收益最大化等目标。这将导致动态频谱管理面临着又一个复杂的新问题，运营商之间的利益竞争、干扰、协同工作等问题。这是以往网络规划并不需要解决的，但却是动态频谱管理必须解决的新问题。

基于以上 3 个特点，可以认为动态频谱管理是一个新的课题，其解决的问题、目标等与以往的无线网络规划存在着很大程度上的差异。动态频谱管理需要在多个运营商场景下，并且在多个异构网络重叠覆盖的无线环境下实现短周期的动态频谱分配。事实上，妥善解决以上的问题也是 DSM 研究十分艰巨的任务，从体系架构、算法、机制、硬件实现等方面都面临着巨大的挑战。

5.1.3 动态频谱管理发展与应用规划

动态频谱管理是一个十分复杂的研究课题，同时，在实际网络中的应用也面临着更大的挑战，不仅仅需要理论研究的证实，而且还需要性能高度稳定和完好的硬件设备、算法、机制来支撑。与此同时，各国对频谱管理的政策、现有网络部署和终端等制约条件也给 DSM 在实际网络中的应用带来非常巨大的困难。因此，动态频谱的引入并非易事，需要实现阶段性的目标和技术突破。

基于动态频谱所带来的技术和商业价值，各研究机构、组织、设备提供商、运营商、政府部门等均对这一领域纷纷发起冲击。DSM 所带来的技术和商业价值增益、DSM 实现的可行性等问题已经得到了比较充分的论述。目前，从政策来讲，美国是最支持动态频谱管理的国家，美国联邦通信协会（FCC）对频谱开放性给予较大的支持，并宣布将支持动态频谱管理。美国也是最早投入研究动态频谱管理的国家，并发起了 IEEE 802.22 WRAN 标准。欧洲国家相对来讲更为保守一些，但是已经有了一些相关的政策，英国、法国、芬兰等国家已经宣布支持动态频谱管理的政策。由于技术和政策上的种种难题，动态频谱管理的实现道路还比较艰难。然而，各国对此项技术的投入热情非常大。作为实现动态频谱管理的第一标准，IEEE 802.22 正在有望于短期内进入商用。与此同时，很多国家和组织，如欧盟等，也已经制定了动态频谱管理技术的发展规划，并计划于 2016 年实现完全的动态频谱管理。可见，动态频谱管理将会在不久的将来得到应用，并将在未来通信系统中发挥着极大的作用。

5.2 认知无线网络中的动态频谱管理及其分类

随着无线通信的迅速发展，特别是由于近年来基于频谱的服务和设备显著增加，人们对频谱资源的需求越来越大，频谱资源日趋匮乏。这种预先分配、授权使用的频谱管理方式，使某些频段承载的业务量很大，而另一些频段却在大部分时间内没有用户使用，白白浪费了频谱资源。美国 Shared Spectrum 公司在 2004 年 1 月到 2005 年 8 月，对美国 30～3 000MHz 频段的频谱使用情况调查后发现，该频段的平均使用率只有 5.2%。其中使用率最高的地区纽约仅为 13.1%；使用率最低的是分配给无线电天文学的频段，利用率仅有 1%。可见，拥塞频段的用户无法访问其他空闲频段的静态频谱管理方式，大大限制了频谱使用效率。研究表明，即使简单地再利用这些“浪费”频谱都可以大大提高可获得的容量。因此，问题并不在于频谱短缺，而在于寻求一种技术，以满足已授权用户需求的方法来有效管理频谱访问，充分利用各地区、各时间段的空闲频段，缓解不断增长的频谱资源的需求矛盾，提高频谱利用率。

针对频谱利用率低的现状，通信领域的研究学者提出了先进频谱管理（ASM，Advanced Spectrum Management）技术，实现开放频谱系统，充分挖掘目前频谱利用率低的频谱，合理利用不同网络在不同时间和空间的频谱需求的差异性，进而提高频谱资源的利用率，为用户带来更高速和宽带的无线业务，为运营商和业务提供商带来更丰富的收益。这种先进频谱管理可以分为两类：动态频谱分配技术和动态频谱共享技术。

5.2.1　动态频谱分配技术

动态频谱分配（DSA）是先进频谱管理的另一种方法。相比于动态频谱共享，动态频谱分配是一种按需分发频谱的分配方法，属于比较长期的频谱分配，如分钟级别。动态频谱分配主要解决的是异构蜂窝网络中的动态频谱分配问题。目前，在动态频谱分配的研究领域中，欧洲处于比较领先的地位，很多大型项目，如端到端重配置项目（E2R[1]），端到端效能项目（E3[2]）等都将动态频谱分配技术列入主要的研究课题。动态频谱分配能够充分利用异构网络在时间和空间上对频谱需求的差异来提高频谱资源的利用率。

5.2.2　动态频谱共享技术

动态频谱共享（DSS，Dynamic Spectrum Sharing）是将频谱同时授予多个网络，能够在理论上实现数据包级上的频谱共享，同时通过网络内的频谱共享技术避免冲突。从用户的角度进行分类，则动态频谱共享分为两类，水平共享（horizontal sharing）和垂直共享（vertical sharing）。动态频谱共享是时间较短的先进频谱管理技术。目前，全世界瞩目的认知无线电的研究课题正是解决这种水平共享以及垂直共享的频谱共享机制。

5.3　动态频谱管理研究现状

动态频谱管理是一个比较新兴的无线通信技术，虽然受到人们的关注，但是目前，技术研究还处于起步阶段，尚未成熟，缺乏系统性的整体方案。下面将重点介绍动态频谱管理相关的、比较典型的几个研究方向。

5.3.1　基于动态频谱管理的体系架构

异构系统中的动态频谱管理研究方面，很多工作集中于论述 DSM 的可行性分析、技术优势分析、频谱利用率论述等。同时，也有一些简单的 DSM 机制和简单的架构。

基于动态频谱分配的网络系统架构如图 5-3 所示，其中接入网部分包括多种不同的无线接入技术，如 WCDMA、DVB 等的重叠覆盖。无线覆盖区域被划分为多个不同的子区域，称为动态频谱管理区域，即 DSM 区域。这是因为 DSM 是一个比较复杂的问题，必须进行区域划分，进而能够降低算法和机制的复杂度，提高灵活性。不同 DSM 区域独立进行频谱管理分配。但这还需要一些相关的技术，如频带间隔技术等来保证区域间不会相互造成过大的干扰。通过区域的划分，动态频谱管理可以在独立 DSM 区域进行分配，因此变得比较灵活，并且具有较高的效率。

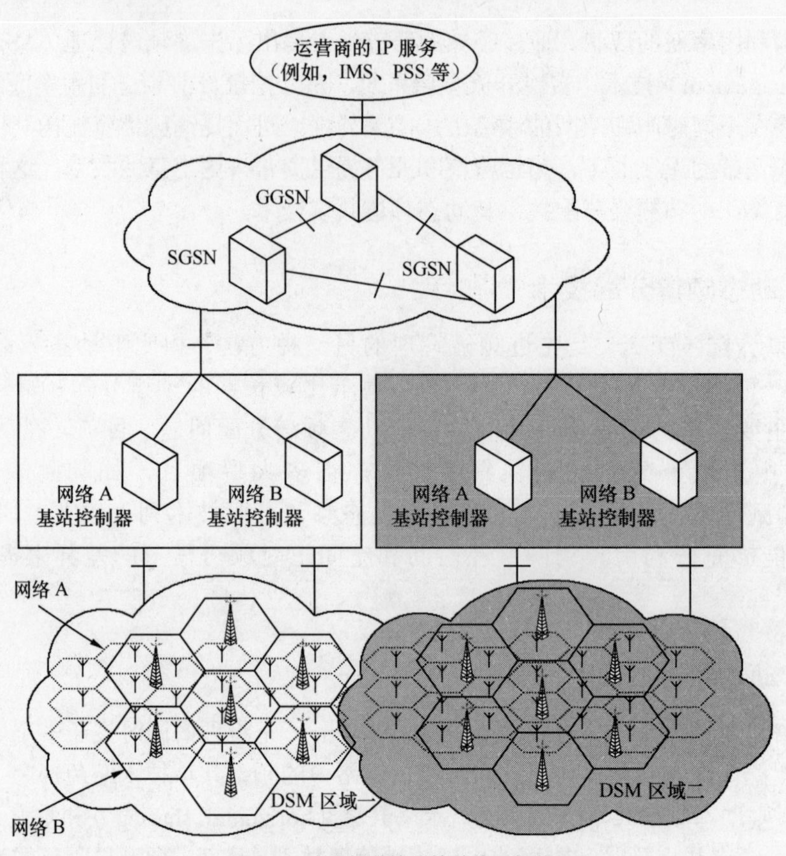

图5-3　动态频谱管理简单体系架构

与此同时，很多相关研究[1~4]也提出动态频谱管理的简单机制和流程，并且几乎所有相关研究成果都出自欧盟不同框架下的项目，因此机制也是基本类似的。这些研究中，DSM机制是基于周期性而触发的，其周期多数是30min，也有以15min为周期的。也就是说，每隔一定时间将触发一次频谱分配过程。DSM机制的实现流程如图5-4所示，它分为4个基本步骤，形成一个周期性循环的过程。其中，第一步是业务量需求的估算，第二步是频谱需求预测，第三步是运行DSM算法，第四步是频率配置和使用。目前，绝大多数的DSM研究成果基本上都是基于这种思路架构实现的。这些机制相应的仿真结果[3~6]证明了使用动态频谱管理可以更好地适应异构网络业务需求、容量、频谱资源等方面上的差异，从而能够大幅度提高频谱资源利用率、减少频谱空洞、提高异构系统容量。

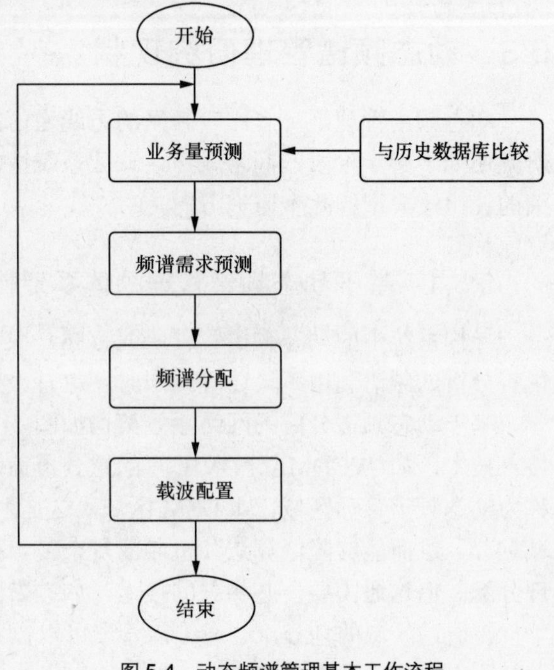

图5-4　动态频谱管理基本工作流程

目前的研究成果都是简单的体系架构和机制。而事实上，每一个步骤都需要具体的功能实体、算法、机制等来完成，因此，需要展开详细的设计工作。一方面，容量估算、频谱分配等在动态频谱管理环境中是十分复杂的问题；另一方面，系统的异构性以及多运营商场景也使得频谱管理变得更加难以解决。同时，目前研究中也尚未涉及系统间干扰抑制的相关问题，而这是 DSM 中必然要解决的，是 DSM 的技术难点。

5.3.2　同构网络的动态频谱管理

作为第三代移动通信系统最为广泛应用的网络，WCDMA 的动态频谱管理最早得到人们的关注。WCDMA 动态频谱管理是属于同构网络的频谱管理，即 WCDMA 系统内部频谱资源的优化。目前，关于 WCDMA 动态频谱分配的研究成果比较多，一般都来自欧盟 E2R 项目和 E3 项目的研究成果。

WCDMA 系统由于能够实现频率复用系数等于 1 的复用方式，因此，严格来讲，如果不加限制条件，WCDMA 动态频谱分配并不能带来实质性容量上的提升。事实上，WCDMA 动态频谱管理实现的目标是希望能够在保证系统服务质量的同时，减少载波分配的数量，将容量集中到已经分配的载波上，最大化单个载波的业务量支持，从而节省频谱资源、提高频谱效率。所节省的频谱资源可以提供给次级用户进行使用。其研究目标可以通过图 5-5 显示。图中，分为 3 个不同类型的区域，黑色代表该区域中的 Node B 已经被分配到某个载波，白色则代表该载波的释放区域，即没有分配给该区域中的 Node B，次级用户可以接入使用，而灰色是保护区域，即保护次级用户不对黑色区域中的 Node B 造成较大的干扰，使黑色区域中的 Node B 可以正常使用所分配的载波。研究目标是最大化白色区域，最小化黑色区域，也就是提高二次频谱利用的可能性。此外，也有一些研究是为了提高系统容量，但是需要添加的限制条件是每一个 Node B 只能支持 1 个或者有限个载波数量。

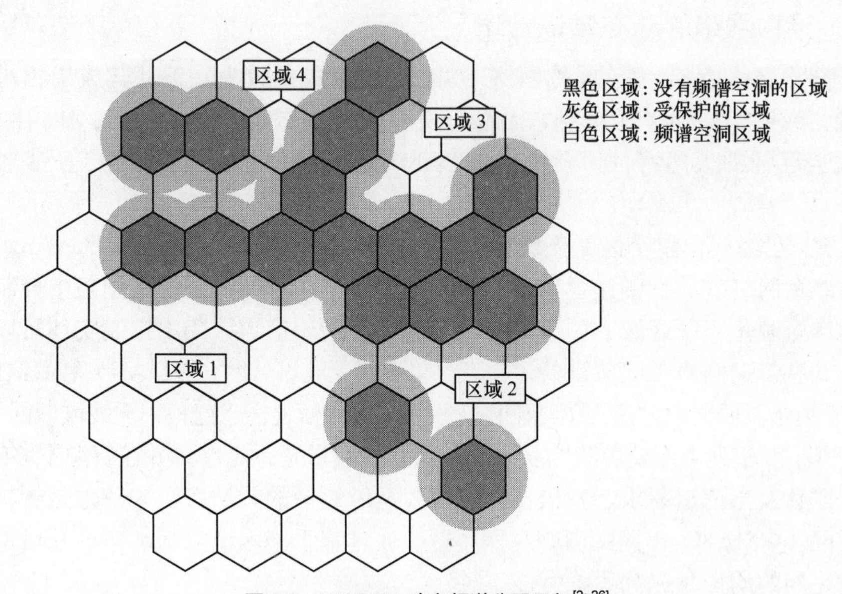

图 5-5　WCDMA 动态频谱分配目标[2-26]

比较典型的研究成果包括基于退火算法的 WCDMA 频谱分配方法，基于遗传算法的 WCDMA 频谱分配方法等。在基于退火算法的频谱分配方法的研究中，构造耦合矩阵反映当前环境状态，主要是反映干扰程度，并通过借助退火算法来实现频谱的分配。该机制成功引入了观察、认知、决策、执行等认知理论的 4 个步骤，实现了较好的动态频谱分配方法。基于遗传算法的 WCDMA 频谱管理则周期性估算容量需求，并且通过容量映射（Capacity Trajectory）求解每一个小区所需的载波数量，并在此基础上进行载波分配。其分配的原则是实现容量需求和载波的最佳搭配，既能保证容量的需求，又不浪费载波资源，释放所不需要分配的载波，提高次级频谱利用的机会。

仿真结果表明，通过实现载波的动态分配，不仅能够保证系统的容量，同时也能够释放大量的载波，节省频谱资源，很大程度上提高了二次频谱利用机会。机制的设计结合了基于周期性和基于事件触发的方式，很好地保证了各方案的优点和缺点。同时，遗传算法、退火算法等均能够保证算法的复杂度、信令开销，机制设计也能实现其自主特性。

除了 WCDMA 系统，TD-SCDMA 系统和 GSM 系统等相关研究也有有关动态信道分配的研究成果。TD-SCDMA 系统研究的相关技术是动态信道分配（DCA，Dynamic Channel Allocation），GSM 同样也设计了动态信道分配（DCA）技术。其中，GSM 的 DCA 技术研究比较早，并且已经有了商用的产品。在动态信道分配（DCA）技术中，资源由所管辖区域的相应集中实体进行管理与控制，所谓的资源包括频率、时隙、信道码（不包含 GSM）等，当呼叫到达时，该集中控制实体临时将资源分配给该呼叫，并进行实时控制。可见，DCA 技术属于细粒度的资源分配，比 WCDMA 的 DSM 时间粒度更小，但其功能也是完成同构系统的动态频谱管理功能。

同构网络的 DSM 是实现频谱完全动态化的第一步。基于以上的分析，可见，同构网络 DSM 在一些网络中已经得到比较好的理论上的研究，并且通过不同方面上的论述已经证明了其技术的优势。这些研究将给异构系统中的 DSM 奠定良好的基础。

5.3.3 异构网络的动态频谱管理

相比于同构网络的 DSM，异构网络 DSM 的研究成果较为缺乏，其成果相对局限于一些简单场景，或者一些简单的机制，而没有完善的解决方案。然而，由于异构网络在各方面上具有优势互补的天然特性，异构网络 DSM 能够给网络运营商、用户等带来更多的效益[3 ~ 6]。

一些研究[7]已经提出单小区的无线城域网（WMAN，Wireless Metropolitan Area Network）和单小区的蜂窝网络的动态频谱管理方法。在研究中，假设频谱资源是由集中控制实体进行控制的，频谱资源是一段连续的频谱，并且被分为不同的信道，集中控制实体可以根据两个小区的请求动态挪动两个小区频谱的边界点。单小区无线城域网（WMAN）和蜂窝网的 DSM 场景如图 5-6 所示。研究中，建立了基于排队模型来进行信道需求建模，无线城域网（WMAN）小区和蜂窝网小区根据当前业务量的状况，判断信道数量是否足够，并在资源不够的情况下，向频谱控制实体发出信道请求，频谱控制实体根据所剩余的频谱资源来决定是否将信道分配给相应城域网（WMAN）小区或者蜂窝网小区。通过基于小区请求而动态分配信道给小区能够实现负载之间的均衡，提高系统性能。

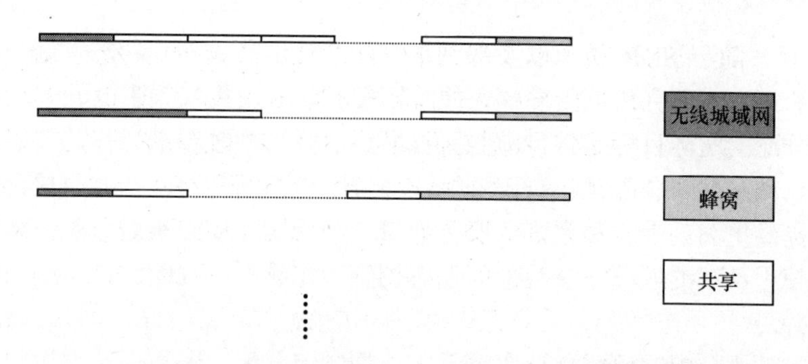

图 5-6　单小区无线城域网 WMAN/蜂窝系统动态频谱管理

除了无线城域网/蜂窝系统的 DSM，DVB 系统和 UMTS 系统之间的动态频谱管理也在很大程度上受到人们的关注。早在 2001 年，人们已经尝试着在 DVB 网络所覆盖的范围中，插入一些 UMTS 小区的覆盖，所使用的频率是 DVB 系统的频率[8][9]。这是因为 DVB 小区覆盖面积比较大，并且其频率复用因子比较大，一般为 7，甚至是 13，因此可以在已经部署的 DVB 网络中插入一些 UMTS 小区覆盖，利用 DVB 频谱资源来提供 UMTS 服务。然而，这并不是真正的动态频谱管理，而是在 DVB 和 UMTS 网络规划阶段，固定地部署一些 UMTS 小区覆盖来提高 UMTS 的系统容量。在后期人们才真正开始研究 DVB/UMTS 异构系统的动态频谱管理，并且有了一些初步的研究成果[10][11]。

DVB/UMTS 异构系统的 DSM 场景如图 5-7 所示，其中，DVB 和 UMTS 属于同一个运营商，频谱资源由运营商控制，并以 30min 为周期进行重新分配。目前的研究并没有能够提出详细设计的机制，只是提供简单的技术分析和一些简单的仿真结果，研究仅仅产生启发式的成果，并没有形成具体的技术方案。但是，通过仿真的证明和论述，可以发现 DVB 和 UMTS 系统不仅在业务和网络覆盖有着很好的互补特性，而且在容量需求和频谱资源分配上也正好形成了天然的优势互补[11]。

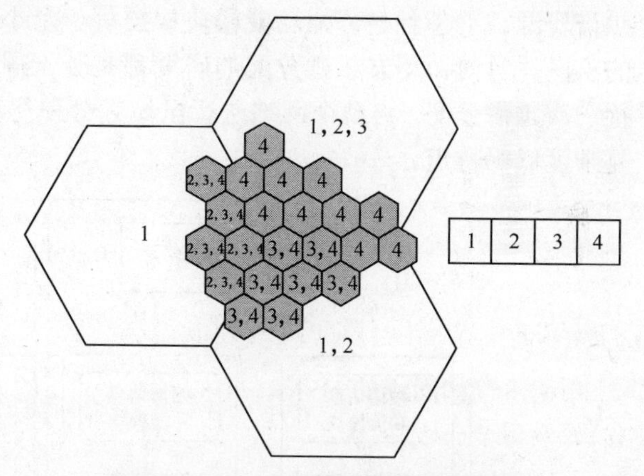

图 5-7　DVB/UMTS 异构系统动态频谱管理

目前关于异构系统的 DSM 研究成果较少，其适用的场景也受到很大的限制，并且没有完善的技术设计方案。事实上，无线通信系统更多时候是多小区的系统，并且是多网络（Multi-RAT）重叠覆盖，而且这些 RAT 可能是属于不同运营商的。因此，必须提供适应不同情况、不同场景的详细技术方案，才能够使得 DSM 的应用变为可能。

5.4　动态频谱分配技术

5.4.1　动态频谱分配的基本概念

目前，动态频谱分配的研究课题主要在欧洲的各大项目中，例如 DriVE、OverDRiVE、

E2R、E3 等项目。随着 SDR 技术以及端到端重配置技术的成熟，动态频谱分配的应用前景越来越被人们看好。本研究领域主要探讨蜂窝网授权系统间授权频带的长期动态分配。

动态频谱分配的实际目标是将目前的无线网络进行异构融合来为移动多媒体业务提供有效的频谱供应。动态频谱分配是将频谱资源动态分配给不同的网络，进而提高频谱资源的利用率，为用户提供更高的带宽和更好的服务质量。为了实现动态频谱分配，网络设备和终端均需要有能力使用不同的频段，并且能够动态调整工作频率。因此，该系统需要端到端可重配置功能的支持。

目前，动态频谱分配的研究主要围绕动态周期频谱分配，即周期性地进行频谱分配给不同的网络。动态频谱分配充分利用了不同异构网络之间在时间和空间上的需求来充分提高频谱利用效率，进而能够提高异构网络的收益、系统容量以及系统服务质量。

5.4.2 基于动态频谱分配的体系架构

基于动态频谱分配的网络系统架构如图 5-8 所示，其中接入网部分包括多种不同的异构无线接入技术，如 TD-SCDMA、WCDMA 等。整个异构系统覆盖的区域被划分为不同的子区域，称为动态频谱分配区域，即 DSA 区域。每一个小区均有一个业务量预测功能模块和一个频谱估算功能模块，这两个功能模块是为了估算该小区的业务量以及相应的频谱需求量。每一个 DSA 区域均有一个频谱分配功能模块，负责整个 DSA 区域中的异构网络的频谱资源。动态频谱分配功能模块根据每一个小区的频谱需求量动态地将频谱分配给不同的小区。目前，动态频谱分配的研究都是基于周期性的频谱分配，即每一个固定的周期进行一次频谱分配。将整个网络进行区域划分使得动态频谱分配的实现变为可行，具有灵活、复杂度低等特点。

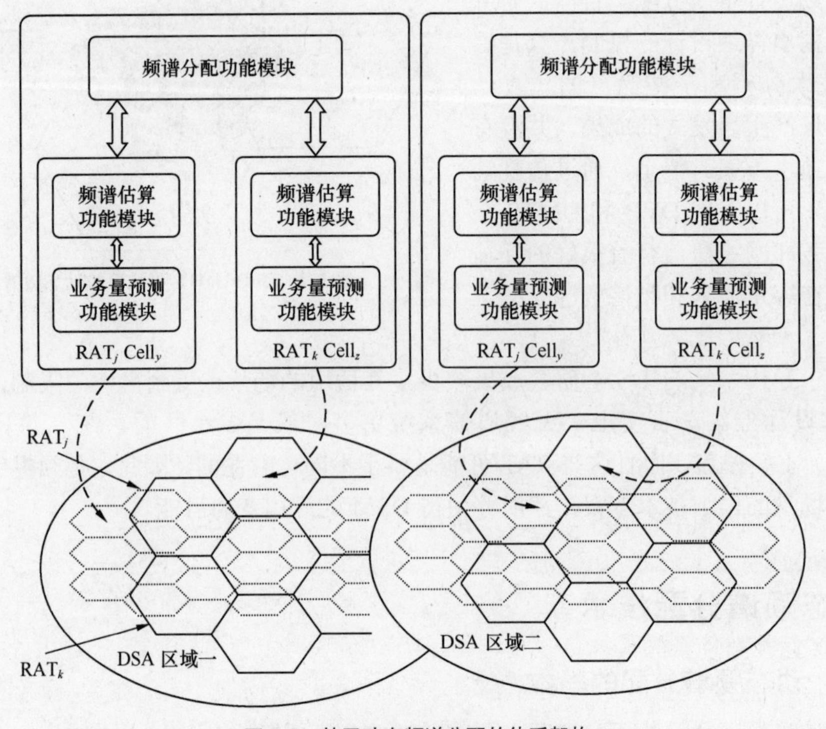

图 5-8　基于动态频谱分配的体系架构

5.4.3　一种应用在多运营商场景下分布式动态频谱分配方法

1．研究背景

多种异构系统并存是未来一段比较长的时间内通信系统的主要特征，并且在异构环境中，不同无线系统属于不同运营商，构成了多 RAT 和多运营商的复杂无线环境[12][13]。随着无线通信技术与应用的发展以及政策的开放化，无线网络运营商越来越多，运营商之间的竞争将变得十分激烈。其中，由于频谱资源是无线通信中最关键的资源，频谱资源将成为运营之间竞争的关键资源。目前的频谱管理方法中，频谱资源是固定地分配给不同无线运营商，并且加入了一定的保护带宽使得不同运营商的频谱资源基本完全分开，运营商之间互不干扰。然而，这样的方式使得频谱资源的使用并不灵活，频谱利用率低，造成很多频谱空洞现象等[14][15]。未来无线通信领域中，频谱资源匮乏问题进一步加剧，无线运营商需要付出昂贵的成本来购买其所需要的频谱资源。例如，美国联邦通信协会（FCC）采取频谱拍卖制度来进行运营商之间的频谱资源分配，运营商需要参加拍卖程序，进而购买频谱资源[16~18]，使其付出巨大成本。显然，“频谱空洞”现象对运营商来说是十分不合理和无法接受的。运营商希望通过提高其所拥有的频谱资源的利用率，进而获得更多的收益。然而，由于运营商的用户和业务的需求在某个时间段是由用户的客观需求和业务特征决定的，运营商是无法直接控制的。因此，运营商之间实现动态频谱管理是十分必要的，一方面可以充挖掘所谓的“空洞”频谱来满足用户的需求，另一方面可以提高运营商的收益。这样，基本上解决了运营商之间资源分配与业务需求的不对称性，解决了频谱资源紧张与浪费现象的矛盾。

单运营商场景中，由于频谱资源属于同一个运营商集中控制与管理，动态频谱管理的主要目的在于优化单运营商的系统性能本身，包括最大化频谱效率、最大化系统的有效容量、提升服务性能及用户满意度等。本书第 3 章的单运营商 UMTS 和 DVB 的动态频谱管理方法正是以这样的目的提出的。同时，多数研究成果也是基于此目的，如 UMTS、GSM 同构网络动态频谱管理[19~21]等。但与单运营商场景不同，多运营商的动态频谱管理是属于次级频谱利用，资源并非属于一个运营商集中管理与控制，不同运营商对自己的频谱资源进行管理，并且运营商的目标策略不一致。因此，多运营商场景的 DSM 不仅面对的是资源和网络的异构性，运营商的策略不同以及竞争特性是需要解决的难题。由于竞争的剧烈所导致，运营商之间明显存在着竞争的关系，一个运营商仅关心如何提高该运营商内部的性能，而并不关心其他运营商的网络性能[22]。运营商参加动态频谱管理实际上并不仅仅是为了提高其他运营商的网络性能，而只是希望通过动态频谱管理来最大化其目标策略。因此，多运营商场景中，运营商之间的竞争与合作关系的合理解决变成了最关键的难题。

目前的研究成果基本上比较关注于单运营商场景的动态频谱管理方面的研究[11][19][23][24]，而多运营商场景的动态频谱管理则被忽略了。然而，多运营商场景是未来无线通信中非常被看好的一种动态频谱管理方法[25]。欧盟所设立的端到端重配置（E2R）[26]和端到端效率（E3）[27]等项目对多运营商的频谱管理给予了较大的重视。目前，一些研究成果已经设计了简单的机制与协议来支持属于不同运营商的 UMTS 网络的动态频谱管理[28]。一些研究也提出了 UMTS 多运营商场景的具体算法和机制[22][29]。但这些仅仅是针对于 UMTS 系统本身，并没有考虑到异构重叠覆盖这一关键特征。UMTS 多运营商场景，虽然属于不同的运营商，但是网络是同构的，都是 UMTS 网络，其业务特性、网络能力等都是比较类似的，可提升的空间较小。关于动态频谱管理方面，异构的特征是一个非常大的优势，性能可优化空间非常大。多运营商场景中，一些研究已经提出了异构系统的动态频谱管理方法[30][31]。然而，这些仅是简单的算法，存在很多的技术缺陷，只能解决单小区情况下的 DSM 问题，同时也并没有考虑到 DSM 所带来的系统间的干扰问题。因此，需要更多的研究来为多运营商场景提供完善的 DSM 解决方案。

博弈论是应用数学的一个研究分支，其应用数学理论来研究不同主体的行为策略，即研究各博弈方之间的策略对抗、竞争，或者面对一种局面时如何进行策略的选择[32]。博弈论是从经济、政治、军事等复杂的决策问题而引来的，解决了不同决策时数学化的分析方法，研究不同博弈方的决策的相互影响，并形成了博弈方的策略选择行为。这一特点使得近几十年来，博弈论在社会学科和技术领域均得到了十分广泛的应用。与此同时，通信领域也广泛引入了博弈论，实现了通信网中不同目的，如资源分配与管理等[33][34]。对于多运营商场景的动态频谱管理，由于涉及运营商之间的竞争问题，是属于策略的对抗，借助于博弈论来解决该竞争问题是一种非常有效的方法。事实上，博弈论很早已经被认为是解决动态频谱管理的有效工具。

综上所述，本小节在多运营商场景下设计一种动态频谱管理方法，其中，运用了博弈论来解决多运营商之间的策略对抗问题。本 DSM 机制充分挖掘了不同运营商下异构网络间在不同的时间和空间维度上对频谱需求的差异，从而提高了频谱资源利用率、运营商的收益等策略目标。此外，本 DSM 机制也设计了干扰抑制的方法，克服了动态频谱管理所带来的系统间干扰问题，进而使其可以真正应用于多小区的异构蜂窝系统。

本节的主要内容安排如下：首先，设计支持多运营商场景下动态频谱管理的体系架构；其次，介绍了应用于动态频谱管理中的业务量预测和频谱需求预测的方法；其次，分析了系统间的干扰问题，并提出了基于多运营商场景 DSM 中的系统间干扰抑制方法；再次，基于博弈理论中著名的 R-S（Rubinstein-Stahl）博弈模型，设计了基于讨价还价的 DSM 算法，完成了运营商间场景下的 DSM 功能；最后，结合 MATLAB®的数值仿真，对该 DSM 机制的性能进行了评估与验证。

2．分布式体系架构

多运营商异构系统的动态频谱管理是完成不同运营商和不同异构系统间的频谱资源空间的移动性。在多运营商场景中，频谱资源是属于不同运营商的，并且由相应的运营商进行管理与控制，并且不同运营商之间是属于竞争关系，各自仅关心自己运营商本身的利益。因此，该 DSM 方案中引入了次级频谱市场的思路来解决多运营商场景的 DSM 问题，进而使频谱资源得到最大化利用，并且最大化了运营商的收益。

为了支持多运营商异构系统 DSM，需要设计新的体系架构，并且设计相应的功能模块，完成多运营商 DSM 的相关功能。本节所设计的系统架构如图 5-9 所示，其中无线环境包括多种无线接入技术（RAT）共存，并且重叠覆盖，如 UMTS、GSM、DVB 等多个 RAT。

① 频谱市场（SM，Spectrum Market）：频谱市场是一个逻辑的频谱资源池，其概念来源于实际的市场，在频谱市场中各 RAT 可以完成频谱资源的交易。有空闲频谱资源的 RAT 小区可以将空闲的频谱资源进行出租，进而得到了频谱利用率的提高和收益的增加。相反，缺乏频谱资源的 RAT 小区可以租借频谱资源来为其用户提供服务，进而提高其网络收益。因此，

频谱市场中包含租借频谱资源的 RAT 小区为买方，出租频谱资源的 RAT 小区为卖方，以及频谱资源为交易的物品。

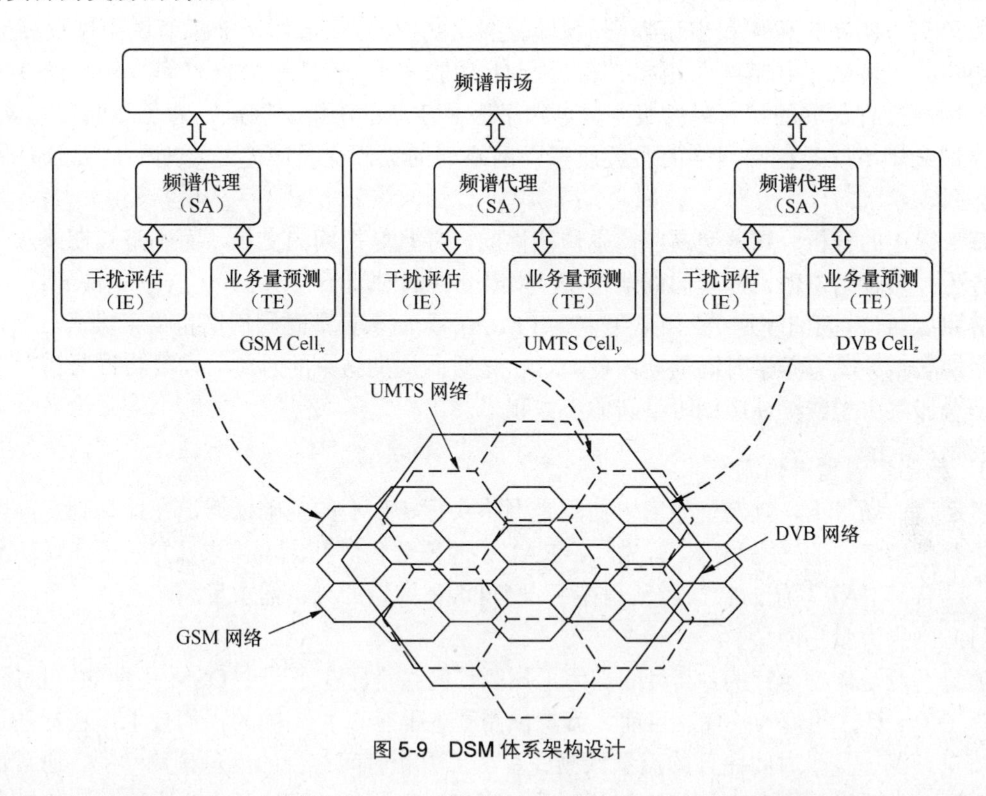

图 5-9　DSM 体系架构设计

② 业务量预测（TE，Traffic Estimator）：各 RAT 小区的频谱需求都随着时间的变化而变化，其原因是小区的业务量不断发生改变。因此，需要为每一个 RAT 小区设计一个业务预测功能模块来负责本 RAT 小区的未来流量的预测。

③ 干扰评估（IE，Interference Estimator）：多运营商异构系统中动态频谱管理可能给无线网络带来额外的系统间干扰。在多运营商场景下，如果没有相应的机制负责协调不同运营商间的频谱使用情况，将导致严重失谐，从而导致干扰大，网络性能极度恶化。干扰预测模块（IE）负责估算动态频谱管理带来的干扰，并依据相应的准则来判决是否满足运营商的要求。

④ 频谱代理（SA，Spectrum Agent）：由于频谱资源是由运营商进行管理与控制，为了完成多运营商 DSM，设计了一个代理来完成一系列关于频谱交易的相关决策，并最终通过与其他对等的代理进行频谱交易。首先，频谱代理需要观察频谱环境，并完成频谱资源环境的感知功能。同时，为了完成频谱交易，频谱代理需要自主地进行一系列的相关决策，如是否需要租借或出租多少频谱、从何方进行租借频谱或向何方出租频谱、租借频谱或出租频谱的价格等决策。

为了降低网络服务性能上的风险和经济上的风险，频谱交易应该是周期性进行的[11][15][23]。由于各 RAT 小区对频谱的需求随着时间发生变化，因此，频谱市场的供求关系也将随之发生变化。如果买方租借频谱资源的时间过长，其会有经济上的风险，因为随着频谱市场供求关系的变化，它也许能以更低的价格租借到该频谱资源。同样的，若卖方出租频谱的时间过长，其也会带来经济上的风险，因为随着频谱市场供求关系的变化，也许能以更高的价格出租该频谱资源，获得更多的网络收益。另一方面，由于业务量也随时间发生变化，因此，如果买方和卖方租借和出租频谱的时间过长也会导致买方由于业务量的下降而租来的频谱用不到，降低了频谱的利用率。相反，对卖方而言，若出租频谱时间过长则也许由于业务的增加没有足够的频谱提供服务，导致了服务质量的下降。因此，为了降低市场风险、提高频谱利用率以及提高网络的服务质量，网络间的频谱交易应该是短期的，并且是周期性的方式。

基于以上的分析，频谱交易应该是周期性的，并且是短期的交易，而不是长期或永久的交易行为。假设动态频谱管理的周期是 T，频谱交易的时间集合是 $\tau=\{\tau_1, \tau_2,\cdots, \tau_l, \tau_{l+1}, \cdots\}$，其中 τ_l 和 τ_{l+1} 的时间间隔是 T。如果买方在（τ_{l+1}, τ_{l+2}）动态频谱时间周期租借了频谱，则它只能在（τ_{l+1}, τ_{l+2}）动态频谱时间周期内使用。在该时间周期结束的时刻，需要将该频谱归还给卖方。若该买方想继续使用则得重新向卖方租借。

3．频谱资源需求预测

多运营商场景下，频谱资源需求估算是网络实行 DSM 的基础依据，在此基础上，网络才能进行频谱资源的动态利用。首先，各 RAT 小区需要预测其流量需求，并基于流量的预测结果，结合其 RAT 系统的特征，预测在下一个 DSM 周期的频谱需求量。

（1）网络流量预测

流量预测是周期运行的，其目的是为了预测该网络小区在下一个 DSM 周期的容量需求，并作为 DSM 算法的输入条件。目前，流量预测基本上有 3 种不同的预测技术，包括基于历史的流量预测、基于时间序列的流量预测、基于历史和时间结合的流量预测[6][35]。通常情况下，网络中的流量是有一定的规律的，因此可以通过历史统计的流量作为本次的流量，这种方法被称为历史的流量预测技术。然而，有时业务量也有突变的情况，如果有突发流量产生，依靠历史流量是不能够反映未来网络流量的，从而导致了不适当的频谱管理。此时，时间序列预测技术将带来比较好的预测结果，其基本原理是用过去的样本值，通过线性预测算法来估算本次实际流量，此种方法比较适用于突发流量情况。此外，基于历史和时间序列结合的方法是用历史流量值来修正时间序列预测方法的结果，进而获得比较准确的预测结果，不仅适用于正常的业务情况，同时也适用于突发流量的情况。一般情况下，如果时间序列预测技术的预测结果在以历史流量值为中心的某个范围内，例如±5%，则采用历史信息作为预测结果；反之，如果时间序列预测技术的结果在该范围之外，就采用时间序列技术的预测结果来作为下一个周期的最终的流量预测结果。由于基于历史和时间序列相结合的流量预测技术的性能比较好，本 DSM 采用了该方法来进行流量预测，并将其作为频谱交易提供频谱资源需求的输入条件。

假设某一个 RAT 小区，其支持的业务种类为 K，假设在时间点 x_l，业务种类 k 的流量采样值为是 L_l^k。时间序列预测的目标是基于过去的 n 个采样值估计下一个时间点 x_{l+1} 的网络流量，记为 $\hat{L}_{l+1}^k$，即利用了预测时刻前 n 个采样点的流量值拟合出一条直线，并用这条直线的走势来估计下一采样点的流量值。基于曲线拟合理论，其预测的具体的计算公式如下

$$\hat{L}_{l+1}^k = a + b \times x_{l+1} \tag{5-1}$$

其中

$$a=\frac{\sum_{i=0}^{n-1}L_{l-i}}{n}-b*\frac{\sum_{i=0}^{n-1}x_{l-i}}{n} \tag{5-2}$$

$$b=\frac{n*\sum_{i=0}^{n-1}(L_{l-i})(x_{l-i})-\left(\sum_{i=0}^{n-1}x_{l-i}\right)\left(\sum_{i=0}^{n-1}L_{l-i}\right)}{n*\sum_{i=0}^{n-1}{x_{l-i}}^{2}-\left(\sum_{i=0}^{n-1}x_{l-i}\right)^{2}} \tag{5-3}$$

从体系架构设计上来看，流量预测是由 TE 功能模块负责，并且周期性进行预测。为了结合基于历史预测方法，TE 需要统计和存储该小区在不同历史时间值的具体流量，并形成一个历史流量曲线。当采用基于时间序列的估算结果 $\hat{L}_{l+1}^{k}$ 在历史值为中心的某个范围中，则采用历史值作为 x_{l+1} 时间点的预测值，否则使用上述时间序列预测结果 $\hat{L}_{l+1}^{k}$ 作为下一个时间点的流量预测结果。

（2）网络频谱资源预测

频谱需求估算可以通过坎贝尔估算方法获得。坎贝尔容量估算方法是将所有的业务按一定的原则等效成一种虚拟业务，并计算此虚拟业务的话务量[36]。然后，计算满足此话务量所需的虚拟信道数量，并折算出满足网络容量的实际信道数和频谱资源的需求[36]。

假设某一个小区中，第 k 个业务的流量估计结果是 $\hat{L}_{l+1}^{k}$（k=1,2,⋯, K），并假设 a_k 是业务 k 的等效强度。业务强度是根据该业务在网络中所占用的资源数量而设定的，并且不同业务在不同网络中的强度不同。此时，基于坎贝尔等效原理，等效容量因子的定义如下[36]

$$\hat{c}_{l+1}=\frac{\hat{v}_{l+1}}{\hat{\alpha}_{l+1}}=\frac{\sum_{k=1}^{K}\hat{L}_{l+1}^{k}\times a_k^2}{\sum_{k=1}^{K}\hat{L}_{l+1}^{k}\times a_k} \tag{5-4}$$

其中，$\hat{v}_{l+1}$ 是混合业务的方差，$\hat{\alpha}_{l+1}$ 是混合业务均值。

坎贝尔方法是将不同业务等效于一种虚拟的业务。此时，根据坎贝尔计算方法，该虚拟业务的虚拟业务量如下

$$\hat{L}_{l+1}=\frac{\hat{\alpha}_{l+1}}{\hat{c}_{l+1}} \tag{5-5}$$

一般情况下，网络运营商从其所提供的业务类型及资源等，设定其所期望的系统的服务等级（GoS，Grade of Service）条件，比较典型的 GoS 为 98%。从而，可以获取相应的阻塞率要求为 P=1−GoS。根据爱尔兰 B 的原理[14]，可以直接计算出相应所需的虚拟信道的数量，并将其定义为 $\hat{M}_{l+1}$。

为了预测频谱需求，首先以某一种业务为基准业务，通常是语音业务，并基于此基准业务进行估算的。不失一般性，将该基准业务假设为第 0 业务，并且其相应的业务强度为 a_0。根据坎贝尔理论，为了满足业务量的需求，该基准业务所需的信道数量如下

$$\hat{m}_{l+1}=\hat{c}_{l+1}\hat{M}_{l+1}+a_0 \tag{5-6}$$

假设对于该基准业务，该 RAT 的一个载频最多能够提供 M_0 个信道。为了支持所预测的网络流量 $\hat{L}_{l+1}^{k}$，并且保证网络运营商对服务等级 GoS 的需求，在下一个 DSM 周期中，该网络小区所需的载波的数量 $\hat{C}_{\text{Req}}$ 如下

$$\hat{C}_{\text{Req}} = \left\lceil \frac{\hat{m}_{l+1}}{M_0} \right\rceil \tag{5-7}$$

其中，$\lceil . \rceil$ 代表向上取整的函数。

4．干扰抑制方法

（1）系统间干扰

DSM 的引入会带来新的系统间干扰问题，尤其是在多运营商场景中，容易造成网络间失去协调，导致干扰严重。两个单信道的 RAT 小区之间的干扰说明如图 5-10 所示。其中，两个小区属于两个 RAT，并且 RAT_i 小区是租借频谱的小区，RAT_j 小区是出租频谱的小区。RAT_i 小区和 RAT_j 小区之间的干扰取决于它们的天线距离、天线的发射功率、功率谱密度特征及两个信道之间频谱间隔。假设 RAT_i 小区和 RAT_j 小区之间的距离为 Δd，两个信道的频谱间隔为 Δf，为了保证两个系统之间的干扰要求，两个天线的距离需要满足如下两个约束条件

$$\phi_{ij}(\Delta f, P_i, P_j) \leqslant \Delta d_{ij} \tag{5-8}$$

$$\phi_{ji}(\Delta f, P_j, P_i) \leqslant \Delta d_{ji} \tag{5-9}$$

其中，P_i 和 P_j 是两个天线的发射功率。

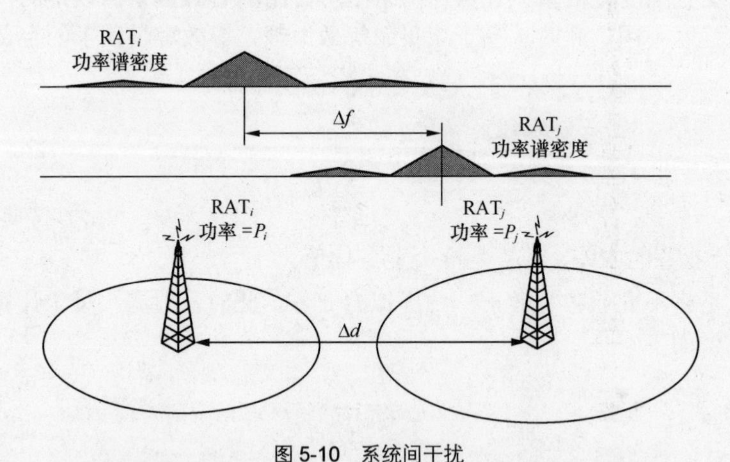

图 5-10　系统间干扰

约束函数 ϕ_{ij} 以及 ϕ_{ji}，取决于 RAT_i 和 RAT_j 的具体功率谱密度特征。此外，第一个约束条件是保证 RAT_i 小区的干扰性能，而第二个约束条件则是保证 RAT_j 小区的干扰指标。本方案假设干扰预测 IE 功能模块可以得到关于约束函数以估算干扰性能。

根据式（5-8）和式（5-9）的约束条件，当 RAT_i 小区和 RAT_j 小区的发射功率 P_i 和 P_j 给定，为了同时满足两个网络性能，两个天线之间的最小距离应如式（5-10）所示。干扰评估模块基于所获取的功率信息 P_i、P_j，信道频率间隔 Δf 及约束函数 ϕ_{ij} 和 ϕ_{ji}，计算出最小距离 $\Delta d_{\min}$，并根据实际天线距离 Δd 确定两个网络间是否满足干扰指标。

$$\Delta d_{\min} = \max\left\{\Delta d_{ij}, \Delta d_{ji}\right\} \qquad (5\text{-}10)$$

使用类似的方法，在多信道的场景中，干扰预测模块 IE 为每一个对 RAT_i 小区和 RAT_j 小区的信道计算出最小距离 $\Delta d_{\min}$。所有的 $\Delta d_{\min}$ 构成了一个最小距离 $\Delta d_{\min}$ 集合。为保证任何一对信道都没有干扰，最后的最小距离是 $\Delta d_{\min}$ 集合的最大值。

（2）干扰抑制方法

租借方只有在干扰不影响双方网络的服务质量时才能租借到该频谱资源。为了满足干扰要求，出租方的某些小区需要释放被出租的频谱资源。如图 5-11 所示，为了出租频谱给 RAT_j 的 $Cell_x$，若干个小区（$Cell_k$: k=6, 7, 8, 10, 11, 12, 13, 16, 17）要释放频谱。每一个 IE 都要计算小区干扰，并在不满足干扰可容忍条件的情况下，需要释放频谱资源。因此，频谱交易是一个租借方 RAT 小区和一个出租方 RAT 小区集合之间的交易。只要该集合中有一个小区由于业务量较高而不能释放频谱，那么出租方就无法出租该频谱给租借方。

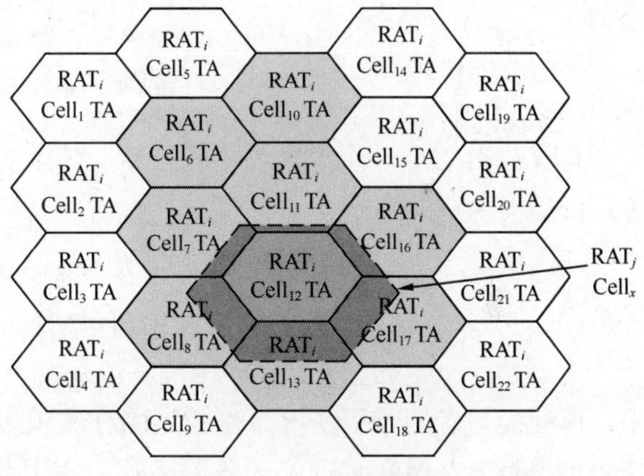

图 5-11　DSM 干扰抑制

租借方频谱代理的交易请求中需要带有其基站的预期最大发射功率、租借的频谱、基站的地理位置等信息，进而帮助出租方 IE 评估干扰条件，并最终确定是否能交易。如果干扰条件过于严格，出租方需要释放频谱的小区较多，导致了频谱利用率的下降。相反地，如果干扰要求宽松，频谱利用率获得提升，但其干扰性能随之下降。

5．分布式频谱管理算法

博弈理论中，博弈参与者之间是一个竞争的关系，频谱出租方通过出租频谱资源来获取收益上的回报，而频谱租借方则通过租借频谱资源来为用户提供服务，进而获取收益上的回报。基于这个原因，博弈论是一个比较好的工具用于解决各网络之间的竞争与合作关系。通过频谱交易，频谱出租方和频谱租借方均能够获取收益，满足双方的需求。

（1）动态频谱管理的博弈模型

如果所有的卖方 RAT 小区集都能释放频谱则双方可以进行频谱交易。如以上所说，由于认知功能的支持，频谱代理可以获取频谱交易的相关信息，频谱交易可以被看作是完全信息的动态博弈[31]。本 DSM 算法应用了博弈理论中著名的 R-S [37][38]博弈模型来解决此动态博弈问题。

假设租借频谱代理向出租频谱代理租借 S（Hz）的频谱，租借频谱代理可以使用此频谱来为其用户提供服务，并从为用户提供服务中获取收益。假设频谱出租方通过租借 S（Hz）的频谱资源为用户提供服务获得的收益为 P_S。由于该频谱是由卖方频谱代理租借，因此收益 P_S 应该分成给卖方的频谱代理。与实际市场规律相同，租借频谱方和出租频谱方通过博弈来决定收益 P_S 的分成问题。应用 R-S 讨价还价博弈理论到频谱交易问题中，其博弈模型如图 5-12 所示。

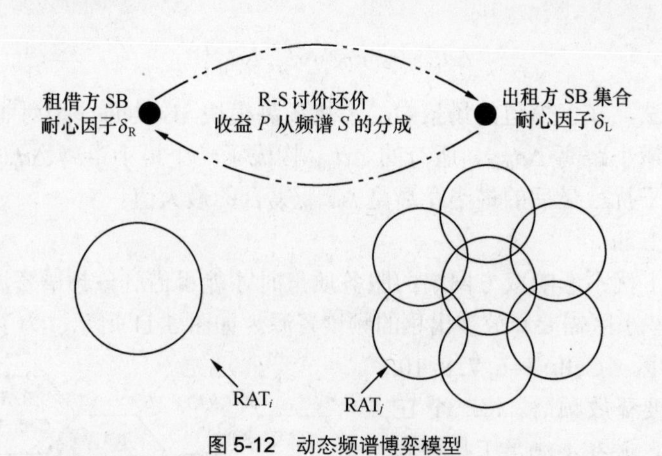

图 5-12　动态频谱博弈模型

将收益 P_S 看成一个大小为 1 的蛋糕，博弈双方基于该蛋糕的分成进行讨价还价。所有讨价还价结果的集合是

$$X=\left\{(x_R,\ x_L)\in R^2: x_R \geqslant 0, x_L \geqslant 0 \text{ 且 } x_R+x_L=1\right\} \tag{5-11}$$

其中，x_R 和 x_L 分别是分给租借方和出租方的结果。

由于不同博弈参与者各属于不同的网络运营商，因此他们是自私和贪婪的。在博弈过程中，博弈参与者均希望获得"蛋糕"的分成越多越好。假设 $u_R(\cdot)$ 和 $u_L(\cdot)$ 分别是频谱租借方和频谱出租方在博弈过程中的效用函数，由于双方均希望追求收益上的回报，因此 $u_R(\cdot)$ 和 $u_L(\cdot)$ 的表达式分别定义如下

$$u_R(x_R)=x_R.P_S \tag{5-12}$$

$$u_L(x_L)=x_L.P_S \tag{5-13}$$

R-S 博弈模型假设博弈双方都是耐心有限的。换而言之，博弈参与者是没有耐心的，因此该模型也被称为有限耐心博弈模型。基于关于 R-S 博弈理论的研究成果[37]，每一个博弈参与者均有一个耐心因子，也称为折扣因子，代表该博弈方的耐心程度。将 δ_R 和 δ_L 分别定义为频谱租借方和频谱出租方的耐心因子。博弈中，越有耐心的博弈参与者，即耐心因子越大的博弈参与者，能获取越多的收益分配。由于双方均是有限耐心，因此，最终能够得到一个令双方均能满意的博弈结果。

基于 R-S 博弈理论的讨价还价详细的过程如下。博弈参与者在无限的时间集合 $N=\{1,2,\cdots,n,\cdots\}$ 中采取博弈行动。假设在第 n 轮博弈，即 $n\in N$，某一个博弈参与者，称为博弈参与者 i，提出一个分成提议，即提出一对 $\left(x_R^n, x_L^n\right)\in X$。如果另一个博弈参与者，称为博弈参与者 j，接受该分成提议，则该博弈过程结束，双方的交易结束。如果博弈参与者 j 不接受该提议，则双方进入下一轮博弈。在下一轮中，即 $n+1\in N$，博弈参与者 j 对他的效用进行折扣，并提出一个分成提议，即提出一对 $\left(x_R^{n+1}, x_L^{n+1}\right)\in X$。如果博弈参与者 i，接受该提议则博弈过程结束，否则双方进入下一轮博弈，即 $n+2\in N$。R-S 博弈模型中，双方采取轮流出价的方式。博弈按此方式进行，一直到有一个提议双方都能满意为止。此外，博弈的轮数是无限的。基于 R-S 博弈的理论研究[37][38]，子博弈完整均衡[14]，定义为 $x^*=\left(x_R^*, x_L^*\right)$ 和 $y^*=\left(y_R^*, y_L^*\right)$，需要满足如下条件

$$u_{\mathrm{R}}(y_{\mathrm{R}}^{*})=\delta_{\mathrm{R}}.u_{\mathrm{R}}(x_{\mathrm{R}}^{*}) \tag{5-14}$$

$$u_{\mathrm{L}}(x_{\mathrm{L}}^{*})=\delta_{\mathrm{L}}.u_{\mathrm{L}}(y_{\mathrm{L}}^{*}) \tag{5-15}$$

这意味着，对于频谱租借方而言，频谱租借方总是提出 x^*，并接受任何满足 $u_{\mathrm{R}}(y_{\mathrm{R}})\geqslant\delta_{\mathrm{R}}.u_{\mathrm{R}}(x_{\mathrm{R}}^{*})$ 的提议，而拒绝任何满足 $u_{\mathrm{R}}(y_{\mathrm{R}})\leqslant\delta_{\mathrm{R}}.u_{\mathrm{R}}(x_{\mathrm{R}}^{*})$ 的提议。而对于频谱出租方，频谱租借方总是提出 y^*，并接受任何满足 $u_{\mathrm{L}}(x_{\mathrm{L}})\geqslant\delta_{\mathrm{L}}.u_{\mathrm{L}}(y_{\mathrm{L}}^{*})$ 的提议，而拒绝任何满足 $u_{\mathrm{L}}(x_{\mathrm{L}})\leqslant\delta_{\mathrm{L}}.u_{\mathrm{L}}(y_{\mathrm{L}}^{*})$ 的提议。由于 $x^*\in X$ 和 $y^*\in X$，因此可以获得如下的方程

$$x_{\mathrm{L}}^{*}=1-x_{\mathrm{R}}^{*} \tag{5-16}$$

$$y_{\mathrm{L}}^{*}=1-y_{\mathrm{R}}^{*} \tag{5-17}$$

结合式（5-11）到式（5-17），可以获得 R-S 博弈模型的纳什均衡解如下

$$x^{*}=\left(\frac{1-\delta_{\mathrm{L}}}{1-\delta_{\mathrm{R}}\delta_{\mathrm{L}}},\frac{\delta_{\mathrm{L}}(1-\delta_{\mathrm{R}})}{1-\delta_{\mathrm{R}}\delta_{\mathrm{L}}}\right) \tag{5-18}$$

$$y^{*}=\left(\frac{\delta_{\mathrm{R}}(1-\delta_{\mathrm{L}})}{1-\delta_{\mathrm{R}}\delta_{\mathrm{L}}},\frac{1-\delta_{\mathrm{R}}}{1-\delta_{\mathrm{R}}\delta_{\mathrm{L}}}\right) \tag{5-19}$$

博弈的最后结果到底是 x^* 还是 y^* 是基于博弈过程中到底是频谱租借方还是频谱出租方采取最后的博弈行为。与实际市场规律相同，R-S 讨价还价的模型中，频谱出租方是最后采取博弈行动方。因此，R-S 博弈最后的纳什均衡是 y^*，其是博弈参与者均能够满意的收益分成结果。

（2）博弈耐心因子

基于以上的分析，耐心因子影响博弈结果，而其耐心取决于频谱对博弈方的价值。因此，为了求解博弈的结果，首先需要估算不同博弈方的频谱经济价值，并基于频谱价值计算其耐心因子。

（3）频谱经济价值估算

每一个频谱交易周期之前，频谱代理将估算频谱经济价值，并决定其耐心因子。假设 RAT 小区的总频谱为 B，则带宽为 S 的频谱的价值估算为

$$V^{S}=\frac{\left(\sum_{k=1}^{K}\hat{L}_{l+1}^{k}\right)\alpha}{B}S \tag{5-20}$$

其中，$\hat{L}_{l+1}^{k}$ 是从 TE 获得的预测业务量，α 为平均单位业务量的收益。

（4）租借方的耐心因子

对于频谱租借方，频谱价值代表其对频谱需求的程度。若其价值较高则租借方可以通过使用租借的频谱来为用户提供更多的服务，并获得更多的收益。这表明该租借方渴望得到频谱，同时，在博弈中，耐心比较低。可以看出，租借方的耐心因子是频谱经济价值的递减函数。此外，在 R-S 博弈模型中，耐心因子取值从 0 到 1[37]。将耐心因子看作频谱价值的函数，租借方耐心因子函数必需满足如下的条件

$$\frac{\mathrm{d}\delta_{\mathrm{R}}(V_{\mathrm{Rent}}^{S})}{\mathrm{d}V_{\mathrm{Rent}}^{S}}<0,\ \delta_{\mathrm{R}}(0)=1,\ \delta_{\mathrm{R}}(\infty)=0 \tag{5-21}$$

其中，V_{Rent}^{S} 是该 S（Hz）频谱对租借方的经济价值估算。

理论上，任何满足以上条件的函数均能当作租借频谱耐心因子函数。本 DSM 算法采用如下函数作为租借方的耐心因子的计算方法

$$\delta_{\mathrm{R}}(x)=1-\frac{e^{\lambda x}-e^{-\lambda x}}{e^{\lambda x}+e^{-\lambda x}} \tag{5-22}$$

其中，x 为租借方的频谱经济价值，λ 是租借因子。

（5）出租方的耐心因子

对于出租方，若频谱经济价值越高，则很显然出租方希望得到越多的利益，因此耐心越高。因此，出租频谱耐心因子是频谱经济价值的递增函数。此外，在 R-S 博弈模型中，耐心因子取值范围从 0 到 1 [14]。若将出租方的耐心因子看作频谱经济价值的函数，该耐心因子函数必需满足如下的条件

$$\frac{\mathrm{d}\delta_{\mathrm{L}}(V_{\mathrm{Lease}}^{S})}{\mathrm{d}V_{\mathrm{Lease}}^{S}}>0,\ \delta_{\mathrm{L}}(0)=0,\ \delta_{\mathrm{L}}(\infty)=1 \tag{5-23}$$

其中，V_{Lease}^{S} 是该 S（Hz）频谱对出租方的经济价值估算。

此外，在租借方包含多个 RAT 小区时，由于不同 RAT 小区有不同的频谱的经济价值，因此出租方的频谱经济价值 V_{Lease}^{S} 是所有 RAT 小区的总和。

任何函数满足以上条件均可以是出租方耐心因子函数。本 DSM 算法中采用如下函数[14]作为租借方耐心因子

$$\delta_{\mathrm{L}}(x)=\frac{e^{\mu x}-e^{-\mu x}}{e^{\mu x}+e^{-\mu x}} \tag{5-24}$$

其中，x 为出租方的频谱经济价值，μ 是出租因子。

（6）动态频谱管理的收益分配

频谱交易中，频谱租借方和频谱出租方针对收益的分配进行博弈。根据 R-S 博弈理论，博弈存在唯一纳什均衡（Nash Equlibrium）[37][38]，该纳什均衡是博弈的收益分配结果，其结果表达式如下

$$\left(x_{\mathrm{R}}^{*},x_{\mathrm{L}}^{*}\right)=\left(\frac{1-\delta_{\mathrm{L}}}{1-\delta_{\mathrm{R}}\delta_{\mathrm{L}}},\frac{\delta_{\mathrm{R}}(1-\delta_{\mathrm{L}})}{1-\delta_{\mathrm{R}}\delta_{\mathrm{L}}}\right) \tag{5-25}$$

此外，由于该博弈是基于完全信息的动态博弈，因此，在实际的 DSM 模型中，为了最小化信令开销以及网络的处理工作量，实际上该博弈过程并不需要 SB 通过发送信令协商，而是直接计算出纳什均衡结果。收益分配在每一个 DSM 周期结束后进行结算。同时，租借方需要将所租借的频谱归还给出租方。

6．仿真与评估

本小节将通过基于 MATLAB®的数值仿真来评估本多运营商场景的 DSM 机制的性能。与此同时，为了验证其算法性能，本节将通过与传统的 FSM 机制的性能进行仿真，并将 DSM 与 FSM 进行分析和比较，进而考察其 DSM 算法的性能增益，主要包括网络收益、干扰性能及频谱利用效率等方面的性能。

（1）仿真模型

为了验证该多运营商场景的动态频谱管理机制的性能，本仿真搭建了一个多运营商异构

系统的仿真平台。仿真平台中，无线环境包括了 4 个重叠覆盖，并且属于不同运营商的异构系统，其中包括两个 GSM 系统（即 GSM_1 和 GSM_2）、一个 UMTS 系统、一个 DVB 系统。两个 GSM 系统均有 14 个小区，并且其采用的频率复用系数均为 7。UMTS 系统同样包含 14 个小区，其采用的频率复用系数为 1，而 DVB 系统则只有一个小区。该异构系统的网络拓扑结构如图 5-13 所示。此外，GSM_1、GSM_2、UMTS 和 DVB 网络运营商被分配总频谱资源分别为 7（MHz）、7（MHz）、15（MHz）和 24（MHz）。

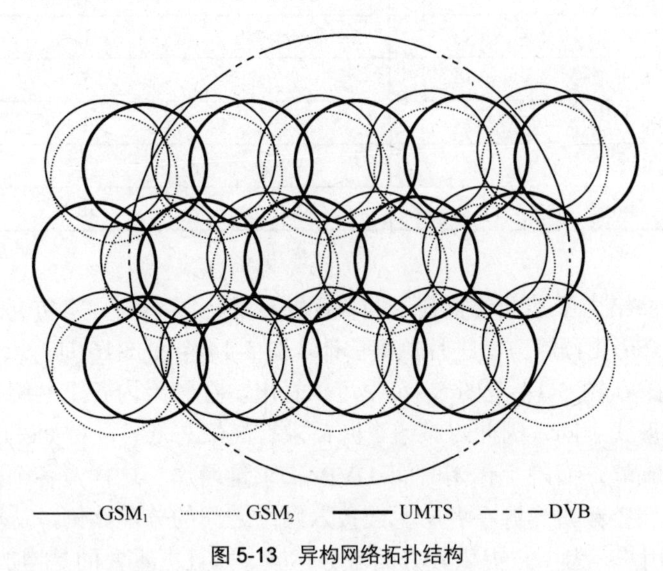

图 5-13　异构网络拓扑结构

为了便于验证本小节提出的 DSM 方案的性能增益，仿真中同时也进行了 FSM 方案的性能仿真。由于网络中的业务量在每一天中具有一定的规律，因此，本仿真的总时间长度仅定为一天（即 24h），其基本能够体现出频谱利用率以及其他相应的性能。而一个频谱管理周期 T 定为 30min，整个仿真要经过一共有 48 个频谱管理周期。

业务量预测采用了基于两个样本值的线性回归预测结合基于历史预测的预测技术[6]。此外，参考文献[39]中的业务分布模型，利用双高斯型来模拟 UMTS 和 GSM 在一天之内的业务分布。同时，借用 Kiefl[40]模型来绘制 DVB 的业务曲线来模拟 DVB 网络在一天中的负载分布。这些模型是基于实际的网络业务测量而进行各网络的业务量建模的。基于这些模型的结果的分析，GSM 和 UMTS 业务量白天较高，晚上较低，而 DVB 则刚好相反，其业务量高峰期在晚上，而业务量低谷期在白天。因此，DVB 和 UMTS/GSM 业务量的特征具有很好的互补特性，能充分利用在时间维度上业务量的差异来提高频谱利用率以及网络收益。

此外，为了验证不同系统的干扰性能，本仿真分别采用了 3GPP 05.05[41]、3GPP 25.104[42]以及 ETSI EN 300[43]为 GSM、UMTS 以及 DVB 的频谱发射模板。其他仿真参数如表 5-1 所示。

表 5-1　　仿真参数配置

参　数	GSM_1	GSM_2	UMTS	DVB
基站数量	14	14	14	1
小区半径 r（m）	577	577	577	1 750

续表

参数	GSM_1	GSM_2	UMTS	DVB
发射功率（dBm）	43	43	43	60
系统总带宽（MHz）	7	7	15	24
信道带宽 B（MHz）	0.2	0.2	5	8
单位业务量收益 α	2	2	3	1
租借因子 λ	1			
出租因子 μ	5			
噪声系数（dB）	4			
天线增益（dB）	4			
动态频谱管理周期 T（min）	30			

（2）结果评估

不同异构无线网络由于其业务特征不同，因此业务流量不同。本仿真采用了两个样本值的线性预测方法结合历史预测方法进行流量估计。图 5-14 至图 5-16 是一天内各异构无线网络的流量分布的结果。从图 5-14 至图 5-16 中可以看出，在一天内各个网络提供的业务种类的差异，业务量变化形式不同，因此对频谱资源需求有高峰与低谷，例如：GSM、UMTS 在上班时间出现业务量高峰，而晚上休闲时间 DVB 需求量增加。这样，各个网络可以通过动态购买或出卖频谱来调整频谱资源在各个无线接入网络之间的分配比例，从而提高频谱资源利用率，服务更多的用户，为用户提供较好的服务体验，并且更重要的是增加网络的运营收益。例如：UMTS 网络运营商可以在上班时间业务量出现高峰时购买此时处于业务量低谷的 DVB 网络的频谱资源，从而可以服务更多的用户获利，而 DVB 网络也通过出卖空闲频谱资源获得一部分收益。此外，图 5-14 至图 5-16 只是各 RAT 小区的一个实例，说明其 RAT 业务流量的分布情况。事实上，不同 RAT 小区的业务量不同，因此，在产生业务量的同时，需要一定的随机化处理，使得高峰期有所不同及具体业务量有所不同。

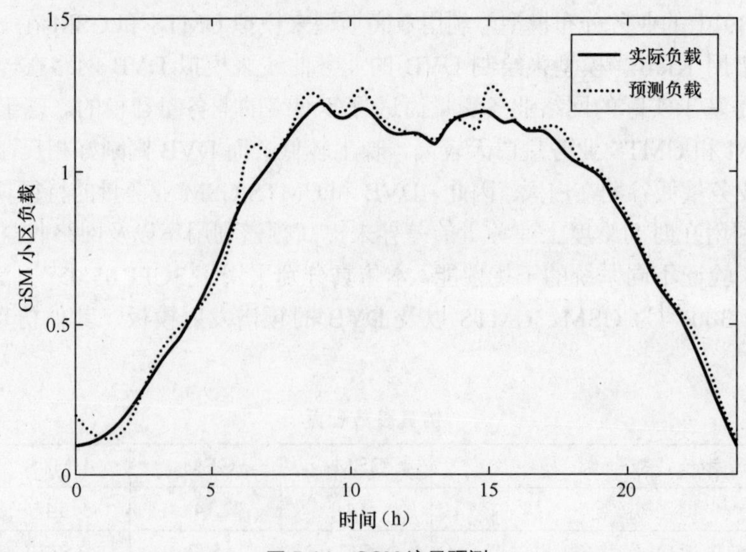

图 5-14　GSM 流量预测

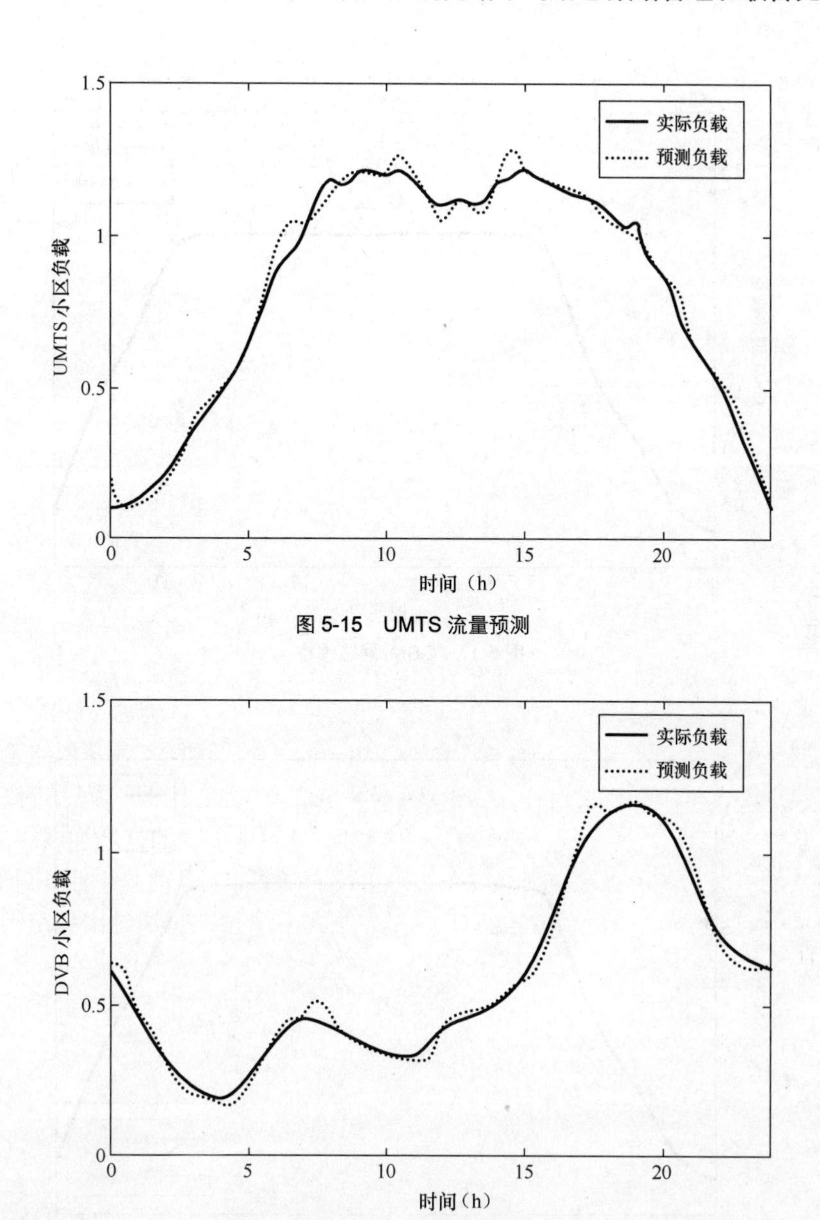

图 5-15　UMTS 流量预测

图 5-16　DVB 流量预测

不同时间和不同地点，异构网络的业务高峰和低谷不同，这给网络间的频谱交易提供了可能。网络间通过实现频谱交易来提高频谱资源利用率，同时提高网络收益和业务性能。图 5-17 和图 5-18 是 GSM_1 和 GSM_2 网络按时间的收益结果。从图中可以看出，在业务量高峰时，即上午 8 点到晚上 8 点的时间，两个 GSM 网络的收益有着明显的提高。在仿真中，GSM_1 和 GSM_2 网络的负载配置比较高，这是符合实际网络中的应用。因此，GSM_1 和 GSM_2 网络收益的增加主要是来自它们向其他网络租借频谱资源来为用户提供服务所获得的收益。进一步分析，与 FSM 机制相比，GSM_1 和 GSM_2 中的网络收益分别平均提高了 11%和 10%，而在业务高峰时，则其网络收益分别提高了 30%和 30%。在夜晚，由于其业务量比较少，GSM 网络不需要进行频谱租借来为用户提供服务，因此网络收益在业务低谷期没有提高。

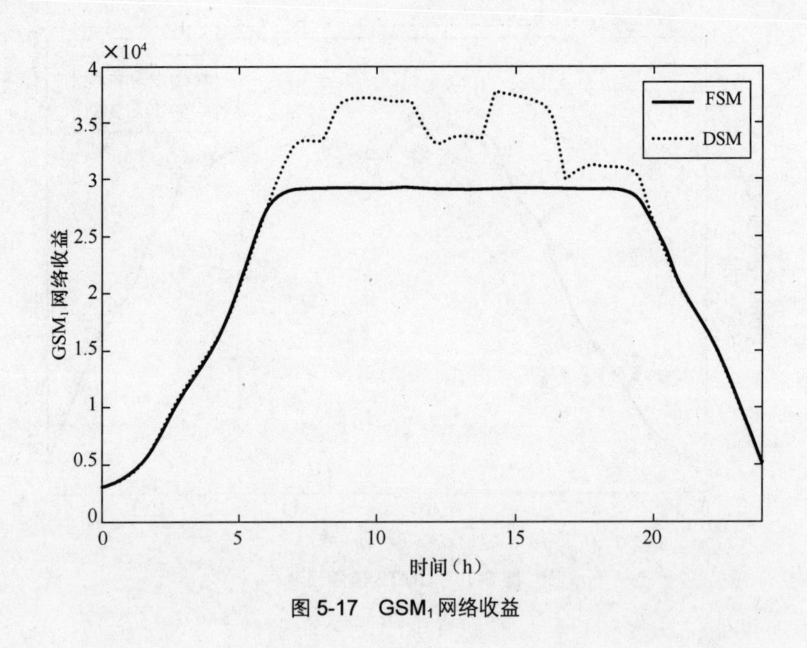

图 5-17　GSM_1 网络收益

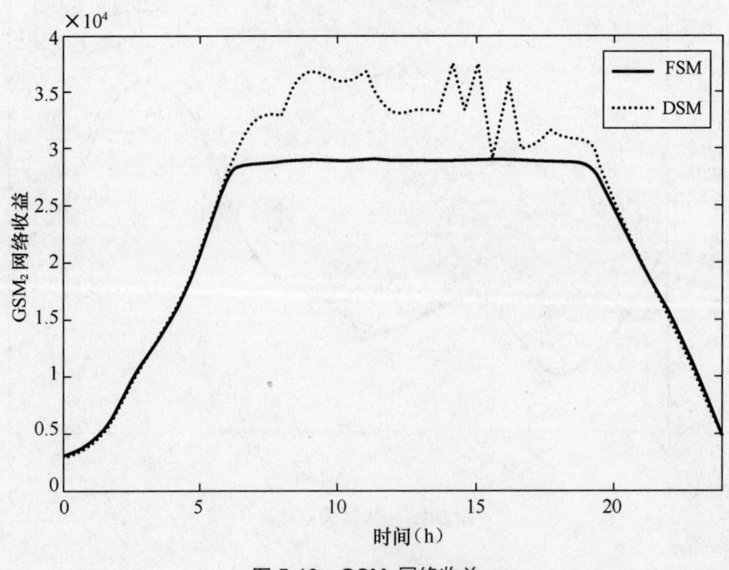

图 5-18　GSM_2 网络收益

对于 UMTS 网络，业务量设计中等程度，UMTS 网络收益的增加一方面来自向其他网络出租频谱来获得收益，一方面来自从其他网络租借频谱来为用户提供服务而获得的收益。图 5-19 所示是 UMTS 网络按时间的网络收益情况。从图中可以看出，采用动态频谱分配大大提高了 UMTS 网络的网络收益，尤其是在业务高峰期。进一步分析，与 FSM 机制相比，UMTS 中网络收益平均提高了 8%，而在业务高峰时，则其网络收益提高了 25%。与 GSM 网络相同，在夜晚，由于其业务量比较少，GSM 网络不需要进行频谱租借来为用户提供服务，因此网络收益在业务低谷期没有提高。

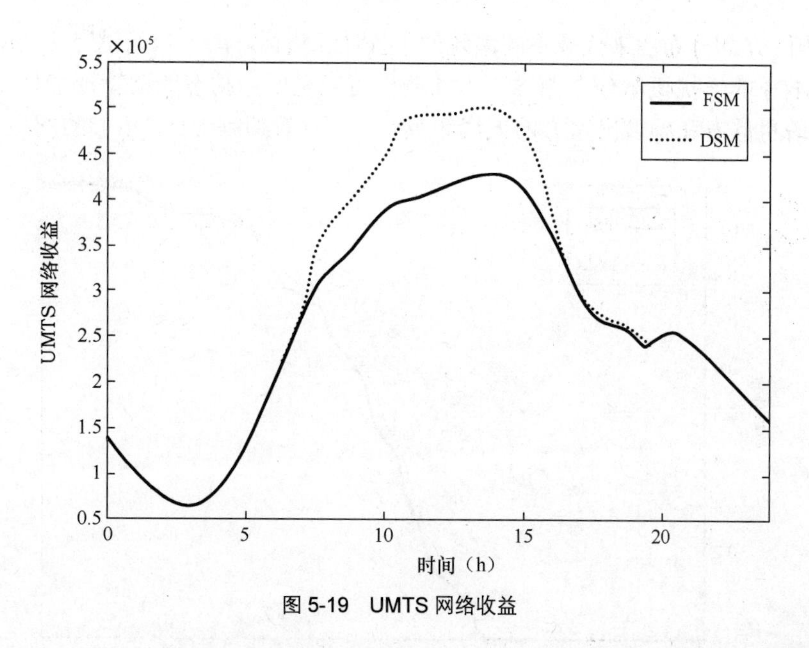

图 5-19　UMTS 网络收益

对于 DVB 网络，与实际的业务使用情况相同，业务量配置的比较低，频谱资源需求比较宽松。DVB 网络不需要向其他网络租借频谱资源，其频谱资源多数处于空闲状态，因此 DVB 网络可以向其他网络出租频谱，进而间接获得收益的提升。图 5-20 所示是 DVB 网络按时间的网络收益情况。可以看出，动态频谱管理大幅度地提高了 DVB 网络的收益。与 FSM 相比，DVB 中网络收益平均提高了 5%，而在业务高峰时，则其网络收益提高了 42%。在夜晚，其业务量较高，而且其他网络业务量比较低，因此 DVB 的频谱资源都是用来为其用户提供服务。此时，没有发生动态频谱交易，因此网络收益在夜晚没有提高。

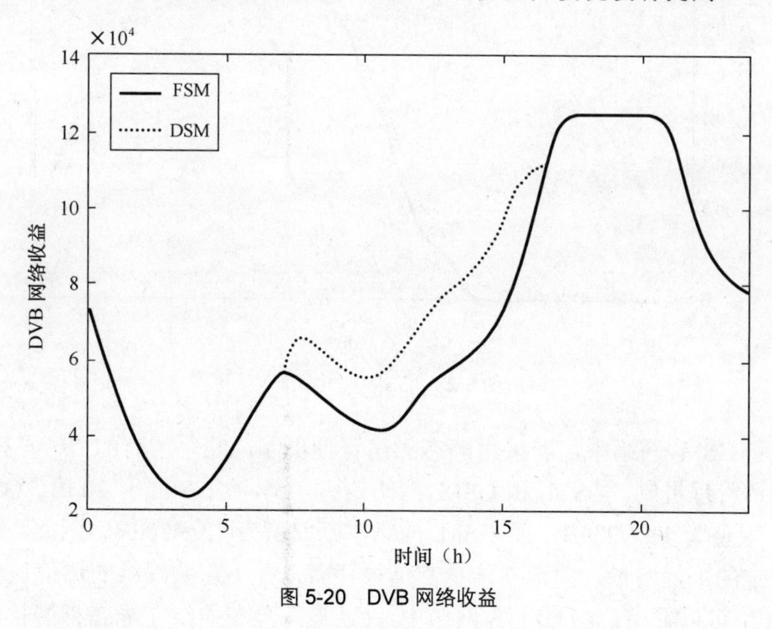

图 5-20　DVB 网络收益

其次，作为动态频谱管理机制的一个重要性能指标，本仿真进一步验证各系统的干扰性能。方案中仿真了不同系统在其所有信道以及所有位置的载干比（C/I）。为了验证系统性能，

仿真结果采用 C/I 的分布图来代表不同系统的干扰性能指标。图 5-21 至图 5-23 示出了 GSM_1、GSM_2 和 UMTS 的干扰概率分布曲线。大体分析可以看出，动态频谱管理带来轻微的干扰，但是通过频谱租借方和频谱出租方的天线距离，可以有效抑制干扰，不影响网络的服务质量。

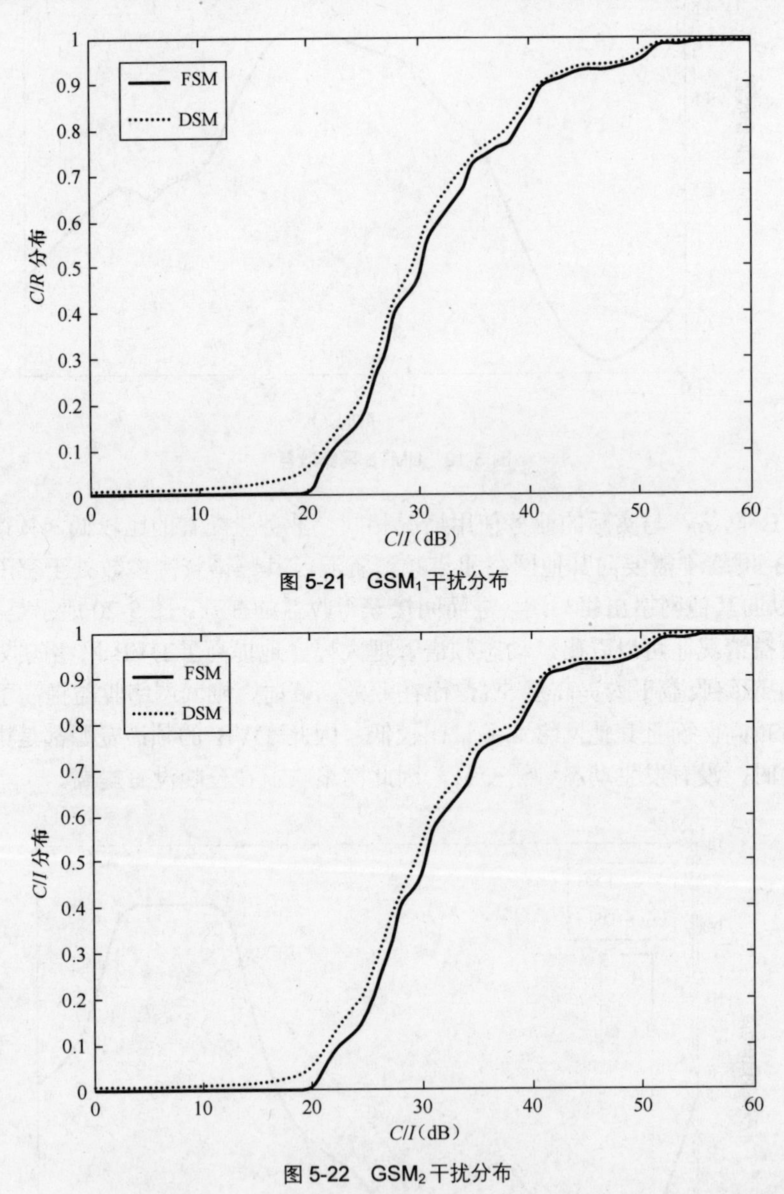

图 5-21 GSM_1 干扰分布

图 5-22 GSM_2 干扰分布

在 GSM_1 和 GSM_2 网络中，若采用静态频谱管理机制，几乎所有的 C/I 值都大于 20dB，若采用动态频谱管理机制，GSM_1 和 GSM_2 网络均有 1.5%的 C/I 低于 20dB。GSM_1 网络中，这 1.5%的 C/I 取值为 11～20dB，而 GSM_2 网络中则取值为 12～20dB。因此，动态频谱管理对系统带来一定的干扰增量，但这些增量都是很轻微，并不影响网络的通信质量。

从图 5-23 中可以看出，在 UMTS 网络中，C/I 概率分布曲线在静态频谱管理以及动态频谱管理中几乎相同。动态频谱管理有一些非常微小的干扰增量，但是其增量并不影响网络的服务质量。此外，由于 DVB 只有一个小区，一旦其将频谱出租给任意频谱租借方，整个小区需要释放该频谱，因此动态频谱管理不带来 DVB 网络干扰的增加。

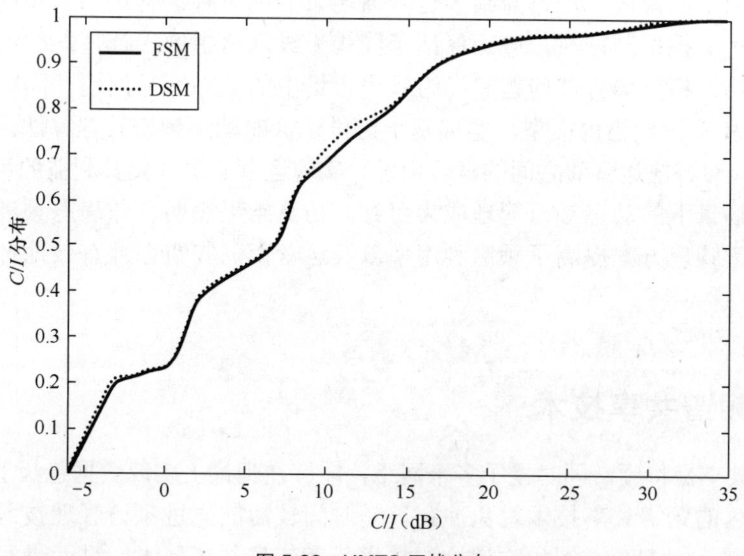

图 5-23　UMTS 干扰分布

最后探讨各网络的频谱利用率。频谱利用率是各网络所使用的频谱以及总的频谱量的比例。值得注意的是，所使用的频谱包括两个部分，其一是为其用户提供服务的频谱，其二是通过将频谱出租给其他网络以获得收益的频谱，仿真结果如图 5-24 所示。很明显，动态频谱管理大幅度提高了频谱利用率，尤其是 DVB 网络。在仿真中，与实际无线业务使用相同，将 GSM_1 和 GSM_2 业务量设定较高，而 DVB 网络业务量较低，因此 GSM 网络频谱利用率增益较低，而 DVB 频谱利用率获得了很大的提高。

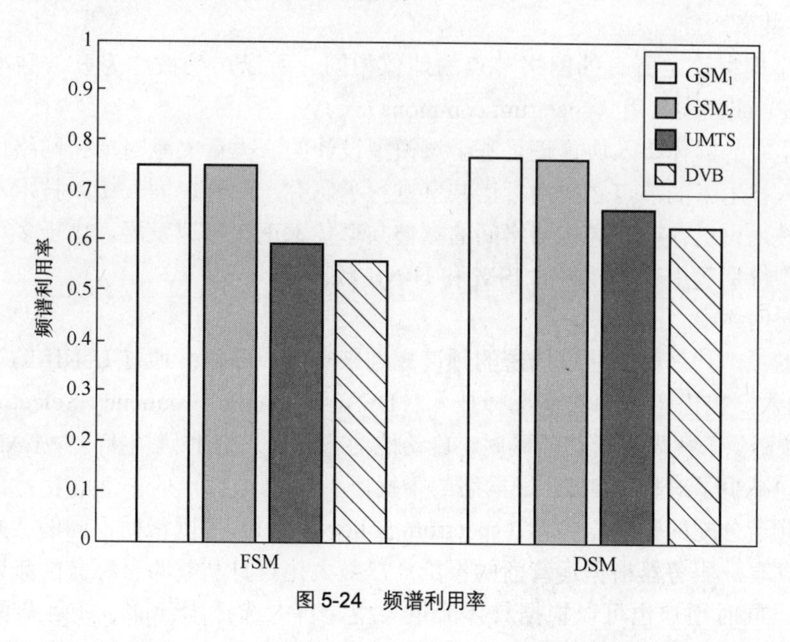

图 5-24　频谱利用率

7．结论

本节基于多运营商异构无线场景，给出了一种分布式的动态频谱管理算法与机制，实现了运营商之间频谱资源的动态优化利用。首先，设计了支持分布式动态频谱管理的体系架构，并设计了相应的功能模块，最后介绍多运营商场景的动态频谱管理的工作框架。其次，方案中设计了一种干扰抑制方法，进而保证了异构无线网络中的干扰性能。机制主要借助于频谱市场的思路，将频谱管理问题建模为频谱市场中的动态交易问题。同时，机制还运用了博弈论中的 R-S 讨价还价模型，实现基于讨价还价的动态频谱管理算法。博弈论在机制中的应用使其能够解决运营商之间的竞争问题，实现运营商最大化其利益的策略目标，从而使得多运营商场景下的动态频谱管理成为可行。仿真结果表明，与静态频谱管理方案相比较，该动态频谱管理方案提高了频谱利用率以及运营商的收益，并有效地抑制了系统间的干扰。

5.5 动态频谱共享技术

动态频谱共享是将频谱同时授予多个网络，能够在理论上实现数据包级上的频谱共享，同时通过网络内的频谱共享技术避免冲突，是时间较短的先进频谱管理技术。认知用户可以通过不同频谱感知方法，例如频谱检测技术或者信息共享技术，进而进行频谱资源的动态接入。

5.5.1 动态频谱共享技术的分类

从用户的角度进行分类，则动态频谱共享分为两类，水平共享和垂直共享。其中水平共享是指非授权用户之间的频谱共享方法，垂直共享是指非授权用户使用授权用户的频谱的共享方法。

1．水平共享

水平共享模型设定所有的网络节点的地位相同。所以，又被称为开放共享模型（open sharing model）或频谱共用（spectrum commons）。

无线网络中的媒体接入协议正是基于该模型设计的。大量文献对单一网络内集中式管理或分布式接入技术下的节点之间的频谱共享进行了研究。此外，同一接入技术不同网络之间的频谱规划技术也已存在，异构网络间的频谱共享技术正在迅速发展。由于多种接入技术的存在，该模型特别适用于非授权的 ISM 和 U-NII 频段。

（1）同构网络中

网络间的频谱共享可以通过周密的频谱规划来实现。例如：通过 U-NII 的 5GHz 频段上 802.11a 的引入，提出了动态频率选择技术（DFS，Dynamic Frequency Selection）。802.11a 的 AP 能够在避免干扰现有通信的同时，自动地动态选择最好的信道接入 WLAN 网络，功率控制的引入也减少了对相邻 802.11a 网络的干扰。

集中式频谱分配的策略服务器（spectrum policy server）可以帮助不同的认知无线网络实现动态频谱共享。服务器根据运营商的报价，以最大化自身利益为目标分配频谱。运营商制定用户费用，同时用户也可以根据具体流量类型，自主选择运营商。在运营商拥有相同的频谱接入权限的情况下，采用该机制能够实现更大的吞吐量、更低的用户费用和更多的运营商收益。

（2）异构网络中

非授权 ISM 和 U-NII 频段的成功使用使异构网络之间的同等地位的频谱共享成为可能。为了实现 802.11b 和 802.15.1（蓝牙）网络的共存，IEEE 成立了 802.15.2 工作组。802.15.1 的物理层是基于 FHSS（Frequency Hopping Spread Spectrum）的，也就是每一个物理层符号通过跳频序列生成的。为了避免对 802.11b 网络的不利干扰，蓝牙引入了可适性跳频技术。有两种方法可以实现 802.11 和 802.15.1 的共存。一种是通过它们之间的合作来实现，另一种则是通过 CSCC（Common Spectrum Coordination Channel）一致协议来实现。它要求两种技术的用户都要有认知能力，也就是每个节点都要配备有一个认知无线电和一个低比特传输速率的控制无线电设备。通过接收控制信道的广播消息，用户从备选信道中自行选择信道接入，在允许的发射功率范围内选择合适功率发送信号。

在上述共存的例子中，网络都是将发射策略作为环境的函数加以调整的。因为两个共存的网络都会从相互之间的干扰避免中受益，并且这两个网络都只具备有限的认知和调整能力。在这种情况下，频谱共享在本质上被归为对称结构。另一种情况是，在两个网络中只有一个网络能够动态地调整其频谱接入，另一个网络不想做出调整或没有调整能力。大功率的 802.11 网络和小功率的 802.15.4 网络的共存属于前者。而授权技术（legacy technology）与自适性认知无线电新技术共存属于后者。

2．垂直共享

频谱共享的最初定义是在主用户和次级用户共存的环境下，在授权频谱中，只有授权主用户可以使用，次级用户只能在不影响主用户性能的前提下机会式地使用该频谱。目前有两种方法可以减少次级用户对主用户的干扰：即 Overlay 和 Underlay 两种方式，如图 5-25 所示。

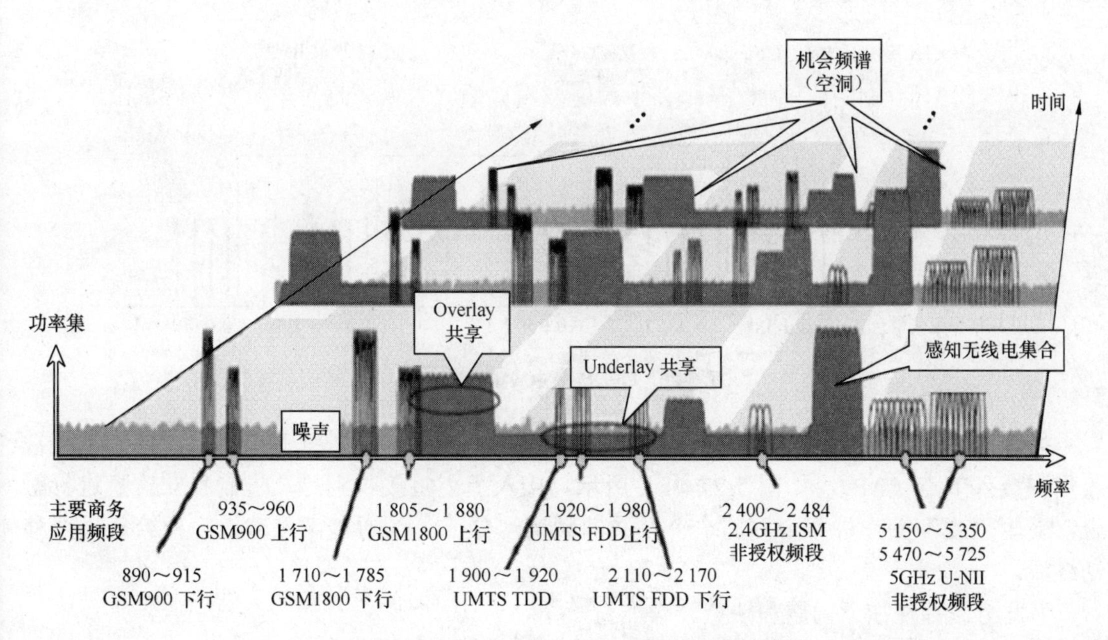

图 5-25　Overlay 方式和 Underlay 方式动态频谱分配

Overlay 频谱共享：该方式是由 Mitola 通过频谱池概念最先提出来的。次级用户和主用户使用的频谱不重叠，次级用户通过搜索到的没有被主用户占用的频谱空洞进行通信，保证对主用户的干扰达到最小。频谱空洞可以用空间、时间和频率定义。在频谱空洞中，次级用户的传输没有限制。频谱参数的调整只受到空洞定义中时间、空间或者频谱粒度的限制。该方法很适合现有的频谱分配机制。授权系统（legacy systems）能够不受次级用户的影响，保持正常的通信。正是这个优势使得它被 DARPA XG 计划采纳，并将它命名为 OSA（Opportunistic Spectrum Access）。第一个基于认知无线电技术的全球性标准也采纳了这个认知无线电定义。

Underlay 频谱共享：该方式中次级用户与主用户共用同一段频谱，但必须严格控制次级用户的发射功率，将以被主用户识别为噪声的低功率在一段特定的频谱上进行传输，保证主用户受到的干扰低于一定水平值。但这需要复杂的频谱展宽技术（例如 UWB），同 Overlay 频谱共享相比，次级用户采用这一方法可以利用更宽的频带。

5.5.2 基于动态频谱共享的体系架构

1. 基于频谱池的动态频谱共享方法

在文献[44][45]中，提出了一种基于 OFDM 技术的集中式的频谱池架构。该架构仅初步提出采用频谱池方法进行频谱检测，在架构设计其他方面并没有深入探讨。这一架构包含非授权系统基站和移动非授权用户，非授权用户探测帧探测授权用户，将探测信息收集发送到基站，并通过基站周期性地进行广播。移动终端用授权用户出现的子载波以最大功率调制一个复合信号，通过这一操作，基站在授权用户出现的子载波接收到一个放大信号。

如图 5-26 所示，不同的频谱拥有者将其空闲可用频谱收集到一个公共的频谱池中，用来将频谱进行出租。实现频谱池的一个重要工作就是周期性地探测授权系统的空闲子带，并通过二进制分配矢量传递频谱分配信息。

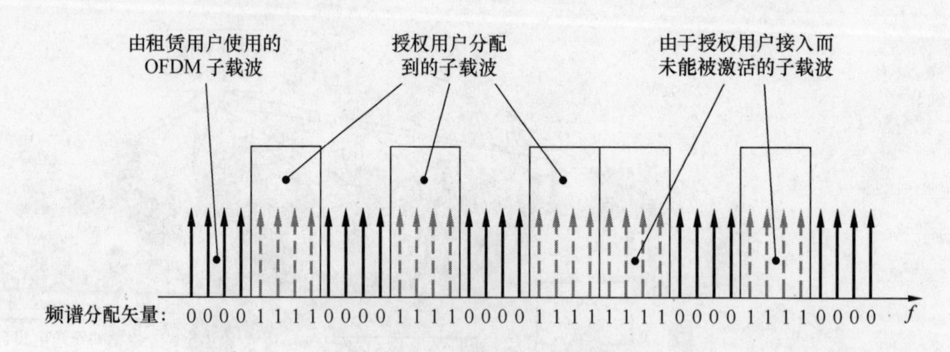

图 5-26 OFDM 集中式频谱池架构

如图 5-27 所示，WLAN 系统作为非授权系统，移动终端完成探测循环后，探测结果被收集到接入节点（AP），如图 5-27（b）所示。接入节点将接收到的二进制独立信息进行融合，采用“或”操作进行合并。一个公共的频谱池分配矢量通过接入节点广播给每一个移动终端。

但此方法存在如下问题和缺点。

随机地选择非授权用户进行频谱探测，不能保证探测移动终端的最优空间分布；这些探测结果以数据帧方式传输会产生时延，影响探测结果的正确接收；如果探测结果通过 MAC 层发送数据包的方式从每一个移动终端收集到接入节点，而且移动终端的数量很大的话，将会产生非常大的信令开销；由于许多移动终端会探测相同的授权用户接入群，因此测量数据是否存在冗余也是一个重要问题。

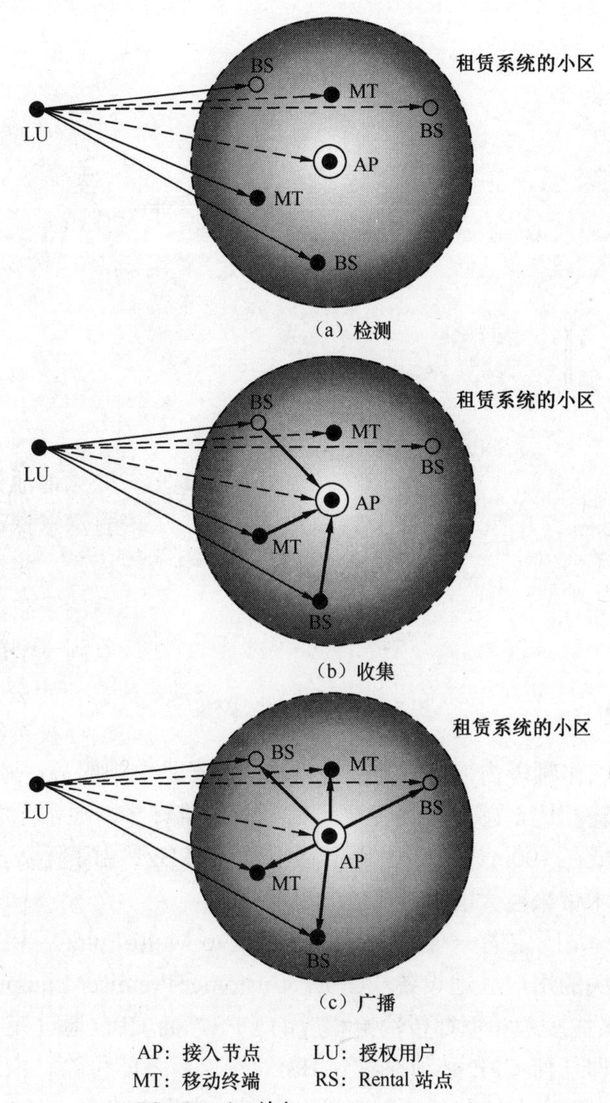

图 5-27　WLAN 系统的频谱租赁

为解决上述问题，文献[44]采用 Boosting 协议，使用在物理层承载信令的方法，为有效数据包的传输节省大量时间，并提供更加可靠的探测结果。

2．IEEE 802. 22 系统的频谱共享机制

IEEE 802. 22 无线区域网络（WRAN，Wireless Regional Area Network）[46][47]工作于 54～862MHz VHF/UHF（扩展频率范围 47～910MHz）频段中的 TV 频段，平均频谱效率（3bit/s）/Hz。它可自动检测空闲的频段资源并加以使用，因此可与电视、无线麦克风等已有

设备共存。利用 WRAN 设备的这种特性可向低人口密度地区提供类似于城区所享有的宽带服务。WRAN 典型环境如图 5-28 所示。目前 IEEE 802.22 草案中包括与授权用户共存和其他 802. 22 系统的共存。其中与授权用户的共存又包括授权用户的感知、授权用户通告、授权检测恢复等一系列机制。

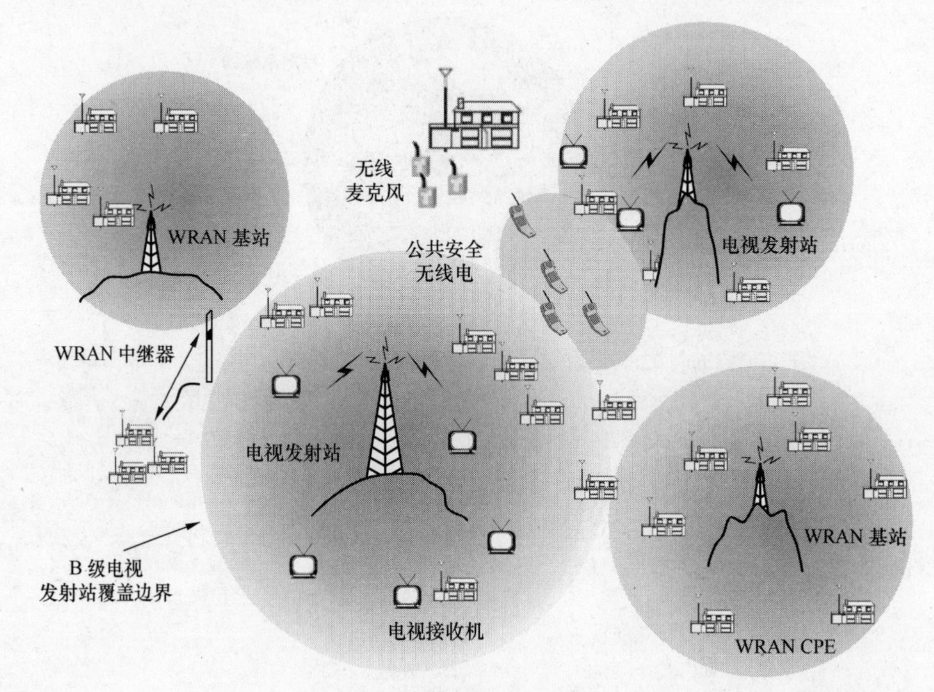

图 5-28　WRAN 典型环境

在 IEEE 802. 22 工作频段内，有两类授权用户：一类是电视服务；另一类是无线麦克风。与感知电视信号的传输相比，感知无线麦克风信号要困难许多。通常无线麦克风传输功率在 50mW 左右，覆盖区域在 100m 左右，占用带宽小于 200kHz。由于无线麦克风可能突然地出现和消失，给感知技术带来巨大的挑战。

IEEE 802. 22 系统是固定的一对多（PMP，Point to Multi-Point）无线空中接口，即基站管理着整个小区和相关的用户驻地设备（CPE，Customer Premiser Equipment），如图 5-29 所示，BS 控制小区内媒体接入和下行传输给相应的 CPE。而 CPE 通过接入请求，在 BS 允许的上行链路上传输，即任何 CPE 必须在收到 BS 的授权后才能传输。由于 BS 必须兼顾对授权用户的保护，因此如何合理地分配感知任务、合理地实现动态频率选择，都是 802. 22 系统的关键问题。

IEEE 802. 22 系统和其他 IEEE 802 系统相比，它是针对无线区域网的。BS 的覆盖范围半径最大可达 100km，在目前 4W 的有效全向辐射功率[47]条件下，覆盖面积的半径也达到 33km，如图 5-30 所示。

针对 802. 22 系统的具体应用环境，系统提出了两个关键参数，规定了信道检测时间（CDT，Chanel Detection Time）和授权用户感知门限（IDT，Incumbent Detection Threshold）。对应 VHF/UHF 频段内的两类授权用户，信道检测时间定义为≤2s。对于 200kHz 无线麦克风，授权用户感知门限为−107dBm；而对应 6MHz 的电视服务，授权用户感知门限为−116dBm。

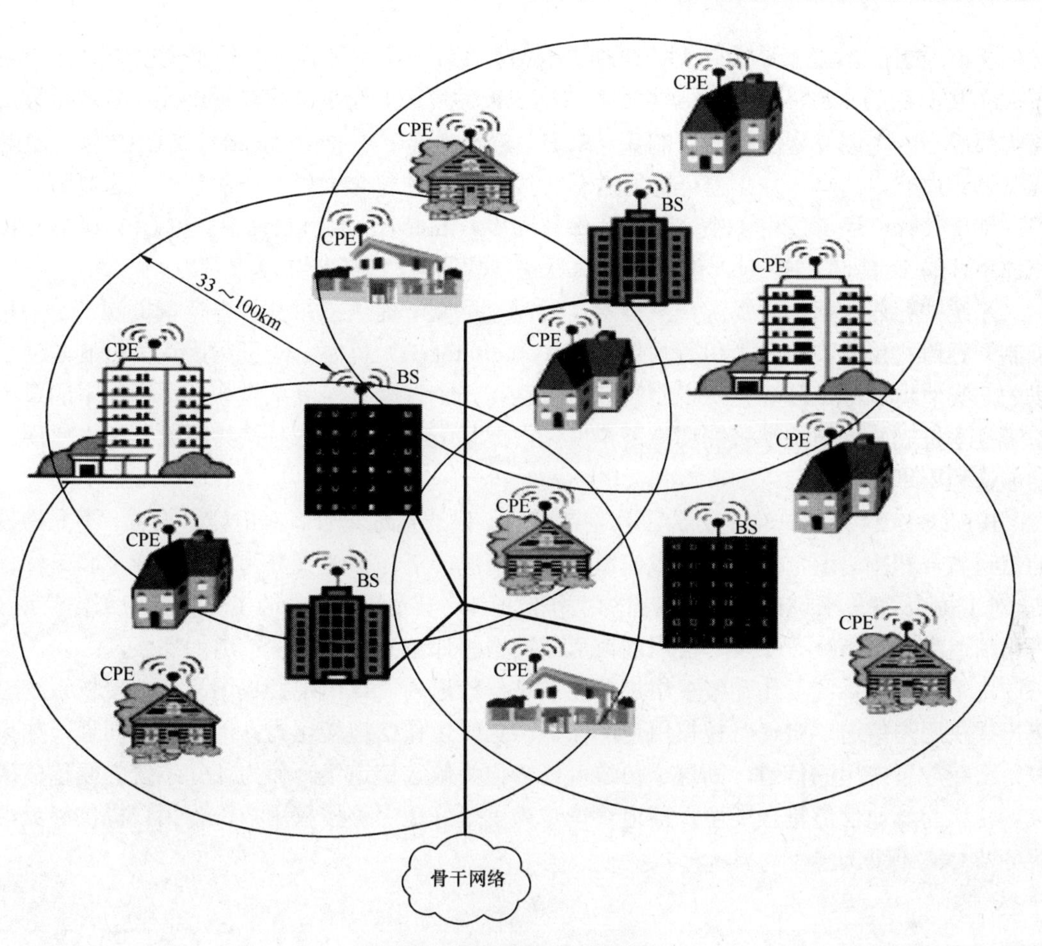

图 5-29　IEEE 802. 22 系统模型

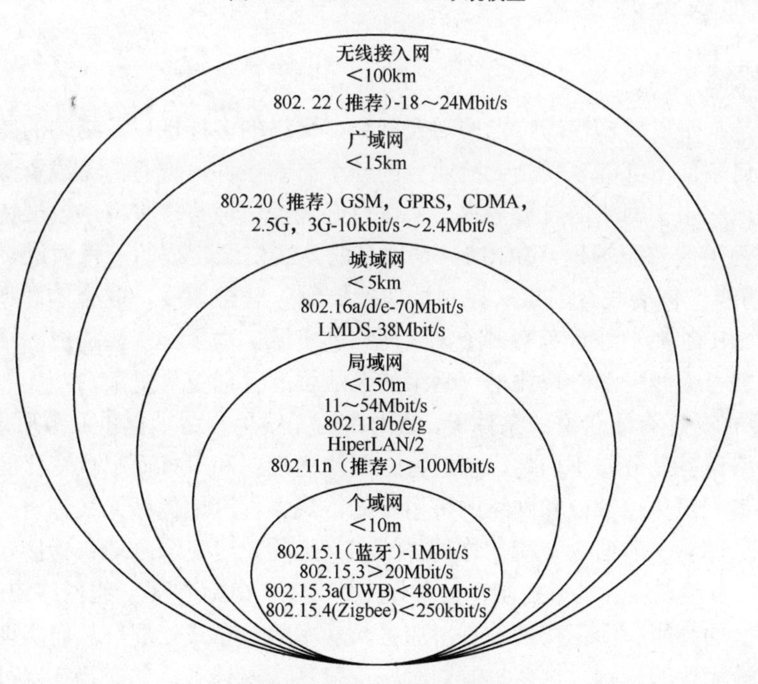

图 5-30　802. 22 系统参数设置

目前 IEEE 802.22 草案中支持两种 WRAN 系统间通信方式，一种是 CBP（Coexistence Beacon Protocol），另一种是 inter-BS 通信。CBP 方式又分为主动式和被动式，后者是被动地监听邻居小区基站发送的超帧控制头（SCH，Superframe Control Head）或 CBP 包。CBP 信标可以通过空口消息传输，也可以通过有线传输。CBP 包含大量有用的信息，这些信息不仅可以用于共存，还可以用于小区建立和保持同步。inter-BS 通信允许 BS 和 CPE 感知和接收相邻小区的 SCH 和 CBP 包。但这种方式只是被动监听，得到的信息有限。

系统共存还包括频谱资源共享技术。目前在草案中提供了按需频谱竞争机制、动态租赁机制、频谱礼仪机制和基于租赁的信用币（credit token）机制，除了频谱竞争机制是基于竞争的，其他机制都是基于租赁机制的。这里存在一个调度算法复杂度和频谱利用率的折中。基于竞争机制的频谱共享机制调度复杂度低，但基于租赁机制的频谱共享机制可以实现较高的频谱利用率。

IEEE 802.22 系统把信道分为工作信道集合、候选信道集合、占用信道集合、不允许使用的信道集合和空信道集合。对于多信道支持的情况，工作信道又分为工作信道 1 和工作信道 2。对于每个 CPE 来说自身工作信道为工作信道 1，其他当前 BS 的工作信道为工作信道 2。占用信道集合是指被授权用户占用的信道。根据感知结果，实现各信道的切换。

由于非授权系统工作在授权用户频段，工作信道内一旦出现授权用户，非授权系统迅速退出授权用户信道，实现对授权用户的保护。这时工作信道转化为占用信道。同理，如果授权用户释放了占用的信道，则这个信道可以转化为候选信道集合作为认知系统的候选信道，或者转化为其他信道集合类型。信道管理是为了更好地保护授权用户，为用户提供更灵活的服务及 QoS 保证。

5.6 联合无线资源管理

5.6.1 概述

未来网络是一个以异构性为特点的混合网络，网络的多样性以及终端的差异性是使移动用户无论在任何条件下都能享受到无缝业务的一个必要条件。现有的无线资源管理（RRM）机制已经不能适应未来网络的发展需求，所以有必要探讨适合未来网络发展特点的无线资源管理机制。联合无线资源管理（JRRM）是现有的无线资源管理的一种演进，其内容涵盖了 RRM 的各项功能，包括联合的接入控制、切换控制、联合调度、联合的速率和功率分配，JRRM 区别于 RRM 在于综合考察多个无线网络的资源。由于其资源构成的维度和耦合关系发生了变化，联合无线资源管理比单一网络的无线资源管理更为复杂。

RRM 的目标是在有限带宽的条件下，为网络内无线用户终端提供业务质量保障，其基本出发点是在网络话务量分布不均匀、信道特性因信道衰弱和干扰而起伏变化的情况下，灵活分配和动态调整无线传输部分和网络的可用资源，最大程度地提高无线频谱利用率，防止网络拥塞和保持尽可能小的信令负荷。这种传统意义上的无线资源管理包括接入允许控制、切换、负载均衡、分组调度、功率控制、信道分配等。而 JRRM 则是一组网络控制机制的集合，它能够支持智能的呼叫和会话接纳控制，业务、功率的分布式处理，从而实现无线资源的优化和系统容量最大化的目标。这些机制同时应用多种接入技术，并需要终端可重配置或者支持多模。就功能而言，JRRM 涵盖了 RRM 的各项功能，并为异构无线接入体系中的不同接入网动态地分配业务流。因此，JRRM 是针对异构无线通信系统的一种宏观的资源管理，它使用户业务在各个无线接入网络中达到合理分布，JRRM 被看作是未来无线资源管理的一个方向。

欧盟端到端重配置项目（E2R[1]）的重要研究领域之一是 JRRM。在 E2R 项目中，无线资源管理由本地无线资源管理（LRRM，Local Radio Resource Management）和联合无线资源管理两部分组成，主要负责在网络规划和频谱资源相对固定的情况下，完成可重配置系统中无线资源的动态分配与释放。其中，LRRM 管理同一 RAT 内部资源分配，属于传统 RRM 的范畴；而 JRRM 管理多个异构 RAT 之间的无线资源分配，是可重配置系统特有的功能，也是 ARRM 的主要研究内容。具体来说，JRRM 要能够根据用户请求的业务类型特征、终端/网络的能力等因素控制用户接入；为用户在异构 RAT 覆盖的环境下提供无缝的连接性；提供管理系统间切换的监测与判决过程，以达到更为平衡的传输和负载分配；与各 RAT 的 LRRM 模块协作，实现业务流更细粒度的分割和更灵活的调度。通过对业务的合理分配和对异构无线资源的合理利用，JRRM 的最终目标是在满足所有用户 QoS 要求的同时最优化网络性能，以实现用户满意度、资源利用率和系统容量等方面的提升，JRRM 通用算法模型如图 5-31 所示。

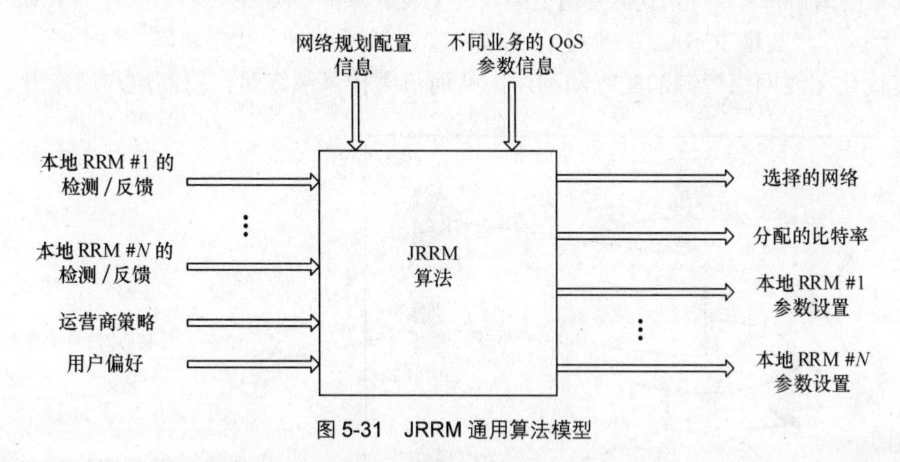

图 5-31　JRRM 通用算法模型

5.6.2　联合无线资源管理的功能模块

JRRM 作为一套旨在最优化无线资源的利用率和最大化系统容量的网络控制机制，应该能够支持不同 RAT 之间的智能的联合会话/呼叫接入控制，以及业务流、功率等资源的分配功能。异构网络环境下 JRRM 的功能描述，也是可重配置系统中 JRRM 的核心内容，包括联合会话接纳控制（JOSAC，JOint Session Admission Control）、联合会话调度（JOSCH，JOint Session SCHeduling）、切换（HO，HandOver）和联合负载控制（JOLDC，JOint LoaD Control）4 个功能模块。

5.7　联合无线资源管理的分类

5.7.1　联合会话接纳控制

JOSAC 负责处理新到来的呼叫/会话请求，根据请求的业务类型、网络性能状态以及用户和运营商的策略偏好等，决定是否接受以及接入哪个 RAT。通常情况下，JOSAC 的过程中还包括比特速率分配的功能，即为接纳的会话分配适当的业务带宽以满足其 QoS 要求，而为拒绝的会话分配 0 带宽。

本节主要介绍异构网络中的联合会话接纳控制方法，基于不同的异构无线网络融合需求，JOSAC 可以分别采用集中式和分布式的 JRRM 方式。

1．集中式 JOSAC

未来通信系统中异构网络和设备的泛在化使得系统管理复杂度大大提高，因此对无线网络的资源管理和优化提出了更高的需求。从单运营商网络管理的角度来讲，集中式控制是合理和可行的，而且往往由于获取信息的完备性，能够获得更高的资源优化性能。

采用集中式的控制方法，所形成的问题模型如图 5-32 所示。考虑单运营商场景下由若干种 RAT 组成的异构网络，各 RAT 的覆盖范围不同且相互重叠。在重叠覆盖的服务区内，具有多模能力的终端可以灵活地接入任意 RAT 并获取服务。由于无线网络技术的差异以及业务本身的特性和需求，不同的会话分别适合由不同的 RAT 承载。在各 RAT 内部，传统的 RRM 功能由相应的 BSC、RNC、APC 等 LRRM（本地无线资源管理）实体负责，而为了实现 RAT 之间的资源协调和联合管理，则需要由更高级的无线资源管理实体来支持。如在 CRMS（CRRM Server）上运行，实现 JOSAC 功能是在终端发起会话请求时，决定将其接纳到哪一个 RAT，其目标是优化无线网络资源的配置和利用，从而最大化系统容量，提高用户满意度。

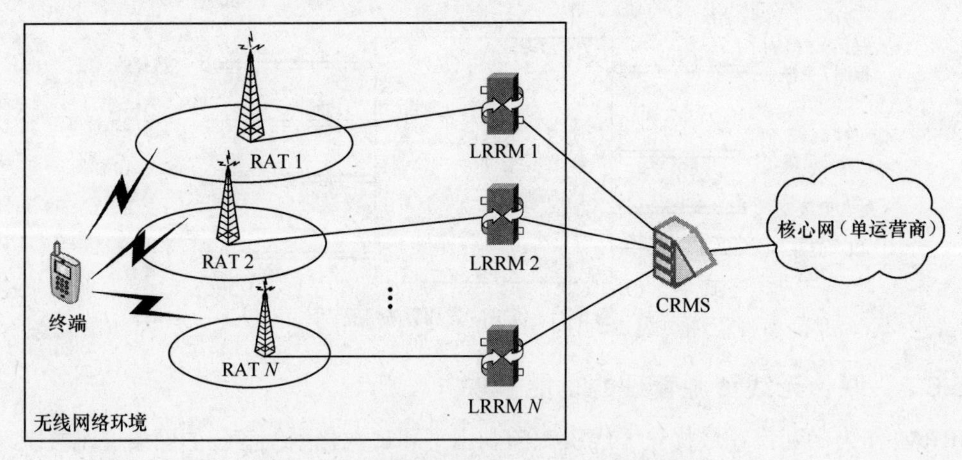

图 5-32　异构网络中的集中式 JOSAC 问题模型

2．分布式 JOSAC

与集中式无线资源管理相比，分布式的无线资源管理虽然在最优化特定目标的资源管理的准确度上相对较低，但是分布式的方式具有较高的灵活性，适用于各种异构无线网络融合情况，易于扩展，同时对于单个分布式节点而言，其计算复杂度要低。在分布式无线资源管理方案中，分布式无线资源管理实体分布于异构无线通信系统中的各个无线接入网络中，相互之间具有通信连接，每个实体只针对本无线接入网络中用户进行无线资源管理。每个分布式管理实体通过通信接口连接，从邻网收集异构网络覆盖区域内所有用户以及相关信息，为了最优化预定目标而计算所有用户的资源分配结果，并再次通过通信连接与邻网交互、协商，当所有分布式管理实体达成一致之后，分别由各个分布式管理实体完成本网的资源分配。

另一方面，集中式 JOSAC 算法的主要目的是优化系统吞吐量、阻塞率等方面的性能。除了技术因素，异构网络中多运营商间的 JRRM 问题还应考虑经济方面的因素。运营商间的关系既可能是合作的，也可能是竞争的。已有的算法在解决多运营商场景中的无线资源管理问题时并没有充分考虑运营商间的经济关系。一种可行的办法是引入经济学、生物学领域中的相关模型，针对多运营商无线资源分配时的竞争与合作行为进行建模。

异构网络多运营商场景中的分布式 JOSAC 问题，其基本模型如图 5-33 所示。设某一服务区内共有 K 种相互重叠覆盖的 RAT，每一个运营商的异构网络提供其中一种 RAT 支持，并由一个独立的 CRMS 进行自主管理。各 RAT 的覆盖范围、业务能力、小区容量有所差别，但均支持相同种类的不同业务类型的会话接入，并提供相同的业务带宽（即数据速率）等级。

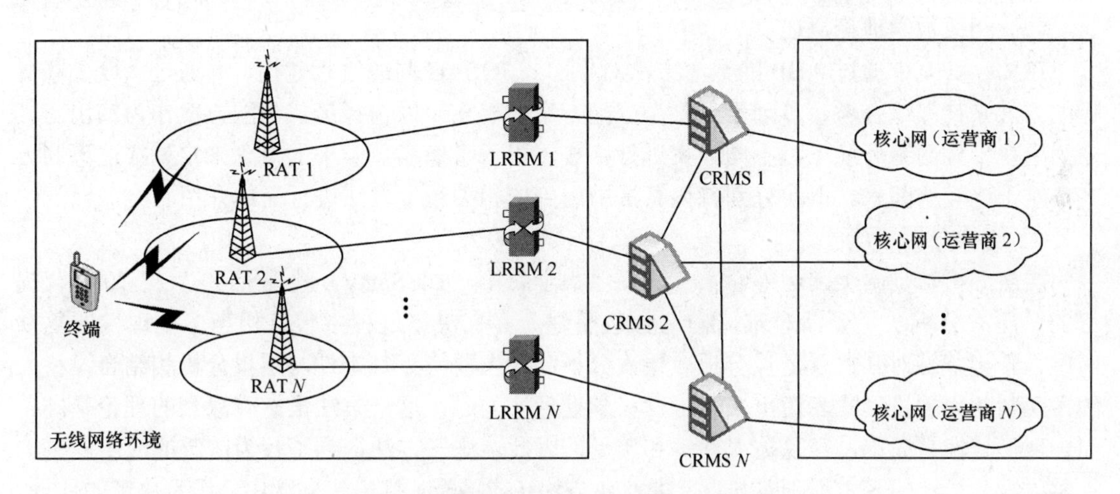

图 5-33　异构网络中的分布式 JOSAC 问题模型

3. 一种应用在集中式场景下的 JOSAC 算法

本节将介绍一种集中式的 JOSAC 算法，具体的算法基于层次分析，下面的内容分别从研究背景、数学理论概述、算法具体实现、性能评估等方面介绍该算法，从而使读者对 JOSAC 有一个具体的了解。

（1）研究背景

集中式 CRMS 为了时刻保证异构系统中的资源利用率最优，需要对用户的接入网络分配进行实时动态调整。当有新的呼叫建立请求产生，或正在通信的用户的异构无线信道状态发生变化时，CRMS 触发 JOSAC 算法。JOSAC 算法以最大化异构系统资源利用率为目标，对同时可获多种网络连接的所有用户进行接入网络的重新分配。多种因素影响异构系统的资源利用率，JOSAC 算法需要考虑这些因素的以下特点。

① 影响因素的种类繁多，包括信号强度、覆盖范围、网络负载、业务带宽等。

② 由于异构环境中的无线资源具有差异性，因此不同无线接入网络中影响资源分配的因素不易统一量化表示，难于比较。这些因素包括同一用户与不同无线接入技术连接的信号强度、不同无线接入网络的负载等。

上述因素的这些特点给算法的分析和设计带来了一定的难度，需要一些数学方法在定量分析多种类型因素的同时，还能对其在不同网络中的影响进行比较。上述基于多种因素进行分配决策的过程可以看作是针对难于定量分析、较为模糊的问题做出决策的处理过程，因此采用常用于分析此类问题的层次分析法（AHP，Analytic Hierarchy Process）对其进行建模、分析和设计。在异构网络的研究中，已经提出了AHP方法在接入网络选择算法中的应用。该算法使用 AHP 相关方法综合考察了异构无线网络中上述多种影响资源分配的因素，并结合灰度关联分析的方法为单个用户选择最优的网络进行接入。但在 JRRM 中，需要针对多种无线接入网络共同覆盖区域内所有用户进行资源分配，必须考虑多用户对上述因素的综合影响，因此需要设计新的方法来应对这种复杂情况。本节提出了一种基于 AHP 的 JOSAC 算法 JRRA-AHP（Joint Radio Resource Allocation based on Analytic Hierarchy Process），借鉴了以上AHP在接入网络选择算法中所使用的一些结构和方法，引入模糊数学来处理多用户对上述因素的综合影响，从而为用户分配不同的无线接入网络，以使得整个异构无线网络资源利用率最优。

（2）相关数学理论概述

JRRA-AHP中通过AHP的数学方法对集中式JOSAC问题进行建模，并通过灰度关联分析的方法来计算综合考察多因素下各个分配方案的权重，以选择最优分配方案作为输出。其中为了在异构网络环境下对不同方案进行比较，引入了模糊数学中的概念来定量描述不同方案中难于比较的因素。下面分别就该算法中用到的相关数学方法进行简单介绍。

① 层次分析法

层次分析法是由美国运筹学家、匹兹堡大学萨第（T.L.Saaty）教授于20世纪70年代提出的。层次分析法主要针对难以构造合适模型，并且决策过程中带有相当多主观性的复杂问题，希望能够对其进行定量分析。层次分析法的主要特点是定性与定量分析相结合，将人的主观判断用数量形式表达出来并进行科学处理。同时，这一方法虽然有深刻的理论基础，但表现形式非常简单，容易被人理解和接受，因此，这一方法得到了较为广泛的应用。

层次分析法的基本原理是排序，即将各方法（或措施）排出优劣次序，作为决策的依据。具体过程如下：首先将决策的问题看作受多种因素影响的大系统，这些相互关联、相互制约的因素可以按照它们之间的隶属关系排成从高到低的若干层次，叫做构造递阶层次结构。然后请专家、学者、权威人士对各因素两两比较重要性，再利用数学方法，对各因素层层排序，最后对排序结果进行分析，辅助进行决策。

层次分析法的具体步骤如下所述。

（a）建立递阶层次结构

应用AHP解决实际问题，首先明确要分析决策的问题，并把它条理化、层次化，理出递阶层次结构。

AHP 要求的递阶层次结构一般由以下三个层次组成，如图5-34所示。

- 目标层（最高层）：问题的预定目标。
- 准则层（中间层）：影响目标实现的准则。
- 方案层（最低层）：促使目标实现的方案。

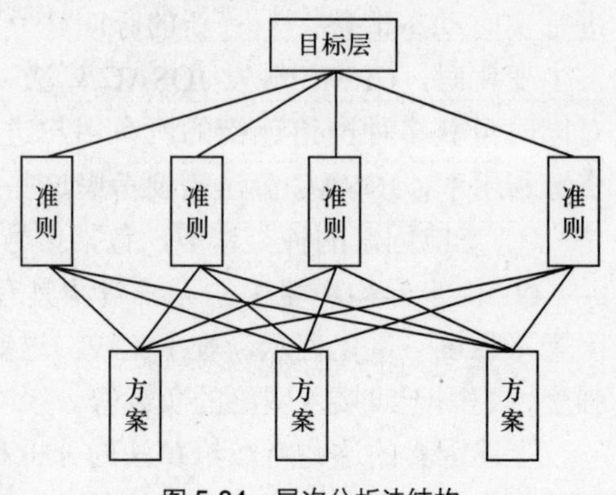

图5-34　层次分析法结构

通过对复杂问题的分析，首先明确决策的目标，将该目标作为目标层（最高层）的元素，这个目标要求是唯一的，即目标层只有一个元素。然后找出影响目标实现的准则，作为目标层下的准则层因素。在复杂问题中，影响目标实现的准则可能有很多，这时要详细分析各准则间的相互关系，即有些是主要的准则，有些则是隶属于主要准则的次准则，然后根据这些关系将准则分成不同的层次和组，不同层次元素间一般存在隶属关系，即上一层元素由下一层元素构成并对下一层元素起支配作用，同一层元素形成若干组，同组元素性质相近，一般隶属于同一个上层元素，而不同组元素性质不同，一般隶属于不同的上层元素。在关系复杂的递阶层次结构中，有时组的关系不明显，即上层的若干元素同时对下层的若干元素起支配作用，形成相互交叉的层次关系，但上下层的隶属关系应该是明显的，最后分析为了解决策略问题，实现决策目标。在上述准则下把解决方案作为方案层因素，放在递阶层次结构的最下面，明确各个层次的因素及其位置，并将它们之间的关系用连线连接起来，就构成了递阶层次结构。

（b）构造判断矩阵

根据递阶层次结构很容易构造判断矩阵。

构造判断矩阵的方法如表 5-2 所示，构造目标层—准则层判断矩阵。每一个具有向下隶属关系的元素（目标）作为判断矩阵的第一个元素位于左上角，隶属于它的各个元素（准则）依次排列在其后的第一行和第一列，最后一列为各准则对应目标的权重。

表 5-2　　目标层—准则层构造判断矩阵

目　标	准则 1	准则 2	准则 3	权重
准则 1	1	1/5	1/3	0.105
准则 2	5	1	3	0.637
准则 3	3	1/3	1	0.258

填写判断矩阵的方法是：针对判断矩阵的准则，其中元素两两比较哪个重要，并对重要性程度按 1～9 赋值（重要性标度值见表 5-3）。

表 5-3　　重要性标度含义表

重要性标度	含　义
1	表示两个元素相比，具有同等重要性
3	表示两个元素相比，前者比后者稍重要
5	表示两个元素相比，前者比后者明显重要
7	表示两个元素相比，前者比后者非常重要
9	表示两个元素相比，前者比后者极为重要
2，4，6，8	表示上述判断的中间值
倒数	若元素 i 与元素 j 的重要性之比为 a_{ij}，则元素 j 与元素 i 的重要性之比为 $a_{ji}=1/a_{ij}$

令填写后的判断矩阵为 $\boldsymbol{A}=(a_{ij})_{n\times n}$，判断矩阵具有如下性质：

$$a_{ij}>0 \tag{5-26}$$

$$a_{ji}=1/a_{ij} \tag{5-27}$$

$$a_{ii}=1 \tag{5-28}$$

根据上面性质，判断矩阵具有对称性，因此在填写时，通常先填写 $a_{ii}=1$ 的部分，然后仅需判断和填写上三角形或下三角形的 $n(n-1)/2$ 个元素就可以了。

（c）层次单排序与检验

对于判断矩阵，利用一定的数学方法进行层次排序。

单排序是指按照每一个判断矩阵各因素相对其准则的相对权重。计算权重的方法有和法、根法、幂法等，这里主要介绍和法。

和法的原理是，对于一致性判断矩阵，每一列归一化后就是相应的权重。对于非一致性判断矩阵，每一列归一化后近似其相应的权重，在对这 n 个列向量求取算术平均值作为最后的权重。具体的公式如下

$$W_i=\frac{1}{n}\sum_{j=1}^{n}\frac{a_{ij}}{\sum\limits_{k=1}^{n}a_{kl}} \tag{5-29}$$

需要注意的是，在每层排序中，要对判断矩阵进行一致性检验。从人类认识规律看，一个正确的判断矩阵的重要性排序是有一定逻辑规律的，例如若 A 比 B 重要，B 又比 C 重要，则从逻辑上讲，A 应该比 C 重要，若两两比较时出现 C 比 A 重要的结果，则该判断矩阵违反了一致性准则，是不合理的。

因此在实际中要求判断矩阵满足大体上的一致性，需进行一致性检验。只有通过检验，才能说明判断矩阵在逻辑上是合理的，才能继续对结果进行分析。

一致性检验的步骤如下。

第一步，计算一致性指标（C.I.，Consistency Index）。

$$C.I.=\frac{\lambda_{\max}-n}{n-1} \tag{5-30}$$

第二步，查表确定相应的平均随机一致性指标（R.I.，Random Index）。

根据判断矩阵不同阶数查表 5-4，得到平均随机一致性指标（R.I.）。例如，对于 5 阶的判断矩阵，查表得到 $R.I.$=1.12。

表 5-4　　平均随机一致性指标（R.I.）表

矩 阵 阶 数	0，1	3	4	5	6	7	8
R.I.	0	0.52	0.89	1.12	1.26	1.36	1.41
矩 阵 阶 数	9	10	11	12	13	14	15
R.I.	1.46	1.49	1.52	1.54	1.56	1.58	1.59

第三步，计算一致性比例（C.R.，Consistency Ratio）并进行判断。

$$C.R.=\frac{C.I.}{R.I.} \tag{5-31}$$

当 $C.R.<0.1$ 时，认为判断矩阵的一致性是可以接受的，$C.R.>0.1$ 时，认为判断矩阵不符合一致性要求，需要对该判断矩阵进行重新修正。

最后，需要进行层次总排序以及相关检验。由于在本算法中采用灰度关联分析的方法进

行方案总排序计算，因此在此不介绍层次分析法中的层次总排序与相关检验方法。

② 灰度关联分析

在综合考察多因素的前提下本节使用灰度关联分析来确定不同方案的优劣。灰度关联分析是一种系统分析方法。灰度关联是指事物之间的不确定关联，或系统因子之间、因子对主行为之间的不确定关联。通过灰度关联分析就可以找出各种影响因素与系统的发展态势之间的关系，从而分辨出哪些是主要因素、起推动性作用的因素，哪些则是次要因素，对系统的发展没有什么影响。灰度关联分析是对系统变化发展态势的定量描述和比较的方法。依据空间理论的数学基础，按照规范性、偶对称性、整体性和接近性的原则，灰度关联分析通过确定参考序列（母序列）和若干比较数列（子序列）之间的关联系数和关联度对问题进行定量分析。灰度关联分析（关联度分析）的目的就是寻求系统中各因素间的主要关系，找出影响目标值的重要因素，从而掌握事物的主要特征。

灰度关联分析是对系统中各因素间关联程度的量化比较，实际上是对动态过程发展态势的量化分析。灰度关联分析最终体现为对关联度系数的计算，关联度系数是对因素之间关联程度大小的一种量化。系数越大，关联程度越大。

灰度关联分析的具体步骤如下所述。

首先，指定参考数（序）列。一般地，因变量构成参考序列 $Y(1,\cdots,j,\cdots,n)$，自变量构成比较序列 $x_i(1,\cdots,j,\cdots,n)$，$i=1$，$\cdots$，m，总共有 m 个待比较序列。

然后，给出比较序列和参考序列数据之后，通过下面的方法和步骤计算比较序列和参考序列之间的关联系数和关联度，进而分析各个比较序列对参考序列的影响程度。

（a）对所有比较序列对应分量 j 上的所有元素值进行归一化处理

在灰度关联分析中，对元素值进行归一化处理分为 3 种情况：越大越好（larger-the-better）、越小越好（smaller-the-better）、越平均越好（nominal-the-best）。在不同情况下，将较大的（越大越好情况下）、较小的（越小越好情况下）或较平均的（越平均越好情况下）初始值，归一化为较重要（即较大）的归一化值。

（b）求关联系数

求比较序列 x_i 与参考序列 y 之间的差值。公式为

$$\Delta_i' = \sum_{j=1}^{m} w_j \left| y(j) - x_i(j) \right| \tag{5-32}$$

其中，w_j 为不同分量的权重。

从序列差 $\Delta'_i(j)$ 中找出最小值和最大值。即

$$\Delta_{\max} = \max_{(i,j)}(\left| y(j) - x_i(j) \right|) \tag{5-33}$$

$$\Delta_{\min} = \min_{(i,j)}(\left| y(j) - x_i(j) \right|) \tag{5-34}$$

计算关联系数。公式为

$$\Gamma_{0,i} = \frac{\Delta_{\min} + \Delta_{\max}}{\Delta_i' + \Delta_{\max}} \tag{5-35}$$

在得到关联系数之后，就可以判断不同比较序列与参考序列的关系，关联系数越大，与参考序列越相似，从而可以根据相似性对不同比较序列进行比较和排序。

③ 模糊数学

模糊数学是用来描述、研究、处理事物所具有的模糊特征（即模糊概念）的数学。自然界和人类社会中的诸事万物都具有各种特征或属性，其中有些是严格而清晰的，但是有些是模糊的。以人为例，人有许多特征，其中性别、年龄、文化等特征都是清晰的，但是许多其他特征就不能严格的确定，比如健康情况，只能说“好、比较好、良好”，身高分为“高个子、中等个、矮个子”等。传统的数学是规定一些阈值来定义这些概念。但是通过这些阈值划分，这些集合的边界必须是明确的，那么属于和不属于二者必居其一，不允许模棱两可。正因为传统数学不能真实地描述和处理这种没有明确边界的模糊概念，模糊数学便应运而生。

模糊数学始于 1965 年，它的创始人是美国的自动控制专家 L.A.Zadeh 教授，他首先提出了用隶属函数（membership function）来描述模糊概念，创立了模糊集合论，为模糊数学奠定了基础。

在异构无线通信网络中，不同网络之间的某些因素不在同一个量纲上，例如信号强度、用户容量。例如对于某些无线接入网络，信号强度为−100dB 可能已经比较强了，而对于另一个网络而言这可能还不能接收到信号；又比如对于蜂窝网络，小区用户容量相比无线局域网络要大很多。此外，为了考察综合多个用户的这些元素值并进行比较，必须对这些元素进行定量描述。模糊数学提供了一个很好的方法，通过隶属度的方式能够对其定量分析，从而完成不同值的综合比较。下面就模糊数学的一些基本概念进行介绍。

首先，需要定义模糊集合。

论域 U 上的一个模糊集合 A，是指对于论域 U 中任何一个元素 $\mu \in U$，都指定了[0，1]闭区间中的一个数 $\mu_A(u) \in [0，1]$与之对应，它叫做对 A 的隶属度（degree of membership），这意味着定义了一个映射

$$\begin{aligned} \mu_A : U --> [0,1] \\ u --> \mu_A \end{aligned} \tag{5-36}$$

这个映射称为模糊集合 A 的隶属函数（membership function）。

模糊集合完全由其隶属函数所描述。以“青年、中年、老年”为例，这 3 个年龄的特征分别用模糊集合 A、B、C 标识，它们的论域都是 U=[1，100]，论域中的元素是年龄 u。通过定义一定的隶属函数可以得到论域元素与各个集合的隶属度，隶属度反映了与集合的接近程度。如果 u_1=30 对应的与“年轻”的隶属度为 0.75，u_2=40 对应的与“年轻”的隶属度为 0.25，而与“中年”的隶属度为 0.5，则说明 40 岁的人已经不太年轻，比较接近中年，但是属于“中年”的程度还不太大，只有 0.5。因此就与“青年”而言，40 岁和 30 岁可以进行比较，显然 0.75>0.25，则比较的结果是 30 岁比 40 岁年轻。

上面提到的隶属函数是根据具体的不同元素而设计的，常见的形式有三角型和正态型，在此不再详细介绍。

模糊集合之间存在运算，最基本的运算包括交、并、补运算。

设 A、B 是同一论域 U 上的两个模糊集合，它们之间的运算包括

A 与 B 的交，记做 $A \cap B$，有

$$\mu_{A \cap B}(u) = \min(\mu_A(u), \mu_B(u)) \qquad \forall \mu \in U \tag{5-37}$$

A 与 B 的并，记做 $A \cup B$，有

$$\mu_{A \cup B}(u) = \max(\mu_A(u), \mu_B(u)) \qquad \forall \mu \in U \tag{5-38}$$

A 的补，记做 $\bar{A}$，有

$$\mu_{\bar{A}}(u) = 1 - \mu_A(u) \qquad \forall \mu \in U \tag{5-39}$$

模糊数学中还涉及许多其他方面的概念，在此仅介绍与 JRRA-AHP 相关的内容，不再冗述。

（3）算法实现

JRRA-AHP 基于层次分析法，对异构资源分配问题进行数学建模。根据层次分析法的原理，需要针对联合无线资源分配问题构建层次分析结构模型。根据 AHP 的原理，这些层次包括目标层、准则层和方案层。

首先，由于系统资源利用率是联合无线资源分配的设计目标，所以应当将其定义为结构的目标层；

然后，定义准则层。准则层的元素应包括网络选择所涉及的多种因素，在实际中，这些因素应包括网络的参数、用户偏好、运营商偏好等。本节选取以下几个典型的元素：

① 信号强度 α，衡量与异构无线网络的连接情况；

② 覆盖范围 β，结合用户的移动性衡量接入网络的可获性；

③ 网络负载 γ，衡量各个无线接入网络的使用情况，包括负载较轻、适中或者过载；

④ 业务带宽 δ，衡量当前资源配置下异构网络为用户所能提供的业务带宽；

⑤ 用户偏好 φ，衡量用户特定的个性化业务需求和计费要求。

最后，需要确定方案层所包括的元素。本节假设用户可以接入的无线网络包括两种：网络 1 和网络 2。若当前时刻异构系统中存在 n 个用户可以与两种网络建立连接，则此时该异构网络中可能存在的用户分配方案总共有 2^n 个。针对联合无线资源分配所构建的层次分析结构模型如图 5-35 所示。

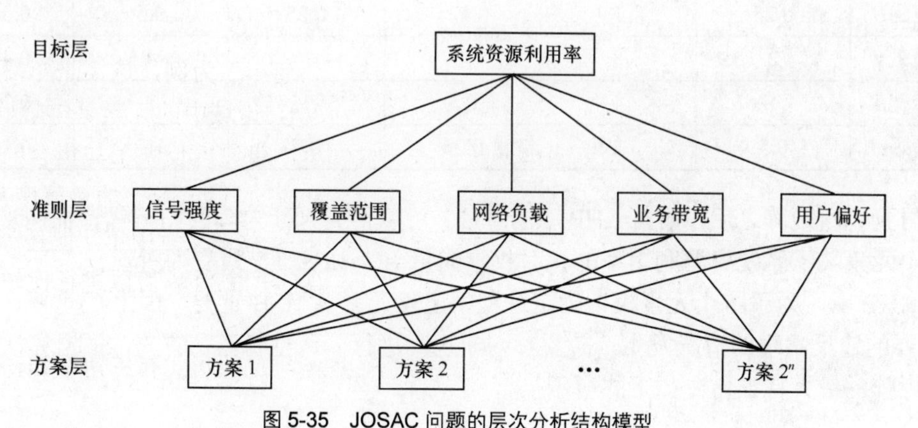

图 5-35　JOSAC 问题的层次分析结构模型

基于上述模型，JRRM-AHP 计算各个方案的相对权重，并进行比较，选择满足最大化系统资源利用率的分配方案作为联合无线资源的分配结果。该计算过程大体上包括以下几个步骤：首先以系统资源利用率为准则，确定准则层各个元素的相对权重；然后依次以准则层中每个元素为准则确定方案层各个元素的局部相对权重；最后结合以上两种权重值，在以系统

资源利用率为目标、综合考察准则层各个元素的前提下，确定方案层各个元素之间的组合相对权重，最终根据该权重值来选择最佳分配方案。

① 计算准则层元素的相对权重

基于层次分析法，本算法提出了计算上述准则层各个元素关于系统资源利用率的相对权重的方法。首先，以系统资源利用率为目标，设计准则层各个元素两两比较的判断矩阵。就设定相对系统资源利用率而言，元素重要性的优先次序为：网络负载相比其他因素都重要，均衡负载才能够使所有网络工作在正常状态下，不会造成负载过轻或超载拥塞的资源浪费情况；信号强度和业务带宽的重要性次之，因为信号强度结合业务带宽反映了每个用户资源利用的情况，但相比网络负载重要性稍次；然后依次是覆盖范围和用户偏好。需要说明的是，在实际网络环境中，由于业务的多样化以及网络环境的复杂化，应用JRRM-AHP算法实现异构网络接纳控制时，准则层的元素组成以及对应的相对权重都不是固定的。在元素组成中，除了之前提到的5种元素外，例如用户的移动速度、终端的能力等因素也是需要考虑的。而针对不同业务，准则层也需要适当的调整，如当用户是语音用户时，信号强度可能会相对权重较高；而当用户是数据用户时，业务带宽和网络负载的相对权重可能较高；若是针对视频电话业务，则信号强度、带宽都会是权重较高的因素。即根据不同的业务请求，相对应的AHP算法的准则层会有所不同。本算法仅提出了一种可行的重要性比较方案，异构无线通信网络运营商可以根据自己资源利用率的需要修改上述方案。

在确定了元素相互之间重要性之后，参考AHP中标度的定义，可以得到判断矩阵如表5-5所示。

表5-5　准则层各个元素关于系统资源利用率的判断矩阵

	信号强度α	覆盖范围β	网络负载γ	业务带宽δ	用户偏好φ	W
信号强度α	1	4	0.5	1	2	0.210 5
覆盖范围β	0.25	1	0.125	0.25	0.5	0.052 6
网络负载γ	2	8	1	2	4	0.421 1
业务带宽δ	1	4	0.5	1	2	0.210 5
用户偏好φ	0.5	2	0.25	0.5	1	0.105 3

在得到判断矩阵之后，根据AHP中的算法，可以得到判断矩阵的归一化特征向量，即准则层各个元素关于系统资源利用率的相对权重向量$\boldsymbol{W}$，如表5-5最右列所示。

在AHP中，为了防止元素权重确定过程中出现元素A比B重要，B比C重要，但是C比A重要的违反常理的情况发生，需要对判断矩阵进行一致性检验。首先，根据算法可以得到判断矩阵的最大特征值，如下式所示

$$\lambda_{\max}=\sum_{i=1}^{n}\frac{(\boldsymbol{AW})_i}{n\boldsymbol{W}_i}=5 \tag{5-40}$$

然后计算元素数$n=5$的情况下，一致性指标$C.I.$为

$$C.I.=\frac{\lambda_{\max}-n}{n-1}=0 \tag{5-41}$$

最后，根据 AHP 中指定的平均随机一致性指标 $R.I.$（查表可知，在 $n=5$ 的情况下为 1.12），可以得到一致性比例 $C.R.=C.I./R.I.=0$。再根据 AHP 中一致性比例的判断标准，在 $C.R.<0.1$ 的情况下，认为矩阵的一致性是可以接受的。上述矩阵的一致性比例 $C.R.=0$，因此可以得到该矩阵是符合一致性要求的。准则层各个元素关于系统资源利用率的相对权重向量 $\boldsymbol{W}$ 将在后续计算中使用。

② 计算各个方案关于准则层元素的局部相对权重

在本算法中，设计了计算各个方案关于准则层元素的局部相对权重的方法。在介绍计算方法之前，需要给出以下定义：

在如上假设的异构系统中，可能的 2^n 种用户分配方案为

$$\{E_1, E_2, \cdots, E_{2^n}\} \tag{5-42}$$

每个方案中都需要确定关于准则层中 5 个元素：“信号强度”、“覆盖范围”、“网络负载”、“吞吐量”以及“用户偏好”的局部相对权重，即方案 i 关于准则层各个元素的局部相对权重向量 e_i 为

$$e_i = (e_i(1), e_i(2), \cdots, e_i(5)) \tag{5-43}$$

在给出相关定义之后，下面介绍局部相对权重向量 e_i 中各个元素的计算方法。

（a）关于“信号强度”

为了比较针对“信号强度”准则层元素而言不同方案的优劣，必须对不同方案的信号强度进行定量描述。针对主要包括两个方面：一是，由于各个方案中都可能涉及用户与不同接入网络的连接，并且不同网络的信号强度不能直接进行比较，因此需要通过模糊数学进行模糊化处理；二是，由于每个方案中都涉及多个用户的连接信号情况，为了综合考虑这种多用户影响，需要通过与最佳情况的相似性来比较不同方案的优劣。

JRRA-AHP 采用了模糊数学的方法来处理不同网络连接的信号强度之间的比较。下面定义了关于信号强度的语言模糊集合。

语言模糊集合为：$X \in \{$L（低）和H（高）$\}$，隶属函数为 $\mu_x(SS)$，其中 SS 为信号强度。通过计算当前信号强度情况与上述语言模糊集合中元素的隶属程度，对信号强度的高低进行了模糊化判断。下面针对网络 1 和网络 2 设计了不同的隶属函数，如图 5-36 所示。

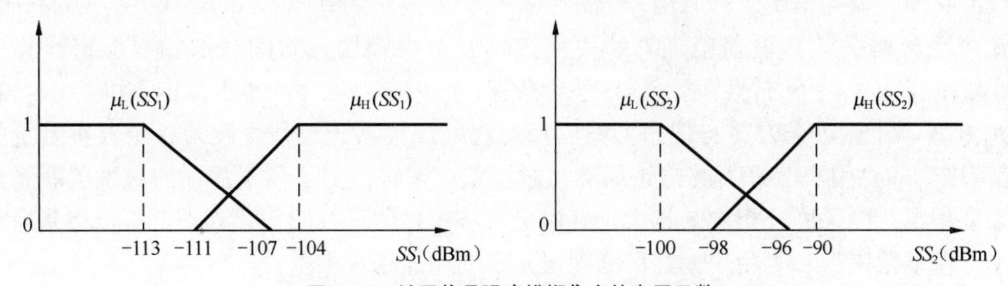

图 5-36　关于信号强度模糊集合的隶属函数

通过定量描述每个方案与最佳方案的相似性，来考虑多用户对每个方案的影响。定义每个方案的最佳情况为：每个用户在该方案所指定的网络中的连接信号强度都为语言模糊

集合中的 H（高）。基于上述两个步骤，可以定量分析每个方案的优劣：以当前每个用户与两种网络连接的信号强度作为隶属函数的输入，基于模糊逻辑的运算规则，可以计算出采用方案 E_i 的情况下，当前用户连接情况与该方案最佳情况的隶属程度，该值反映了每个方案的优劣：

$$\begin{aligned}\mu_{\mathrm{H}}(E_i) &= \mu_{\mathrm{H}}(SS_{\text{user-1}}\text{为H} \cap SS_{\text{user-2}}\text{为H} \cdots \cap SS_{\text{user-}n}\text{为H}) \\ &= \min(\mu_{\mathrm{H}}(SS_{\text{user-1}}), \mu_{\mathrm{H}}(SS_{\text{user-2}}), \cdots, \mu_{\mathrm{H}}(SS_{\text{user-}n}))\end{aligned} \quad i=1,\ 2,\ \cdots,\ 2^n \tag{5-44}$$

其中，$SS_{\text{user-}j}$ 指用户 j 采用方案 E_i 为其分配的接入网络的连接信号强度。因此，上述隶属程度反映了采用该方案的情况下当前用户接入情况与该方案最佳情况的接近程度，隶属程度越高，则采用该方案的用户连接越接近于最优。

将计算所得的与每个方案最佳情况的隶属程度作为该方案关于“信号强度”准则层元素的初始局部相对权重。

$$e^*_1(1), e^*_2(1), \cdots, e^*_{2^n}(1) \tag{5-45}$$

为了便于后面的局部相对权重的综合计算，需要对该初始值进行归一化处理。JRRA-AHP 通过灰度关联分析的方法来综合计算局部相对权重。在灰度关联分析中，对元素值进行归一化处理分为 3 种情况：越大越好、越小越好、越平均越好。在不同情况下，将较大的（越大越好情况下）、较小的（越小越好情况下）或较平均的（越平均越好情况下）初始值，归一化为较重要（即较大）的归一化值。对于“信号强度”元素的局部相对权重，权重越大表示该方案越重要，因此根据上面的灰度关联分析的原理，应当采用越大越好的情况进行归一化处理。

$$e_i(1) = \frac{e^*_i(1) - L_1}{U_1 - L_1} \tag{5-46}$$

其中

$$U_1 = \max\{e^*_1(1), e^*_2(1), \cdots, e^*_{2^n}(1)\} \tag{5-47}$$

$$L_1 = \min\{e^*_1(1), e^*_2(1), \cdots, e^*_{2^n}(1)\} \tag{5-48}$$

因此，得到归一化后的所有方案关于“信号强度”准则层元素的局部相对权重。

$$e_1(1), e_2(1), \cdots, e_{2^n}(1)\,, \tag{5-49}$$

（b）关于“覆盖范围”和“用户偏好”

在每个方案关于“覆盖范围”和“用户偏好”准则层元素的局部相对权重计算中，JRRA-AHP 采用了以下方法：基于一定预设条件，可以获得关于“覆盖范围”和“用户偏好”的理想方案，计算每个方案与理想方案的相似程度，根据该相似程度为各个方案赋予关于“覆盖范围”和“用户偏好”的初始局部相对权重。同样，为了便于后面的灰度关联系数计算，需要根据灰度关联分析中的越大越好情况对该初始值进行归一化处理，可以得到所有方案关于“覆盖范围”和“用户偏好”准则层元素的局部相对权重。

$$e_1(2), e_2(2), \cdots, e_{2^n}(2)\,,\quad e_1(5), e_2(5), \cdots, e_{2^n}(5) \tag{5-50}$$

这里给出获得关于“覆盖范围”和“用户偏好”的理想方案所需的预设条件。

“覆盖范围”：理想方案应当能够把移动速度快的用户放到覆盖范围大的接入网内，而把移动速度慢的用户放到覆盖范围小的接入网内。假设不同接入网的覆盖范围不同，并且用户的移动性可以分为不同等级。

“用户偏好”：理想方案应当能够满足所有用户的偏好。

然后选择每个方案与理想方案中配置不同的用户数 U_d 来表示每个方案与理想方案的差异程度，U_d 越大，与理想方案的差别就越大，赋予该方案的初始局部相对权重就越小。则关于“覆盖范围”和“用户偏好”准则层元素的初始局部相对权重的计算方法可以定义为：给理想方案权重赋予最高权重 n（系统中同时可获两种网络连接的用户数），若某个方案与理想方案仅有一个用户配置不同，则赋予该方案稍小的权重 $n-1$，依此类推，与理想方案配置完全不同的方案被赋予最小权重 0。

（c）关于“网络负载”

JRRA-AHP 中同样通过模糊数学来计算各个方案关于“网络负载”准则层元素的局部相对权重，这是由于网络负载在不同网络中的定量表示量纲不同，并且需要综合考虑不同方案中多用户影响。类似于上面的方法，定量描述的过程如下所述。

首先定义关于网络负载的语言模糊集合及其隶属函数。

语言模糊集合为：$X\in\{$G（资源充分利用）和B（负载较轻或过载）$\}$；

隶属函数为：以当前用户数 N 作为语言输入变量的 $\mu_x(N)$。通过计算当前负载情况与上述语言模糊集合中元素的隶属程度，对负载情况的好坏进行模糊化判断。分别针对不同网络设计不同的隶属函数，例如对于网络 1 和网络 2 的隶属函数设计如图 5-37 所示。

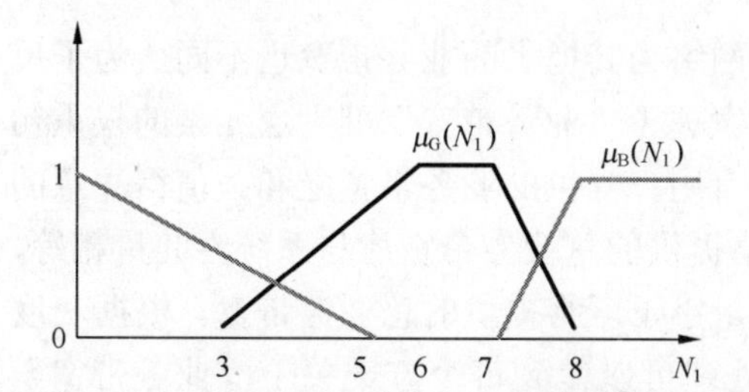

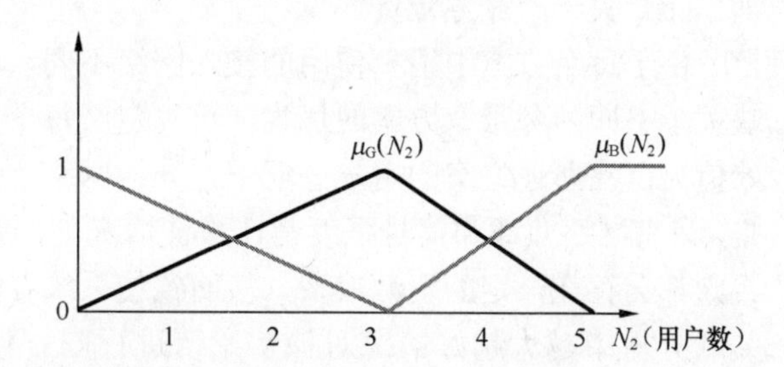

图 5-37　关于网络负载模糊集合的隶属函数

由于每个无线接入网络的负载情况可能为语言模糊集合中两个元素之一，因此所述异构网络的负载情况可能存在 4 种逻辑组合：网络 1 中用户数为 G 或 B、网络 2 中用户数为 G 或 B。

定义各个方案关于“网络负载”准则层元素的初始局部相对权重计算过程如下。

首先确定采用不同方案的情况下，异构系统负载状态属于 4 种逻辑组合中的哪一种，即建立方案与逻辑组合的对应关系；然后，通过将每种逻辑组合映射到具有一定权重的一个语言输出上，建立逻辑组合与语言输出的对应关系。最后，根据上述两种对应关系可以确定每个方案所对应的语言输出，并将该语言输出的权重作为初始局部相对权重赋予所述方案。其中，建立两种对应关系的方法如下所述。

建立方案与逻辑组合的对应关系：首先，计算每个方案与以上 4 种逻辑组合的隶属程度。例如，方案 i 与第一种逻辑组合的隶属程度可以由下式计算而得

$$\mu_{S_1}(E_i)=\min(\mu_G(N_{1\text{-}i}),\mu_G(N_{2\text{-}i}))\tag{5-51}$$

其中，$N_{1\text{-}i}$、$N_{2\text{-}i}$分别为方案E_i中网络 1、网络 2 中的用户数。然后针对每个方案，将上述计算所得的 4 个隶属度进行比较，选择其中隶属程度最高的逻辑组合作为该方案所对应的逻辑组合。

建立逻辑组合与语言输出的对应关系：以系统资源利用率为衡量指标，定义逻辑组合和语言输出的对应关系为：

如果逻辑组合为网络 1 中用户数为 G，网络 2 中用户数为 G，则对应于权重为 4 的“负载很好”的语言输出S_1；

如果逻辑组合为网络 1 中用户数为 B，网络 2 中用户数为 G，则对应于权重为 3 的“负载较好”的语言输出S_2；

如果逻辑组合为网络 1 中用户数为 G，网络 2 中用户数为 B，则对应于权重为 2 的“负载较差”的语言输出S_3；

如果逻辑组合为网络 1 中用户数为 B，网络 2 中用户数为 B，则对应于权重为 1 的“负载差”的语言输出S_4。

基于上述对应关系，可以确定每种方案所得对应的语言输出，并将该语言输出的权重作为该方案关于“网络负载”准则层元素的初始局部相对权重。根据灰度关联分析中越大越好情况对该初始值进行归一化处理可以得到每个方案关于“网络负载”元素的局部相对权重。

$$e_1(3), e_2(3), \cdots, e_{2^n}(3) \tag{5-52}$$

（d）关于“业务带宽”

由于每个方案中用户使用的接入网络不同，即网络为其提供的业务带宽也不同。为了反映关于不同业务带宽方案的优劣，可以定义每个方案关于“业务带宽”准则层元素的权重初始值为：在所述方案的用户分配下，异构网络为所有用户提供的业务带宽之和。值得注意的是，只有网络负载和信号强度都在最佳情况下，网络提供的总业务带宽才与系统吞吐量相等，否则都会存在一定的资源浪费，从而致使系统吞吐量小于网络提供的总业务带宽。根据灰度关联分析中越大越好情况对该初始值进行归一化处理可以得到每个方案关于“业务带宽”元素的局部相对权重。

$$e_1(4), e_2(4), \cdots, e_{2^n}(4) \tag{5-53}$$

在获得了各个方案关于准则层所有元素的局部相对权重后，可以结合这些元素关于系统资源利用率的相对权重，来计算以系统资源利用率为准则、综合考虑准则层多种元素的情况下每个方案的组合相对权重。本节通过灰度关联系数来表示各个方案的组合相对权重。根据灰度关联分析的方法，首先需要定义理想方案：e_0={1，1，1，1，1}，然后根据每个方案在式（5-49）、式（5-50）、式（5-52）和式（5-53）中所对应的权重值，计算每个方案与理想方案的灰度关联系数。对于方案E_i，灰度关联系数为

$$\Gamma_{0,i} = \frac{\Delta_{\min} + \Delta_{\max}}{\Delta'_i + \Delta_{\max}} \tag{5-54}$$

其中

$$\Delta'_i = \sum_{j=1}^{5} w_j \left| e_0(j) - e_i(j) \right| \tag{5-55}$$

w_j 是准则层元素关于目标层的相对权重向量 $\boldsymbol{W}$ 的第 j 个分量，如表 5-5 所示。此外

$$\Delta_{\max}=\max_{(i,j)}(|e_0(j)-e_i(j)|) \tag{5-56}$$

$$\Delta_{\min}=\min_{(i,j)}(|e_0(j)-e_i(j)|) \tag{5-57}$$

是理想方案 e_0 中各项权重与每个方案中所对应权重之间差值的最大值和最小值，其中 $i=1，2，\cdots，2^n$，$j=1，2，3，4，5$。

将每个方案计算所得的灰度关联系数作为该方案的组合相对权重，选择其中最大值所对应的方案作为 JRRA-AHP 的输出，则该方案为最大化系统资源利用率的最佳用户分配方案。

（4）性能评估

JRRA-AHP 能够在综合考察网络负载、信号强度、覆盖范围、业务带宽等多方面因素的前提下，以最优化使用异构无线系统资源为目的，为用户分配不同的无线接入网络。由于 JRRA-AHP 综合考察了影响资源利用率的多方面因素，相比其他无线资源分配算法而言，在具有相同异构系统资源的情况下，JRRA-AHP 能够提供更大的系统吞吐量。下面通过与高带宽优先选择（HBPS，High Band Priority Selection）、随机选择（RS，Random Selection）这两种典型的异构无线资源分配算法的比较，可以看出 JRRA-AHP 算法在系统资源吞吐量方面的优势。

考虑到降低仿真的运算复杂度，在不影响算法性能分析的前提下，对仿真进行了一定的简化。本仿真中没有考虑多业务的情况，即在仿真过程中不对准则层的参数进行调整。假设异构无线通信网络中包括具有不同特性的两个无线接入网络：网络 1 和网络 2。所述两个无线接入网络的特性如表 5-6 所示。

表 5-6　仿真中异构网络特性

网　络	覆盖范围（m）	业务带宽（Mbit/s）	最大有效吞吐量（Mbit/s）
网络 1	1 000	0.384	2
网络 2	200	1	5.6

并且设定：

① 用户在两个网络所覆盖的总区域内随机移动；

② 当每个网络中用户数接近用户容量时，即网络负载接近饱和时，发生拥塞，此时系统吞吐量下降，当网络负载过饱和时，拥塞严重，此时系统吞吐量迅速降低。

在相同的异构无线网络仿真环境下，将 JRRA-AHP 与高带宽优先选择（HBPS）和随机选择（RS）算法进行比较：其中，高带宽优先算法为用户尽可能地分配高业务带宽的接入网络，随机选择算法为用户随机分配接入网络。

图 5-38、图 5-39 分别显示了当用户数为 3 和 6 的情况下，JRRA-AHP、HBPS 和 RS 算法所能提供的系统吞吐量。

从图中可以看出，在用户数较少的情况下，高带宽优先相比随机选择算法而言，由于尽可能的为用户分配高带宽的接入网络，因此具有较高的系统吞吐量。因此高带宽优先是基于业务带宽单个目标的。但在所述情况下，高带宽优先并没有考虑到用户的信号强度因素，为

连接情况不好的用户也尽可能地分配了高带宽的接入网络，此时用户所能获得的吞吐量小于网络为其提供的业务带宽，从而造成了资源浪费，因此相比综合考察多种因素的 JRRA-AHP 提供的系统吞吐量要低。

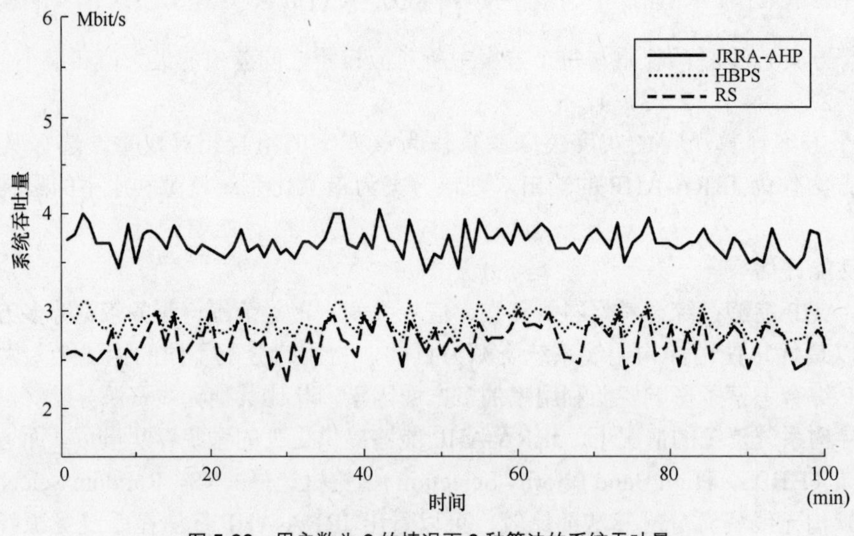

图 5-38　用户数为 3 的情况下 3 种算法的系统吞吐量

图 5-39 中显示了用户数为 6 的情况下，3 种算法所能获得的系统吞吐量。可以看出，当用户数增多时，JRRA-AHP 相比其他两种算法在系统吞吐量上的优势愈发明显。因为当用户数增多到一定程度，就会产生网络负载过大的情况。高带宽优先算法并没有考虑到网络负载，尽可能为用户分配高带宽网络的做法导致具有高业务带宽的网络负载过重，系统吞吐量严重下降；随机选择算法虽然稍好，但是其均衡网络负载的过程是随机的。而 JRRA-AHP 能够综合考虑业务带宽、信号强度、网络负载，使得业务量能够在不同网络中均衡分布并保证用户能够使用连接好的网络，从而使得整个系统的吞吐量最大。

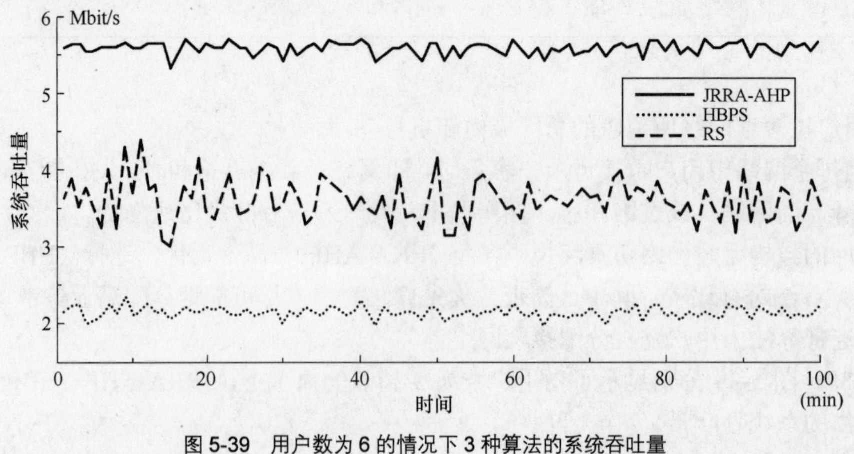

图 5-39　用户数为 6 的情况下 3 种算法的系统吞吐量

随着用户数的增加，JRRA-AHP 相比其他两种算法的优势愈发明显，如图 5-40 所示，图中显示了用户数从 3 到 7 的过程中，3 种算法所能提供系统吞吐量的变化。可以看出，在用户数较少的情况下，JRRA-AHP 最优，HBPS 次之，RS 最差；当用户数增加到一定程度时，例如图中用户数增加到 4，网络负载变为影响系统吞吐量的主要因素，此时在 HBPS 算法中出现负载不均衡，发生拥塞，系统吞吐量下降。从图中可以看出，用户数多的情况下，HBPS 算法系统吞吐量最低，RS 稍好，JRRA-AHP 最优，此外，在 HBPS、RS 算法所能提供的系统吞吐量接近饱和时，JRRA-AHP 仍综合考虑用户信号强度、网络负载等因素，提供继续增长的系统吞吐量。

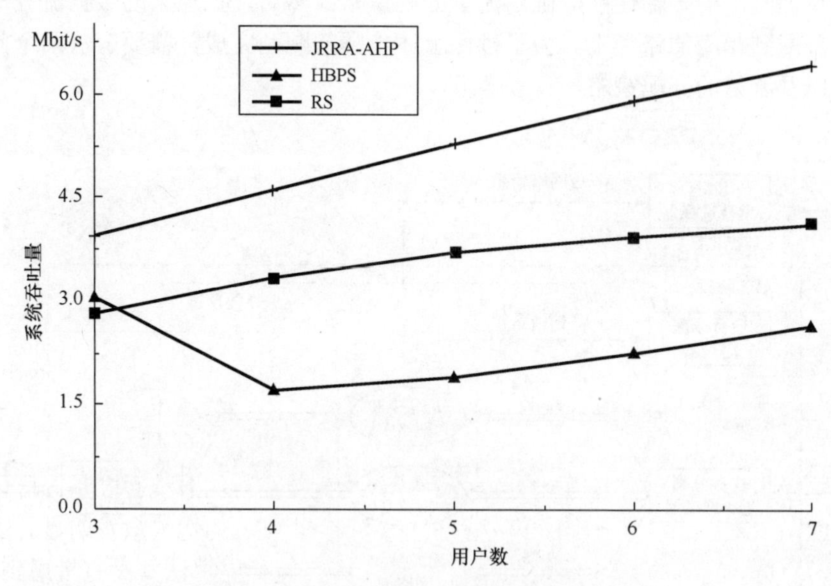

图 5-40　3 种算法的系统吞吐量随用户数增长的变化

（5）结论

本节针对集中式 JOSAC，提出了基于层次分析法的联合无线资源分配算法。集中式管理实体收集所管理的各个无线接入网络中所需信息，通过层次分析法综合考察包括信号强度、业务带宽、网络负载等多方面因素，在多个分配方案中选择最优化异构系统资源利用率的方案作为分配结果。仿真结果表明，算法能够获得最优系统资源利用率的用户分配方案。

5.7.2　联合会话调度

作为 JRRM 中的一项重要功能，JOSCH 在无线异构网络中已被用来研究多个 RAN 实现数据的同步传输的问题。通过 JOSCH，可扩展的服务数据通过多个 RAN 被划分为若干数据子流，然后在接收端进行汇聚整合。

使用 JOSCH 具有如下优势。

① 服务数据可靠性得到提高：服务数据通过两个或者更多的 RAN 传输，从而避免了在紧急情况下使用单一 RAN 传输时可能造成的性能急剧下降（比如严重的拥塞或堵塞）的问题。

② 总带宽得到提高：由于服务数据通过多个路径进行分流，其传输速率可以得到很大的提高，同时也减少了传输时延。

③ 资源利用率得到提高：通过选取适当的 RAN 集合以及流量分配方案，合理分配服务流量。从而提高了资源利用率，实现系统的负载均衡。

图 5-41 给出了异构网络环境下的联合会话调度。示意图一般来说，JOSCH 分为两步：网络选择和多网传输控制。第一步，根据相关的参数设置（如网络容量、信道质量、终端容量等），为新会话选择合适的 RAN 集合，确定了 RAN 集合之后，第二步，进行流量传输，如图 5-41 所示。其中第二步又分为两小步，首先，根据已确定的 RAN 集合、路径情况以及先前接收端反馈回来的传输性能，确定流量分配策略；然后，把原来的数据流分成若干的数据子流，并分配到相应的路径上。为了确保上述步骤的顺利完成，需要解决两个问题：网络的选择方法以及流量的分配策略。

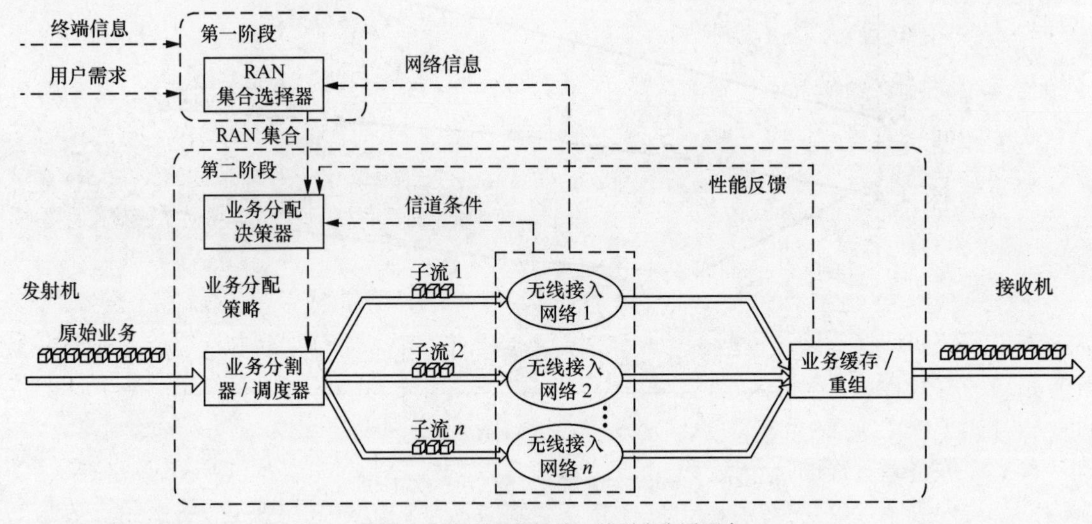

图 5-41　异构网络环境下的联合会话调度

由于 JOSCH 涉及多路径的数据传输和分离，从而产生了新的问题：流量分离策略的需求以及相应的协议支持。基于上述分析，实际运用中的 JOSCH 包括以下 3 个重要的问题。

① RAN 集合的选择体制：在未来无线异构网络中，根据系统构造的差异性，系统可以分为紧耦合和松耦合；根据场景的不同操作，可以分为单设备运行场景和多设备运行场景；根据做出判决的不同，可以分为集中制、半集中制和分布式。同时，在选择 RAN 集合时，应考虑多个因素，包括网络端参数、终端参数、运行信息、用户信息等，选择方法的性能也应该考虑，因为它直接影响了系统的性能（如资源利用率、拥塞可能性）和用户体验（服务带宽、时延、用户满意度）。因此，为了满足不同的 JOSCH 实施需求，合适的选择机制是必不可少的。

② 分离策略：分离技术可以使多种资源获得更好的性能增益。一般来说，涉及协议栈，主要有 4 种分离场景，包括数据链路层的分离、网络层的分离、传输层的分离和应用层的分离，每种分离都有自身的特点。基于不同的分离场景需要多个不同的 RAN 接口。

③ 流量分配方法：通常在无线异构网络环境下，网络的状况是时变的，这影响了每个数据子流的传输，从而导致多种问题，如多个数据子流通过不同的 RAN 到达接收端时失步，严重的失步将会降低接收端接收数据队列缓冲管理和数据合并重组的性能，并降低用户的业务体验。

相对于 JRRM 中的其他领域，如 JOSAC[51]、JOLDC[52]，现有的 JOSCH 相关研究比较有限。文献[53]首次提出了 JOSCH 的概念，并且基于紧耦合网络架构分别分析了数据业务和视频业务数据的 JOSCH 机制。文献[54]则提出了一种基于分布式强化学习的 JOSCH 机制以解决多网络传输中的网络选择和流量分割的自主性问题。文献[55]～[58]则是对数据分流技术（data spliting）的实现方式进行了研究，并提出了相应的协议修改。然而，针对 JOSCH 及其相关领域的现有研究仍然不够全面，其中绝大部分研究都没有考虑到多网络传输中业务数据在各个网络传输的子流间的同步问题。文献[59]提出了一种方案，对异构环境中 JOSCH 实施综合分析，对于以上提到的关于 JOSCH 的 3 个重要问题给出相应的解决办法。

5.7.3 切换和联合负载均衡

切换包括水平切换和垂直切换，这里主要讨论垂直切换（即系统间切换）。垂直切换（VHO，Vertical HO）用以处理终端的业务连接从一个 RAT 改变到另一个 RAT 的过程，其中的关键性问题是要保证业务的连续性。另一方面，切换还可能被用于调整网络之间的负载分布，以解决网络拥塞的问题，从这个意义上讲，它和下面所说的联合负载控制是互相耦合的。

联合负载控制（JOLDC）：即负责异构无线网络之间的拥塞控制，它通过接纳控制、带宽分配、系统间切换等措施平衡不同网络间的负载分布，以获得最大的中继增益，提高可重配置系统的有效容量。因此，实际上所有基于负载条件考虑的 JOSAC、JOSCH 和 VHO 动作同时也都属于 JOLDC 的范畴，它们都是实现 JOLDC 的具体手段。

作为无线资源管理的一个重要任务，负载控制的目的是确保系统不过载并保持稳定。事实上，负载控制不仅能够提高系统的稳定性，从排队论的角度来看，更可以带来系统容量上的增益。在传统的同构系统中，有关负载控制的研究已经相当充分，并提出了一系列行之有效的方案。然而，异构无线网络的发展对负载控制提出了新的要求，一些传统的方法将不再适用于多种 RAT 共存的场景。重叠覆盖的异构网络环境给负载控制带来了更大的灵活性，如何充分利用终端和网络的能力，在异构 RAT 间对业务负载进行合理的联合控制与分配成为值得考虑的问题。

一般来说，如果系统规划得当、接纳控制和分组调度工作正常，过载是可以消除的。但是，由于网络监控不够及时（网络上报信息与实际网络信息的差异，造成最后决策的失误）、业务的时间性或地域性突发（业务在某一时间，某一地区突然大幅度增加，致使及时的网络监控也无法做出及时准确的判决）等因素，过载和负载分布不均是有可能发生的。这种情况下，系统需要负载控制功能将自身迅速、可控地返回到无线网络规划定义的目标状态。在包含了多种重叠异构网络的无线环境中，系统除了需要控制各 RAT 内部的负载，还需要通过联合的负载控制来协调 RAT 之间的资源和负载分布，获得总体性能的提升。

对于无线覆盖有重叠的相邻小区或者分层小区之间的负载控制来说，实现负载均衡是一种行之有效的管理方法。研究表明，负载均衡不仅能够抑制网络负载波动，降低系统的过载率，提高系统的稳定性，并且能够带来系统吞吐量、阻塞率、丢包率等方面的性能增益。用排队论的观点来看，就是希望通过均衡的手段来克服顾客到达和网络服务能力的时空不均匀性，以避免因个别小区过载引起的业务接入率降低，从而提高系统总体服务效率。

1．拥塞状态前的负载均衡方法

AN 项目中进行了如下的相关研究[60]。

在一个给定的地理区域上，进行负载管理的主要目的是对这个区域中所有无线网络的负载进行控制，它可以采用集中式或者分布式的方式。如果采用集中方式，那么负载管理应该被放置在更高的层面上。集中式的解决方案会使得信令交互减少，主要是由于不是所有的 MRRM（Multi-Radio Resource Management）实体为了合作都需要向其他 MRRM 实体发送负载信息。这些信令中的节省可以用来提升 MRRM 间的合作。集中式的解决方式也可以避免多个 MRRM 根据相同区域的网络状态做出不同的决定所产生的冲突。所以如果可以的话，还是采用集中式的方法来做负载控制。

此外，至少将负载管理的一部分放在接入选择的做法是有帮助的（使接入选择能够发现不同 AN 中的服务可用性），这样可以使得两个功能在一个相同的 MRRM 实体上进行集成。如果不止一个 MRRM 实体控制整个地理区域，那么做负载管理的不同实体将会以一种分布式的方式工作。同时，一些附加的负载管理功能还是要分离放置在较高层面中，这部分功能将不负责管理整个地理区域中的接入选择。

AN 项目中的负载均衡主要还是在接入选择中完成的，下面是一个具体的实例。

问题：当前，每个 RA（Registration Authority）独立进行接纳控制来避免阻塞。但是由于不同的 RA 是彼此独立的，这种情况不会做到任何的负载均衡，会造成有的 RA 已经过载而有的 RA 仍距最大负载容量很远的极端情况。

解决方案：使用联合的接入控制机制在不同 RA 间做有效的负载管理。因此，接纳控制机制并不只限于在一个特定 RA 中接入或拒绝一个新的连接，而是要在考虑不同 RA 负载情况的条件下将新的连接请求重定向到最为适合的 RA 中。

2．拥塞状态后的负载均衡方法

AROMA 项目中进行了如下的相关研究[61]。

该研究主要关注于将语音和数据业务分布在多个无线接入技术上时所遇到的拥塞控制问题。特别的，GERAN 和 UTRAN 两个网络被用来验证拥塞控制策略。此外，研究确定了 3 个 CR 策略：

① 基于 RAT 间垂直切换的机制；

② 基于联合比特速率降低与垂直切换机制；

③ 丢弃用户的机制。

研究主要在 3 种特定的场景下进行，通过 RAT 间信息交互下多个 RAT 中无线资源的联合工作，拥塞有很大程度地减轻。

应该明确这里所说的拥塞产生的原因：在 WCDMA 系统中是由于无线接口受到过大的干扰，在 FDMA/TDMA 系统中是由于过量的无线资源共享。

在拥塞控制中采用了普遍被认可的 3 个主要过程[62]。

① 拥塞发现（CD）：它主要是通过对 RAT 的测量来检测网络状态以便准确地发现拥塞状态。

② 拥塞解决（CR）：它将会开启一系列的拥塞控制动作（CCA）来减少负载并减轻拥塞状态。

③ 拥塞恢复（CRV）：它试图将传输参数恢复到拥塞之前的状态。

一个通用的拥塞检测、拥塞解决、拥塞恢复的流程图如图 5-42 所示。

但传统同构系统中的负载均衡算法往往由于在负载调控措施方面存在一定的局限性，很难应用于这种异构无线环境下的负载控制。举例来说，UMTS 系统中的负载控制可以通过上下行的快速功率控制来实现，也可以通过载波间切换来实现，还可以通过接纳控制和业务带宽调整来实现[63]。但是这些负载调控措施中很多都与具体系统的技术特性相关，无法直接推广到具有多种 RAT 的异构无线网络中。比如单载波系统将无法使用频率间切换的方法，而简单的无线局域网络（IEEE 802.11b）则不支持功率控制的功能。所以，需要研究更一般的负载调控措施以用于异构无线系统。同时，还应该看到异构无线网络自身的特点，充分利用终端可以接入不同无线网络的优势，发掘更加灵活有效的负载调控措施。

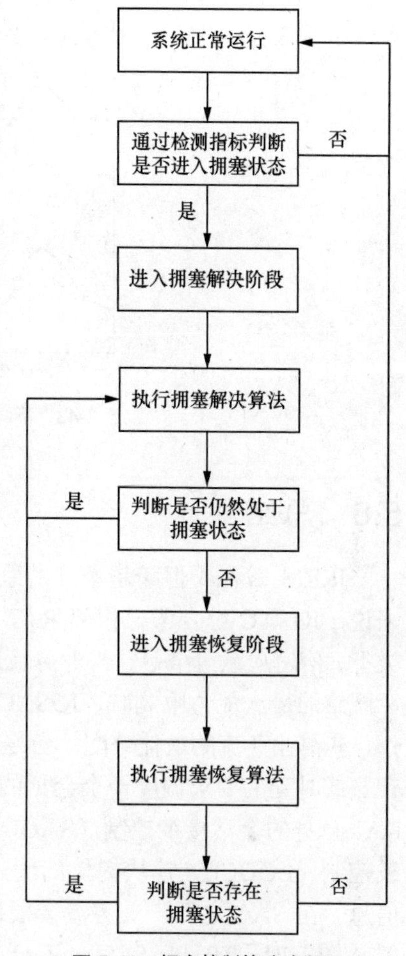

图 5-42　拥塞控制算法流程图

负载均衡的另一个问题是如何对“均衡”进行度量。为解决此问题，人们很早便在计算机网的研究中提出了均衡指标（BI，Balance Index）[64]的概念。BI 是各网络吞吐量和的平方与各网络吞吐量平方和乘以网络数的比值，当各网络吞吐量相等时，它的取值最大且为 1。BI 的定义为评估负载均衡的效果提供了可以量化的参考，因此近年来也在一些无线网络的研究中得到了应用[65][66]。然而，BI 的度量是以网络吞吐量为基础，这样的参数对于不同的 RAT 意义可能差别很大，难以表征异构无线网络的实际负载均衡情况。而且，以最大化 BI 为目标将要求网络间的负载分布绝对均匀，这一点在时变的无线信道衰落和业务流量条件下很难保证。此外，在系统处于轻负载且运转良好的时候，这种严格的负载均衡对系统性能的提升不会有太大帮助，反而会带来许多不必要的负载控制信令开销。鉴于此，人们又提出了基于“容忍门限”[66]的负载均衡算法。在异构无线网络共存的研究中，CRRM 算法正是采用了这种基于门限触发的负载控制机制。虽然固定门限的设定可以在一定范围内减少不必要的负载控制开销，但是它将难以适应随时变化的负载分布和无线信道条件，因此难以在复杂的异构无线网络中获得最优的系统性能。本部分的研究认为，负载的均衡分布应该随着系统负荷的增长而变得越来越重要。因为在重负荷条件下，同样的负载波动更容易引起系统的过载饱和（如图 5-43 所示），从而使得网络阻塞/掉话率上升，QoS 无法保障，导致系统性能和用户满意度下降。因此，人们期望设计一种自适应门限的负载均衡算法，能够随负载分布的动态变化自动调整负载控制的触发门限。仿真结果证明，在负载更新信息有延时的实际系统条件下，此算法比基于固定门限的 CRRM 算法能够更好地适应系统负载的变化，有效地减轻网络拥塞，改善重叠覆盖 RAT 间的资源联合利用，提高中继增益，同时还能够有效地抑制负载波动，提高系统性能的稳定度。

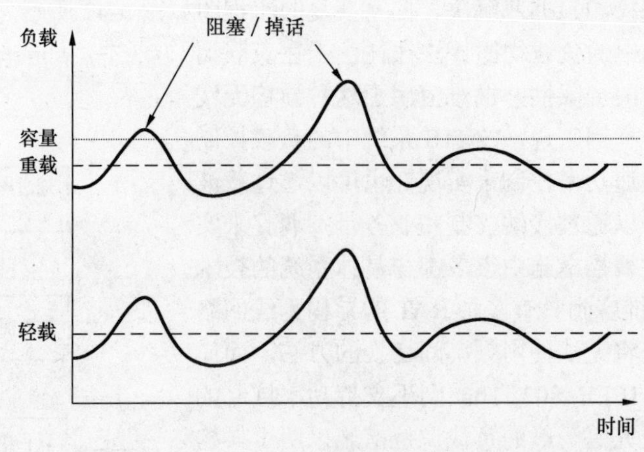

图 5-43　不同系统负荷条件下负载波动对系统性能的影响

5.8　总结

JRRM 算法不但跨越不同的系统而且跨越不同的管理层面并涉及不同的服务类型。具体来说，JOSAC 综合考虑相邻 RAT 各自的容量、覆盖等限制因素以及当前的网络负载、业务类型、信道质量等信息，为业务流选择一个合适的 RAT 传输。当到达呼叫所请求的服务超过了网络的最大能力限制时，JOSAC 会立即拒绝它们。在此过程中，JOLDC 与 JOSAC 协同工作，获得业务流的最佳分配。当终端和网络支持业务流分裂和多归属连接时，JOSCH 将根据带宽或时延的要求调度一个会话的多个数据流接入不同的 RAT。业务流最终是否被接纳由各 RAT 自身的会话接纳控制（SAC，Session Admission Control）模块决定，并依赖于本网的负载控制（LODCL）模块提供的优先级信息以及业务量预测（TREST，TRaffic ESTimation）信息。在 SAC 之后，业务流会根据不同的 QoS 要求被送往不同的优先级队列，由业务调度器（TRSCH，TRaffic SCHeduler）按照 LODCL（LOaD ControL）和 SAC 提供的优先级信息来完成传输调度管理，并映射到相应的传输信道上。同时，TRSCH 还需要将时延、吞吐量等性能指标反馈给 LODCL，来修改相应的优先级信息，以保证传输的质量。

参考文献

[1] IST-2005-027714 Project E^2 R II. End-to-End Reconfigurability phase 2. http://e2r2.motlabs.com/.

[2] FP7-ICT-2007-216248 Project. End-to-end Efficiency., E3. https://www.ict-e3.eu.

[3] Leaves P, Moessner K, & Tafazolli R. Dynamic spectrum allocation in composite reconfigurable wireless networks. In IEEE Communications Magazine,2004,5:72-81.

[4] Grandblaise D. et al. Reconfigurability support for dynamic spectrum allocation: From the DSA concept to implementation. Mobile Future and Symposium on Trends in Communications, Bratislava,Czech, 2003, 10:9-12.

[5] Leaves P, Ghaheri-Niri S, Tafazolli R, et al. Dynamic spectrum allocation in hybrid networks with imperfect load prediction. 3G Mobile Communication Technologies, London, United

Kingdom, 2002,5:444-448.
［6］ Leaves P, Ghaheri-Niri S, Tafazolli R, et. al. Dynamic Spectrum Allocation in Multi-radio Environment: Concept and Algorithm. 3G Mobile Communication Technologies, 2001, 3:53-57.
［7］ Chung Y-L, Tsai Z. Modeling and analysis of dynamic spectrum allocation of two wireless communication systems. PIMRC, Helsinki, Findland, September 2006, 1-5.
［8］ Huschke J, Rave W, Kohler T. Downlink Capacity of UTRAN reusing Frequencies of a DVB-T Network with Negligible Influence on DVB-T Performance. IEEE VTC, US, 2002, 5:1579-1583.
［9］ Huschke J, Rave W, Kohler T. Downlink Capacity of UMTS Coexisting with DVB-T MFNs and Regional SFNs. Proceedings of the IEE - Getting the Most out of the Radio Spectrum, London, UK, 2002.10.
［10］ Hamacher C. Concepts for management of DSA border interference between DVB-T and UMTS. IST Mobile Summit, Portugal, 2003.6.
［11］ Thilakawardana D, Moessner K. A cell-by-cell dynamic spectrum allocation in multi-radio environment. European Wireless Conference, Athens, Greece, 2006.4.
［12］ E2R Deliverables D3.1. Integration Roadmap for Reconfigurability Enabled Radio Resource Efficiency Scheme. 2006.10.
［13］ E2R Deliverbles D3.3. Performance Enhancements through Reconfigurability Enabled Radio Resource Efficiency Enhancing Schemes. 2007.8.
［14］ McHenry M. Spectrum white space measurements. New America Foundation Broadband Forum, 2003.6.
［15］ Leaves P, Huschke J, Tafazolli R. A Summary of Dynamic Spectrum Allocation Results from DRiVE. IST Mobile and Wireless Summit, Thessaloniki, Greece, 2002, 6：245-250.
［16］ Cramton Peter. The FCC Spectrum Auctions: An Early Assessment. Journal of Economics and Management Strategy, 1997, 431-495.
［17］ 杨春青．美国联邦通信委员会频率拍卖的回顾和展望．中国无线通信, 2001.
［18］ Gregory F Rose, Mark Lloyd. The Failure of FCC Spectrum Auctions. 2006.5.
［19］ Thilakawardana D, Moessner K, Tafazolli R. Darwinian approach for dynamic spectrum allocation in next generation systems. IET Communication, September 2008, 827-836.
［20］ Jinwen Zhang, Wenbo Wang. A dynamic channel allocation algorithm in TDD mode CDMA systems. VTC-Fall, 2001, 385-388.
［21］ Francesco Delli Priscoli, Nicola Pio Magnani, et al. Application of Dynamic Channel Allocation Strategies to the GSM Cellular Network. IEEE Journal on Selected Areas in Communications, 1997.10.
［22］ E3 Deliverables D3.2. Algorithms and KPIs for Collaborative Cognitive Resource Management, 2008. 9.
［23］ Thilakawardana D, Moessner K. A cell-by-cell dynamic spectrum allocation in multi-radio environment. European Wireless Conference, Athens, Greece, 2006.4.

[24] 沈嘉，索士强，全海洋，等．3GPP 长期演进（LTE）技术原理与系统设计．北京：人民邮电出版社，2008.

[25] Technical Report. Spectrum Policies and Radio Technologies Viable In Emerging Wireless Societies (SPORTVIEWS). 2007.2.

[26] http://www.e2r2.motlabs.com/.

[27] https://www.ict-e3.eu/.

[28] Hoon Kim, Yeonwoo Lee, Sangboh Yun. A Dynamic Spectrum Allocation between Network Operators with Priority-based Sharing and Negotiation. IEEE PIMRC, 2005, 1004-1008.

[29] E3 Deliverables D3.1. Requirements for Collaborative Cognitive RRM. 2008. 7.

[30] Miao Pan, Ruoji Liu, Xihai Han, et al. A novel market competition based dynamic spectrum management scheme in reconfigurable systems. IEE ICCS, Singapore, November 2006, 1-5.

[31] Miao Pan, Shuo Liang, Haozhi Xiong, et al. A novel bargaining based dynamic spectrum management scheme in reconfigurable systems. ICSNC, Tahiti, French Polynesia, 2006, 10:54-59.

[32] 谢识予．经济博弈论（第二版）．上海：复旦大学出版社，2002.

[33] Microeconomics Inspired Mechanisms to Manage Dynamic Spectrum AccessGrandblaise D, Kloeck C, Renk T, et al. Microeconomics Inspired Mechanisms to Manage Dynamic Spectrum Access. DySPAN, 2007, 4:452-461.

[34] Ji Z, Liu K J R. Belief-assisted pricing for dynamic spectrum allocation in wireless networks with selfish users. SECON, Reston, VA, USA, 2006, 9:119-127.

[35] 姜艳．基于异构网络的联合带内带外感知导频信道及动态频谱拍卖与负载均衡算法．北京邮电大学硕士研究生学位论文.

[36] 段玉宏，夏国忠，胡剑，黄萍．TD-SCDMA 无线网络设计与规划．北京：人民邮电出版社，2007.

[37] Rubinstein A, Osborne M. Bargaining and markets. Academic Press, San Diego, 1990.

[38] Osborne M. An introduction to game theory. Oxford University Press, Oxford, 2004.

[39] Almeida S, Queijo J, Correia L M. Spatial and temporal traffic distribution models for GSM. IEEE VTC, Amsterdam, Netherlands, 1999, 9:131-135.

[40] Kiefl B. What will we watch? A forecast of TV viewing habits in 10 years. New York, USA: The Advertising Research Foundation, 1998.

[41] 3GPP TS 05.05 V8.20.0. Radio transmission and reception. 2005, 11:Release 1999.

[42] 3GPP TS 25.104 V6.15.0. Base station (BS) radio transmission and reception(FDD). 2007, 3:Release 6.

[43] ETSI EN 300 744 V1.1.2. Digital video broadcasting (DVB): Framing structure, channel coding and modulation for digital terrestrial television. 1997.8.

[44] T.A. Weiss, J. Hillenbrand, A. Krohn, F.K. Jondral. Effcient signaling of spectral resources in spectrum pooling systems. in: Proc. 10th Symposium on Communications and Vehicular Technology (SCVT), 2003.11.

[45] T.A. Weiss, F.K. Jondral. Spectrum pooling: an innovative strategy for the enhancement of

spectrum effciency. IEEE Radio Communication Magazine 42 2004, 3: 8-14.

[46] IEEE 802.22 Working group. WRAN Reference Model. Doc Num. 22-04-0002-12-0000.

[47] RAN Requirements. Doc Num. 22-05-0007-46-0000.

[48] Song Qingyang, Jamalipour A. Quality of service provisioning in wireless LAN/UMTS integrated systems using analytic hierarchy process and Grey relational analysis. Global Telecommunications Conference Workshops, vol. 29, 2004, pp.220-224.

[49] Guo Chuanxiong, Guo Zihua, Zhang Qian, et al. A seamless and proactive end-to-end mobility solution for roaming across heterogeneous wireless networks. IEEE Journal on Selected Areas in Communications, vol. 22, 2004, pp.834-848.

[50] Gabor Fodor, Anders Furuskar, Johan Lundsjo. On access selection techniques in always best connected networks. 16th ITC, September 2004.

[51] Y. Zhang, J. Chen, P. Zhang. Autonomic Joint Radio Resource Management in B3G environment using Reinforcement Learning[C]. In Proc. 6th Annual Wireless Telecommunications Symposium (WTS 2007), Pomona, California, 2007. 6.

[52] Y. Zhang, K. Zhang, C. Chi, et al. An adaptive threshold load balancing scheme for the end-to-end reconfigurable system[J]. Special Issue of Springer Wireless Personal Communications Journal, 2007, 320-335.

[53] J. Luo, R. Mukerjee, M. Dillinger, et al. Investigation of Radio Resource Scheduling in WLANs Couple with 3G Cellular Network[C]. Wireless World Research Forum, Working Group 6 White Paper, 2004.

[54] Y. Xue, Y. Lin, Z. Feng, et al. Autonomic Joint Session Scheduling Strategies for Heterogeneous Wireless Networks [C]. IEEE Wireless Communications and Networking Conference, Las Vegas, 2008, 2045-2050.

[55] T. Goff, D.S. Phatak. Unified transport layer support for data striping and host mobility[J]. IEEE Journal on Selected Areas in Communications, 2004, 5(22): 737-746.

[56] M. Fiore, C. Casetti. An adaptive transport protocol for balanced multihoming of real-time traffic [C]. IEEE Global Telecommunications Conference, St. Louis, MO, 2005,11: 1091-1096.

[57] J. Iyengar, P. Amer, R. Stewart. Concurrent multipath transfer using SCTP multihoming over independent end-to-end paths [J]. IEEE/ACM Trans on Networking, Dec. 2006, 14(5): 951-964.

[58] H. Hsieh, R. Sivakumar. A Transport Layer Approach for Achieving Aggregate Bandwidths on Multi-Homed Mobile Hosts [J]. Wireless Networks, 2005, 1(11): 99-114.

[59] Xiaomeng Wang; Zhiyong Feng; Dian Fan, et al. A Segment-Based Adaptive Joint Session Scheduling Mechanism in Heterogeneous Wireless Networks. IEEE Vehicular Technology Conference Fall,2009,1-5.

[60] AN Deliverable D2.4. Multi-Radio Access Architecture. 2005.11.

[61] AROMA Deliverable D12. Intermediate report on AROMA algorithms and simulation results. 2007.3.

[62] 3GPP 25.922 v6.0.1. Radio Resource Management Strategies (release 6). http://www.3gpp.org.
[63] Holma H, Toskala A. WCDMA 技术与系统设计（第 3 版）. 北京：机械工业出版社，2005.
[64] Chiu D and Jain R Analysis of the Increase and Decrease Algorithms for Congestion Avoidance in Computer Networks. IEEE J. of Computer Networks and ISDN, 1989.6(17).
[65] Balachandran A, Bahl P, Voelker G M. Hot-Spot Congesting Relief in Public-area Wireless Networks. in Proc. of 4th IEEE Workshop on Mobile Computing Systems and Applications, 2002.6.
[66] Velayos H, Aleo V, Karlsson G. Load Balancing in Overlapping Wireless LAN Cells. in Proc. IEEE ICC'04, 2004, 6(7):3833-3836.

第6章 Self-x 算法流程

未来无线接入网络的复杂性和异构性以及运营行为（如网络规划、部署、OAM 功能和网络优化等）将急剧增加。从移动电信市场可见如下模式：运营商首先集中关注系统的性能，然后考虑网络的操作。但是由于下一代移动无线系统的关键性驱动因素是成本和复杂度的降低，因此，需要改变原来的模式，并且当前焦点在于如下方面：良好的性能和操作效率。从这个模式变换图可以看出自组织方法是未来网络中一个富有潜力的解决办法。

一个自组织网络（SON）是一个支持 Self-x 功能（例如自配置或者自优化）的通信网络，因而能够降低人工干预程度。

一般地，Self-x 的功能是基于一个循环（Self-x 环）来实现的[1]，该循环包括数据收集、数据处理以及优化参数获取，如图 6-1 所示。

进一步地，Self-x 有效提升了未来无线接入方案（“即插即用”）的可用性并加速了新的无线服务的引入和部署。

此外，自组织方法有利于进一步提升频谱效率，这是因为通过这些方法，可以将容量分配到需要的地方，这与需要处理覆盖区域内的最大需求的现有网络不同。最后 Self-x 方法同样致力于提升用户感知的服务质量。除了频谱效率的提升，同样提升了极限接收条件下的干扰优化和覆盖优化。

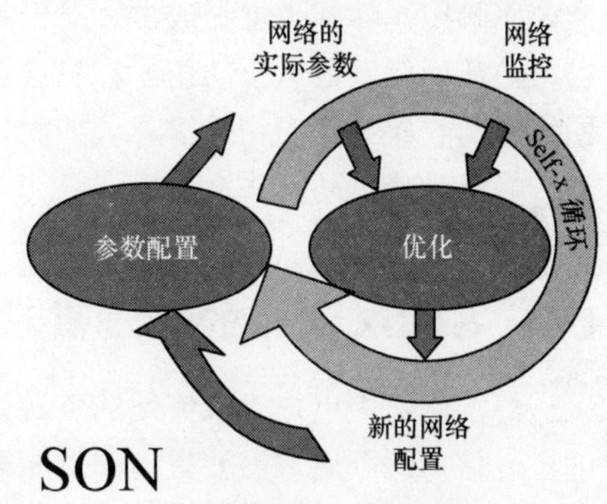

图 6-1 基本的 Self-x 循环

因此，Self-x 的主要增益将首先来自运营成本（OPEX，OPerating EXpense）的降低，然后是性能的提升。

6.1 Self-x 概述

自组网不同的表现形式可以统一以 Self-x 表述，如图 6-2 所示。这一领域的研究活动包括对主要自处理能力的初步支持，如在无线网络中对用户和体系设备进行自配置和自优化[2]。

① 自配置：自配置可以这样定义，新运行的节点由自动安装程序去获得系统运行所需的基本配置信息完成配置。这一过程在开始运行之前完成。运行前状态即射频接口未激活的状态[3]。在第一次初始配置之后，节点连接到网络的程度足以完成获取额外的可能配置参数或软件更新以实现完全运行。

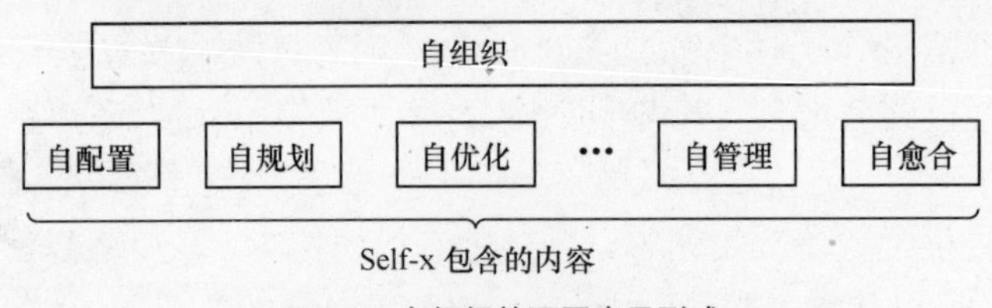

图 6-2　自组织的不同表示形式

② 自规划：自规划可以理解为自配置机制的一种特殊情况。它包括无线规划参数被配置于一个新网络节点的过程。自规划的参数有：与邻蜂窝的关系；UE 和 eNode B 的最大传输能量值；切换（HO）参数，迟滞作用、触发程度等。

③ 自优化：自优化定义为网络将用户设备和基站测量及性能测量用于自调整的过程。这种调整动作指改变参数、阀值、与邻近小区的关系等。自优化的主要好处在于：最小化运行付出；提高性能和质量；进行消耗规划和减少出错率。这一过程在运行状态下即射频接口处于商业运行的状态下完成。

④ 自管理：自管理是指运行、维护任务和工作流的自动化，例如将这些任务由人工操作转向由移动网络及其实体完成。管理任务由无线网络自身完成，而人工操作只是提供运行和维护的高层次指导。网络及其实体可以由获得的信息和无线环境的现行运行状态自动执行管理操作，而通过政策和目标管理网络的运营和维护系统。

⑤ 自愈合：自愈合是一种自组织功能，网络可以检测自身的问题并进行解决或减缓，以避免影响用户并减少维护成本。对于每个检测到的错误，网络的错误处理实体会发出合适的警报，从而触发自愈合动作。自愈合功能包括监视报警，当发现可以被自动处理的报警时，网络自动收集必要的相关信息（如测量和测验结果）做深入分析，然后按照分析结果触发合适的修复动作自动解决这一错误。

6.2　Self-x 问题的算法需求

蜂窝网络中用户可以使用的资源数量（功率、编码、频率等）是有限的，然而，新业务的出现使得每个用户需要更多的资源来满足基本的需求。在此背景下，优化网络中的资源分配是网络运行的一个重要方面。当前有许多可以优化此类问题的算法，而对于每一种情况，要考虑最适用的算法以提高处理效率。

本节描述优化过程中所使用算法需要满足的需求。为了降低理解的复杂度，这里选择 LTE 系统中小区之间的干扰协调（ICIC，Inter-Cell Interference Coordination）作为优化过程的一个具体实例进行研究。

以频谱效率和可用数据速率形式评估的 LTE 与 WCDMA/HSPA（High Speed Packet Access）系统相比，会受到更多的小区间干扰的限制。因此，引入减少或控制小区间干扰的解决办法可以明显改善 LTE 的性能，尤其是改善小区边缘为用户提供的服务的性能。通过在 OFDM 下行链路和 SC-FDMA（Single-Carrier Frequency Division Multiple Access）上行链路引入合适的调度机制，可以避免相邻的小区同时使用相同的物理资源块（PRB，Physical Resource Block）从而可以控制并减少小区之间在上行和下行链路上的干扰。为了达到这个目标，可以在调度过程中引入资源约束。

本节的主要目标是设计一种以优化方式分配资源的算法。该算法可以解决小区之间的干扰协调问题：上行链路资源和下行链路传输功率协调使用，从而改进 SINR 和相应的吞吐量。

SON 功能可以提供配置参数的调整，以改进干扰的控制，减少运营商用于人工配置和优化方面付出的同时，可以使得 ICIC 更加有效。根据 3GPP 标准[3]，ICIC 由 eNB 实现。

解决方案要处理以下两问题。

① eNB 的资源偏好和约束：为避免使用静态的资源约束/喜好的网络，即固定的 PRB 分配，需要使用一种更加动态的机制。为实现此目的，需要设计一种具体算法以调整资源约束/喜好。

② ICIC 报告：网络自组织功能需要能够优化 ICIC 初始化报告进程、负载及干扰条件。这些优化可以使网络根据新的功能条件进行调整，特别地，这种优化可以利用增强学习方法实现。

一旦定义了算法适用的情景，为实现一个良好的算法，需要满足如下需求定义。

（1）定义算法执行的预设条件。

① 处于运行模式的小区。

② 小区和邻近小区的可用检测：干扰及子带的配置功率。

③ 默认时间分辨率的定义。

④ 频域调度：已经由时域调度器选择的 N 个用户。

（2）定义涉及的主要参数和指示器。

① HII（High Interference Indicator）、OI（Overload Indicator）、DL（Down Link）传输功率：意义、复杂度、更新时间。

② 区域边缘用户的确定矩阵，因为这些用户是与 eNB 邻近最可能的干扰。

③ 用户特征：需求的 QoS 与 PRB 之间的关系。

（3）定义开启过程的触发器。

（4）定义优化目标。

① 资源和功率限制。

② 阈值（负载及干扰指示）。

（5）评估算法解决方案的适配功能。

要定义一个开销函数以评估解决方案的质量。该开销函数必须表示所有该问题要优化的目标（即无 PRB 碰撞，无小区边缘用户干扰，无用户退化，在原有用户的连接不丢失的情况下允许新用户的接入）。这其中，有许多目标是矛盾的，很明显地，这是个多目标问题。由于概念的改变，这种问题的第一个需求是定义优化，一种可能的解决方法是采用帕累托优化。

（6）确认可以用于验证阶段的性能指示器（SINR、吞吐量等）。

（7）用于 RL（Richardson-Lucy）算法的状态、节点及回馈参数的定义。

6.3　Self-x 算法概述

自组织行为是自然界和各种科学学科都能观察到的一种现象。因此，存在着不同的算法用于描述和表现自组织行为。运用正确的智能模型，可以将各种科学学科中开发的算法用于通信网络。一般而言，如果采用合适的模型，算法可以用于任何领域的自组织功能，并在各自领域追求各自的目标。

本节简要概述了不同类型算法的不同实现，并根据算法的复杂度对算法进行分类。在接下来的各小节中简要介绍与通信网络中 Self-x 功能实现最为相关的算法。

6.3.1 算法的实现

根据算法的实现可将其分为局部、分布和集中式算法。不同的实现具有不同的特点和不同的优势。有些算法既可以通过分布方法实现，也可以通过集中方法实现，有些算法本质上就是分布或局部实现的算法，还有些算法只能通过集中方法实现。

1. 分布和局部实现

分布和局部实现在自主权上不同：局部实现算法不进行任何交流，以完全自主的方式运行，而分布算法能够进行交流并共享信息。除此之外，双方有如下共同属性：局部或分布算法的全局结果是通过每个节点的特定局部性行为实现的，而全局行为可能不同于局部追求的目标和原则。局部和分布实现的主要特点是：

① 高度的可扩展性；

② 最低的可能复杂度和最高的可能速度；

③ 对（局部）变化的快速反应；

④ 对抗局部错误或局部不足的高度全局健壮性；

⑤ 集中所有可用数据，形成数据库，通过数据的一体化（即统一于同一数据库，以统一的形式存储），可以方便地进行数据的处理和发布。

2. 集中式实现

集中式算法是由单一实体实施和执行的，该实体预留资源只供备份，防止信息传输失败（备份将形成冗余信息）。它决定每个参与实体要采取的行为，并直接追求预定的全局目标。集中式算法的主要特点是：

① 全局角度，全局范围（看到所有，知道一切）；

② 轻松整合现有集中数据（如中央数据库）；

③ 可扩展性低；

④ 一般情况下复杂度较高、速度较慢；

⑤ 局部数据错误或不足影响全局结果——全局健壮性低；

⑥ 可能要搜集和管理大量数据，并且聚集局部收集到的数据所需要的数据交互开销大。

6.3.2 算法的类型

1. 解析优化算法

解析优化可以利用线性代数领域的线性优化技术来实现，并且一旦有了足够的数学描述，通过在约束条件下最小化成本函数或最大化利润函数即可找到最佳的解决方案。然而如果解析优化用于解决 NP-hard（Non-deterministic Polynomial-time Hard）[4]问题（如资源分配中的着色问题）则会导致非常高的成本。总体来说，解析优化算法具有如下特点。

① 寻找最佳的解决方案。

② 对 NP-hard 问题[4]复杂度指数上升：成本可能极高；速度可能很低。

2．组合优化算法

组合算法用于解决计算意义上难以解决的问题[4]。它们运用不同技术有效缩小通常很大的解决方案空间，并探索相关解决方案空间以便找到一种好的解决办法。通过这种方法，我们可以高效地找到一个好的方案，尽管该方案不能保证其是最佳的。以下各节中，我们将介绍工程领域所感兴趣的一些方法。

（1）遗传算法

遗传算法是模拟生物演变的一类进化算法。它们拥有一系列可能的初始随机选定的解决方案。这些算法使用所谓的适应度函数评估每个解决方案的质量，然后将当前最佳方案的变型替代相对糟糕的方案。这种技术可以找到一个很好的解决方案，同时只需探索一小部分的解决方案空间[5]。最重要的特点是：

① 找到相对较好但通常不是最佳的解决方案；

② 相对解析优化算法降低了复杂度；

③ 运用网络仿真评估解决方案：复合情景管理；速度和可能复杂度之间的权衡；

④ 可能增加收敛速度，因为每一步骤需要维持、评估大量的解决方案，并且新的解决方案是从现有最佳的解决方案中获得的。

遗传算法是基于达尔文原理的进化算法。它以种群为基础，模拟自然选择和生物进化过程，使用选择、重组和变异操作在搜索空间中产生新的解决方案。文献[5]中，作者 Holland 建议采用遗传算法模拟自然进化和选择的一些进程。在自然界，每一物种都需要适应复杂并且不断变化的环境，以最大限度地提高生存概率。每个物种获取的知识编码于其染色体上，并在繁殖时发生转化。经过一段时间，染色体的变化使得易生存的物种数量增加，从而拥有更大的几率将改进的特征传给后代。并非所有特征都是有利的，那些生存概率低的物种将趋于灭绝。

Holland 的遗传算法以如下方式模拟自然界：第一步是使用人工染色体代表问题的解决方案，该染色体是一串可以负载指定有限范围字符数值的基因。这串基因代表解决方案空间中的单一解决办法。然后，随机地生成合理的染色体初始种群。对每一代，我们对种群中的每一个染色体的适应性进行评估。高适应性意味着其是比低适应性更好的解决办法。进而，我们根据某一个挑选准则选出适应性高的染色体来为下一代繁衍后代——它们继承了双亲最好的特征。经过若干代选择更好的染色体，希望的结果是产生一个从根本上较原始种群适应的种群，一般遗传算法的流程图如图 6-3 所示。

下列步骤列表描述了遗传算法的基本结构，如图 6-4 所示。

（2）禁忌搜索算法

禁忌搜索[5]是一种采用内存结构提高搜索性能的局部极值搜索方法。该方法从一个随机方案出发，评估该方案及其邻近区域（由邻近区域函数给出）的性能。如果在邻近区域存在更好的解决方案，则选中该方案进入下一轮迭代。在遍历解决方案空间时，该算法会找到导致性能变化的解决方案或参数，然后根据其禁忌策略分别为这些解决方案或参数创建禁忌，从而有效地缩小了解决空间，并能够找到一个好的解决办法。该算法的主要特点如下。

① 找到好的但通常非最佳的解决方案。

② 较解析优化算法复杂度降低。

③ 用于评估该方案的网络仿真：复杂可管理的场景；速度和复杂度之间的权衡。

④ 较遗传算法，禁忌算法可能收敛较慢，因为在每一轮迭代中仅有单一解决方案可以用作参考。

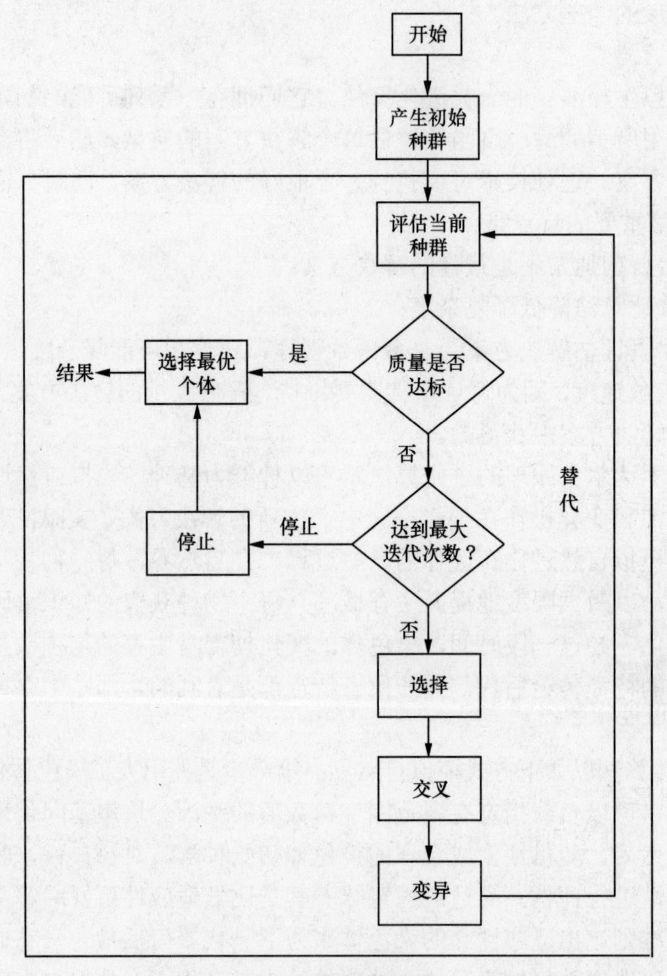

图 6-3 遗传算流程图

```
k←0
Initialize starting population P(k)
Evaluate fitness P(k)
    While  not finished
              Select individuals from P(k) to generate offspring P′(k)
              Generate offspring using crossover and mutation
              Evaluate fitness  P′(k)
  Select P(k+1) from P(k) ∪P′(k)
  k←k+1
  End While
```

图 6-4 伪码表示的遗传算法

（3）贪婪搜索算法

贪婪搜索[6]是一种使用贪婪算法的局部极值搜索方法：通过在每一轮迭代选出最佳方案，希望找到一个全局最佳的方案。贪婪搜索始于一个随机方案，然后计算同每个参数变化相关的梯度。使用这些梯度值，选中当前最佳方案邻近区域的最佳解决办法进入下一轮迭代。该算法的结果是找到一个一般不是全局最佳的极值。为了降低算法局限于局部极值的可能性，可修正算法使它跟踪邻近区域的前几个最佳方案而不仅是一个，这就引出了一个树形结构。该算法的典型特点与禁忌搜索相同，差异在于该算法的树形结构可以防止其局限于某个局部极值但因此可能会导致大量迭代，从而导致高的复杂性。

（4）模拟退火算法

模拟退火[7]与贪婪搜索类似，但在一定概率内其允许不优于当前最优的方案进入下一轮迭代且这个概率正比于系统温度——随着算法迭代不断衰减。因此，选中比当前方案更差解决办法的概率随时间减少，直到这个概率微不足道[8]。因此，该算法能够跳出局部极值并找到更好的局部极值（如果存在的话），并且由于系统温度不断下降，它总能够收敛。该算法的特点与贪婪搜索极其相似，唯一的区别是它不会陷于局部极值。

（5）粒子群优化算法

粒子群优化算法[9][10]是一个以种群为基础的随机优化技术，它利用种群中的合作和竞争寻找好的解决方案。在粒子群优化算法中，许多粒子遍历解决方案空间。每个粒子拥有相关的位置和速度。粒子记住迄今为止其在解决方案空间中的最佳位置，并同其他粒子交流各自的最佳位置。然后每个粒子根据自身以及其他粒子的经验调整自己的位置和速度。该算法的主要特点是：

① 寻找好的但通常非最佳的解决方案；

② 与解析优化算法相比降低了复杂度；

③ 不易陷于局部极值；

④ 分布实现可能很容易；

⑤ 效率高。

（6）神经网络算法

神经网络[11]在多维空间中为近似非线性函数。一般来说，神经网络将一个 m 维输入映射到一个 n 维输出。因为神经网络具有认知能力，该算法并不需要已知近似函数或映射函数。神经网络可用于模式识别、聚类分析、预测、优化和自动控制。其主要特点如下。

① 与解析优化相比复杂度降低。

② 通过训练学习具体任务：易于设计；高度的灵活性。

③ 拥有概括能力，即能够对以前在训练中没有明确认识的情况做出正确反应。

④ 不需要系统模型，只需要训练的数据。

6.3.3　算法的复杂度分类

本节根据优化问题的规模对上节中所介绍算法的复杂度进行分类。一般来说，每个算法的复杂度随着问题规模的增大而增加。但是，就初始复杂度和随着问题规模增大而增加的复杂度而言，不同算法也有所不同。图 6-5 显示了不同类算法对复杂度和问题规模的依赖趋势，其中纵轴标志定义如下。

① 本地：一个小区。

② 局部：若干小区。

③ 全局：所有小区。

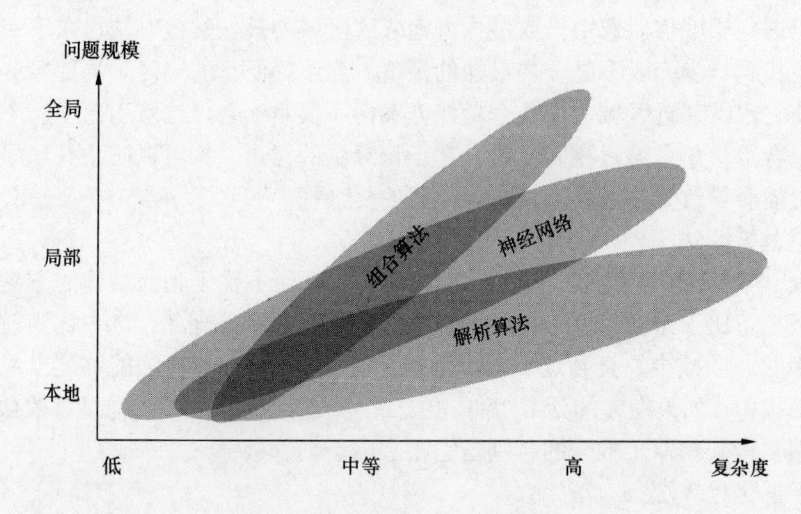

图 6-5 不同类型算法的复杂度分类

根据图 6-5，我们提出特定规模问题使用算法的一般建议如下。

① 组合算法：全局使用；局部使用。

② 神经网络：局部使用；本地使用。

③ 解析优化算法：本地使用。

6.4 Self-x 算法应用场景

下面，我们将介绍 Self-x 算法的几种应用场景。

6.4.1 切换参数优化

切换是一种基本的无线资源管理功能，能够将一个移动终端的连接从一个基站转移到另一个基站，对于用户移动性的支持具有重要作用。硬切换是一种十分典型的切换方式，作为所有类型切换的基础，硬切换几乎被所有蜂窝无线通信系统所支持；本书以硬切换为例，简要介绍 Self-x 在切换参数优化场景中的应用。

图 6-6 所示为硬切换过程及涉及的重要参数，包括切换延迟时间、切换触发时间和单个小区功率的补偿。切换的条件是由“切换延迟时间”和“切换触发时间”同时控制的，当且仅当两方面条件同时满足时，才触发切换。

在硬切换执行过程中，可能主要存在如下两个问题。

① 如果切换执行太早或者太晚，将可能导致移动终端在切换执行前后接收到的功率太小，导致连接损失或者切换失败。

② 另一方面，可能存在不必要的切换（也就是可能存在所谓的“乒乓效应”）；当一个移动终端沿着两个小区的边缘移动时，这种现象发生的概率大大增加。虽然不必要的切换不会

导致连接的损失，但却带来大量的信令负荷。

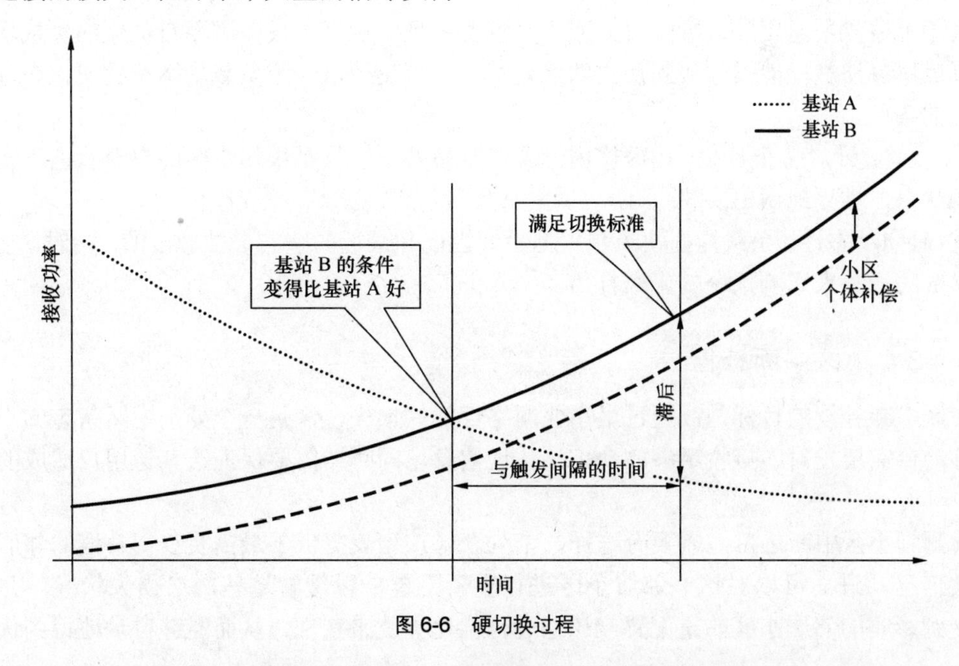

图 6-6　硬切换过程

针对上述场景，Self-x 被引入算法中，寻找切换参数的合理设置。

总的来说，当前的网络状况是由网络总的切换数量、网络中失败及不必要的切换数量以及当前的网络配置共同描述的。这些描述网络状况的参数形成了切换参数优化算法的输入，而优化的切换参数设置则形成了算法的输出。

由于移动网络的实时变化，例如，用户的移动性以及快、慢衰落条件的变化，切换参数的优化是一个持续不断的过程。因而在配置了一组优化的切换参数之后，需要重新开始当前网络状态的分析，然后重新计算优化的切换参数。这是一个循环往复的过程，传统的人工模式效率低下，因此建议引入 Self-x 算法优化整个操作流程。

6.4.2　单一网络的负载平衡

本节主要介绍“单一无线接入技术”或者“无线接入技术内”的负载均衡——致力于平衡一个小区簇（单一无线接入技术）内相邻小区业务负载的重大差异，并最终支持最大的系统吞吐量。

负载均衡同切换过程密切相关，事实上，负载均衡对小区簇业务负荷的控制，就是通过周期性调整同切换过程相关的参数来实现的；另一方面，对切换来说，适当的自优化过程需要能够自动执行负载均衡过程，从而能够对快速变化的业务和移动类型做出反应，自然地，能够实现比人工流程更高的效率。

根据各个参数在算法中所起的作用，可以将负载均衡算法中的相关参数划分为如下几类。

① 状态参数：这些参数能够反映系统的性能，例如，小区吞吐量、活跃移动基站的数目；在负载均衡过程中需要对状态参数进行持续的测量。

② 状态参数的阈值：状态参数的阈值用于同所测量的状态参数值进行比较，一旦出现偏差，则触发负载均衡行为。

③ 控制参数：控制参数是由负载均衡行为来调整的，例如单个小区功率补偿。

由于上述参数运用于运行阶段，而不是资源管理的规划阶段，因而自优化的负载均衡过程及其底层算法就不能设计成封闭式的优化算法。相反地，一个负载均衡流程应该充分考虑运行时的条件。

① 位置：针对每个负载，小区簇内的各个基站基本上只是根据小区的自身状态以及邻近小区的状态，独立地做出决策。

② 时间动态性：负载均衡决策是根据系统当前和最近的状态参数做出的，同时，它通过控制参数的调整来影响系统的未来行为。

6.4.3 小区中断补偿

小区中断补偿的目标是：通过最小化网络性能的损失，恢复一个处于中断状态的小区。一个移动台需要发射、接收足够的功率来传送信息，同时还需要保证给其他用户造成的干扰最小。

检测到小区中断之后，需要有这样一个列表：该列表提供了最需要获得补偿的邻居小区的相关信息。进而可以对这些邻居小区进行重新配置，以缓解这些网络损失状况。并且，这些受到影响的邻居小区的重配置应该通过自优化算法来实现，从而能够自动地得到优化的配置。

所有出现在相邻小区列表的小区，都有可能通过补偿得到网络性能的提升。而优化算法需要确定哪些相邻的小区可用于弥补由于基站参数配置不当或者移动终端和基站端测量数据的不准确而带来的覆盖损失。同时算法应该自主地考虑应该使用多少邻居小区来达到补偿的目的以及如何巧妙地配置它们的网络参数。类似小区功率、天线倾斜的网络参数，切换延迟时间等调整切换的参数，以及类似单个 RAT 功率补偿的负载均衡参数都应该纳入到算法考虑的范围。算法还需要引入移动台和基站测量得到的 SINR、平均 SINR、平均吞吐量以及吞吐量。

对已知网络参数的自动调整需要以合理的方式加以规范，也就是说，仅仅增加邻居小区的小区功率是不充分的，因为这可能造成对其他小区的干扰，从而没法很好地体现其恢复受损小区的优势。为了找到优化设置这些参数的算法，需要分析移动台和基站执行测量后得到的结果（例如，移动台上报的下行干扰情况、基站报告的上行干扰情况以及小区容量等小区性能指示），并在此基础上做出反应。

6.4.4 家庭基站的无线参数优化

1．场景介绍

家庭基站是一种低成本的大众产品，用于移动网络的室内接入。由于这种家庭基站支持标准的移动终端，用户不需要专用的无绳电话来实现接入，并且家庭基站的部署能够获取更好的室内覆盖，同时支持和宏基站之间无缝的移动性连接。

鉴于家庭基站能够提供额外的覆盖，能够通过数据用户线连接核心网，因此可以有效地帮助移动网络运营商节省布网费用。另一方面，家庭基站应该支持“即插即用”的部署方式，由家庭用户自行部署，并且实际应用中，应该存在一个自优化算法，能够根据干扰状况，对相关无线参数进行配置和重配置。

当前，家庭基站概念依然存在一些开放式的问题：比如，将家庭基站和宏基站部署在相同的频率站点是否可行？家庭基站的接入是否仅仅局限于个人用户？

这些问题的回答对于干扰状况有着很大的影响，因此对自优化算法的选取同样具有很大的影响。具体算法需要结合家庭基站的特征要求：

① 家庭基站需要具有额外的下行接收机来检测出无线环境的基本参数，并扫描出干扰状况；

② 家庭基站能够自适应调整发射功率；

③ 家庭基站能够按需触发或者定期地向一个集中管理实体传送无线环境指标；

④ 通过一个集中管理实体，移动运营商能够不受任何限制地控制家庭基站无线参数的配置。

自优化算法通过控制家庭基站的发射功率，可以最小化对宏基站的负面影响。自优化算法应该在家庭基站和宏基站之间引入有效的干扰协调，具体地说，可以通过为家庭基站预留物理资源块（PRB）来实现。

2．算法的输入输出定义

一个移动台的干扰情况是由信道质量信息（CQI，Channel Quality Indicator）报告给基站的，此处假设 CQI 报告具有固定的延迟并且是定期更新的。

在一个简单的分布式算法中，每个家庭基站的发射功率独立地优化。家庭基站之间不通过集中管理实体直接或间接交换数据。集中式算法中所有 CQI 报告被送到优化算法所在的集中管理实体。

如果数据可以在家庭基站和移动基站之间进行交流，可以有更多的增强型解决办法。如果将物理资源块独占使用或者仅仅是限制一个基站的功率，则可以实现干扰协调。基站的 PRB 报告通知其所使用的 PRB 并显示每个 PRB 减少的功率。

这样一个 PRB 报告只适用于一组基站，比如移动基站和所有位于对应移动基站区域范围内的家庭基站。这样的解决办法结合了集中和分布的功能，所以 PRB 报告既可以同时是算法的输入和输出。

3．算法执行

我们为本用例选定了 3 个算法，它们拥有不同程度的复杂性。

（1）基于规则算法的简单分布式算法

一个家庭基站的发射功率是由该家庭基站的接收功率及分配到该家庭基站的所有移动台的目标 SINR（信号干扰噪声功率比）所决定的。目标 SINR 的值在家庭基站配置过程中进行预设置。因此，所有家庭基站使用相同的目标 SINR。

（2）基于规则算法的简单集中式算法

集中式算法允许根据每个家庭基站的业务负荷以及该家庭基站对其他基站造成的不利影响，独立控制每个家庭基站的发射功率。

（3）遗传算法

遗传算法用于实现宏基站和家庭基站间的动态干扰协调，其目标是自动为移动基站和家庭基站找到一个 PRB 分配方案，以最大限度地发挥网络整体性能。其中，综合考虑了信道和干扰条件的波动。

6.4.5 ICIC（小区间干扰协调）

传统的 OFDM 系统使用固定的子载波分配，以避免不同的用户同时分配到相同频率块，从而消除小区内干扰。但是这种分配方法会带来小区间干扰。小区间干扰对小区边缘用户的影响更为明显，这是因为在小区边缘，用户从服务基站获得的信道增益较差，所以对 ICIC 更为敏感，从而导致小区边缘用户接收质量更差。小区边缘用户性能的有限性对于想要在其服务区内提供全面覆盖并保证服务的用户在小区内任何位置都能达到特定 QoS 的无线运营商是一个重大问题。合理规划的子载波分配可以防止用户与其他相邻用户发生碰撞。

Self-x 可以对业务和干扰条件自适应优化，因此可以被用来处理边缘用户的资源分配，增强干扰控制算法的性能。特别地，可以改善信号干扰噪声比、吞吐量或者信号的延迟。

6.5 Self-x 算法举例

在高度动态的端到端效率环境下增加或者减少小区是一个基本的用例情景，并且必须利用自配置以自我管理方式实现而不能进行人工干预。本书将在接下来各小节详细描述自配置过程。

6.5.1 添加小区的自配置算法

配置新的小区是任何无线接入系统的一项基本管理功能。在传统的系统中，新小区的配置是规划行为——包括获取基站站址，选择一个合适的硬件平台等。在高度动态并且采用自管理的系统中，认知环境需要重点关注端到端的效率，因此小区配置问题也被提升到一个新的重要性高度上。灵活基站的引入，使得异构移动系统能够根据无线环境进行动态的重配置和调整，从而获得优化的效率和优化的服务质量（主要在服务请求和终端能力方面），这是通过优化（机会）地使用可用频谱，为灵活基站分配可用硬件以及计算资源实现的。这种动态自适应的关键特征是小区的自管理以及自动的重配置，也即意味着这里将小区的自配置看作是小区添加的一项功能。

本部分内容主要关注认知决策中，小区的灵活自动初始化、小区的自配置或者重配置。相比传统规划方案，引入自优化的算法需要在小区添加过程中引入更多的灵活性。这暗示着认知决策将一些细节传递给了添加小区的功能模块，然后功能模块需要很好地处理如下细节内容：

① 关于新的小区应该部署在哪个站点的决策；

② 受限于认知资源管理的详细的小区参数，例如无线接入类型、频带、功率限制和小区覆盖区域；

③ 新小区所需要的资源。

图 6-7 中的接口 5 要求基站平台在添加/移除/更改小区的操作上引入更多的灵活性。认知决策需要保证为一个新添加的小区预留足够的平台资源，并确认平台具有足够的能力来满足具有特定性能要求的小区需求。

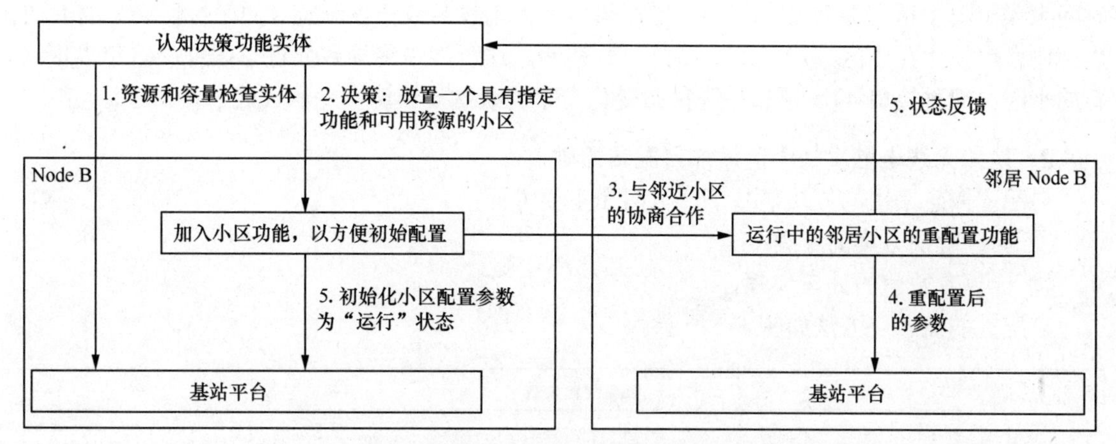

图 6-7　添加小区的功能同其他功能实体的接口

自配置算法的目标是对新添加的小区的自动和自主配置，其中包括能够自动地切换到运行模式。本部分提供的算法是充分调用分散的网络元素来实现的，并且算法不断提取邻居小区自配置参数，进行自学习。自学习过程选择合适的邻居小区列表，必须具有如下 3 组可用信息：

① 灵活的基站必须知道一些全局的参数（比如，运营商 ID）或者能够从一个集中数据库提取这些信息；

② 必须了解认知可重配置决策过程接收到的新小区的特性（例如，频率范围、功率等）；

③ 必须了解自配置所需要的硬件属性（可以在灵活基站中提取）。

通过了解上述信息，可以挑选出合适的采用相同无线接入技术的邻居小区，这些邻居小区具有同新添加小区类似的配置参数。基于这些小区能够提取出主要的配置参数。在对学习到的参数（例如，本地环境的调整策略以及邻居小区的配置）进行预处理之后，就可以对邻居小区的这些参数进行重配置，此时，邻居小区被设置为操作模式。

1. 自配置的先决条件

由于要做出认知决策，在动态添加一个小区之前需要满足一些先决条件。

首先，基站平台必须是可重置的并且必须有用于执行认知导致的小区增加所需的功能和资源。

其次，应遵循一定的顺序。

① 认知决策发现增加一个新的小区的需求并确定一个现有的站点和覆盖区域或提议需要一个新的站点或者更新某个现有站点。然而，新站点或站点更新不能自行或动态部署，所以这里不加以讨论。

② 这个站点处必须有一个可用频带并由认知决策函数保留。

③ 检查平台的能力和资源。如果资源足够，则保留平台资源或通过减少运行于同一基站平台的其他小区的资源使资源足够。如果其他小区受到影响，它们的终端/会话将切换到另一个小区或者消减其自身的服务，因此我们必须考虑到受影响终端的性质及目前可选择的切换。

④ 执行小区添加，确定新小区的初始配置细节并使新小区开始处于工作状态。我们需要考虑潜在平台的时间限制，例如，对于特定接入技术平台冷启动的情况，可能需要相当长的

时间来预热一个精密振荡器。同样，与相邻小区就无线参数相互调整（如干扰协调）的 RAT 内部协商也发生在小区添加（通过接口 3）期间。这可能最终导致邻近小区性能重组以嵌入新的小区（通过接口 4），相邻小区状态变化带来的状态反馈将被送回（通过接口 5）。

2．认知无线电触发的小区添加自配置原则

自配置概念采用的方法是基于以下两个主要方面：

① 问题解决方案的分类；

② 计算参数值的处理步骤。

自配置的概念及方法如图 6-8 所示。

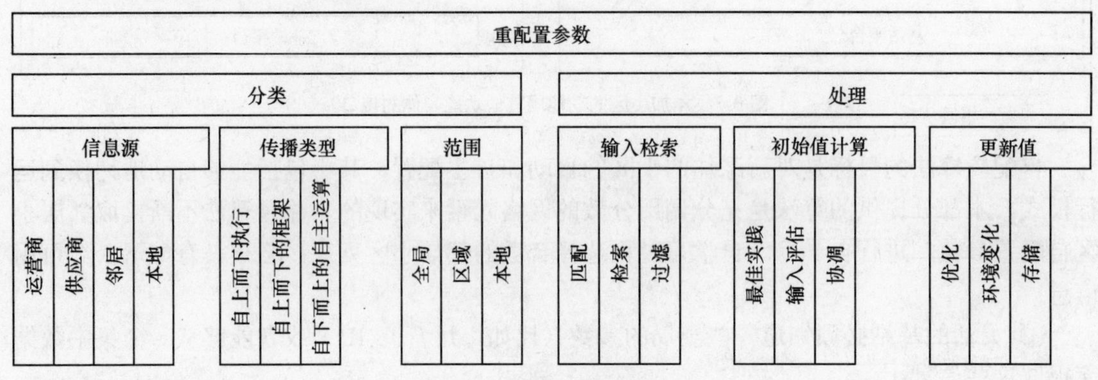

图 6-8　自配置的概念及方法

分类方面收集关于可以解决配置问题的元信息，其考虑以下 3 个主要问题。

① 输入信息的资源类型是指定的，即参数是否明显由运营商、供应商或邻近小区提供，或来自于本地配置。

② 信息传播方式已有所指示，即设置是否由运营商强制、模板建议或留给报告结果的自行配置算法。

③ 信息范围有所区别，正如一些集中设置的参数必须是分布的而其他参数可以在本地的一个节点内确定或者通过与邻近小区交流在区域内确定。

处理过程进行数据处理和数字运算，并解决另外 3 个问题。

① 自配置所需的输入应该通过自身属性同可用输入资源的相似性匹配来寻找，以得到最合适的资源。然后，在进一步用于本地处理之前，它们的数据必须进行检索和过滤。其基于的想法是使用其他类似业务网络节点已优化的参数以服务于自配置目的，而数据是直接从其他节点还是从集中节点复制取回并不影响自配置原则。

② 来自外部或内部资源的所有累计输入用于计算自配置参数的初始值。这个步骤包括拥有运营商提供最佳实践知识的算法，但也考虑来自运营商和邻区的累计实际输入。在最复杂情况下，甚至同邻近小区的协商都需要确定一个初始值，并且这个协商甚至需要邻近小区改变以达成协调协议。经过这一步，初始化自配置完成，小区可以进入业务状态。

③ 由于运营阶段优化及环境的改变和集中运营商设置，需要对取值进行更新。为了快速重启，必须维持对优化设置和统计数据的存储。

小区添加算法从邻近小区以及/或者另外一些包含当前小区配置的集中式组织数据库收集信息。为此，比较新小区的情况和属性与其他小区的属性，如果它们足够相似则作为新小区的参考配置。每个需要配置的参数以初始值计算的方式分类，处理方式类似的参数形成一组。有些参数在自分类后可以在本地确定，其他一些则需要观察邻近小区以使新小区适应环境，还有另外一些需要同邻近小区协商，它们也改变了邻近小区的设置。

3．自配置流程

自配置流程如图 6-9 所示。

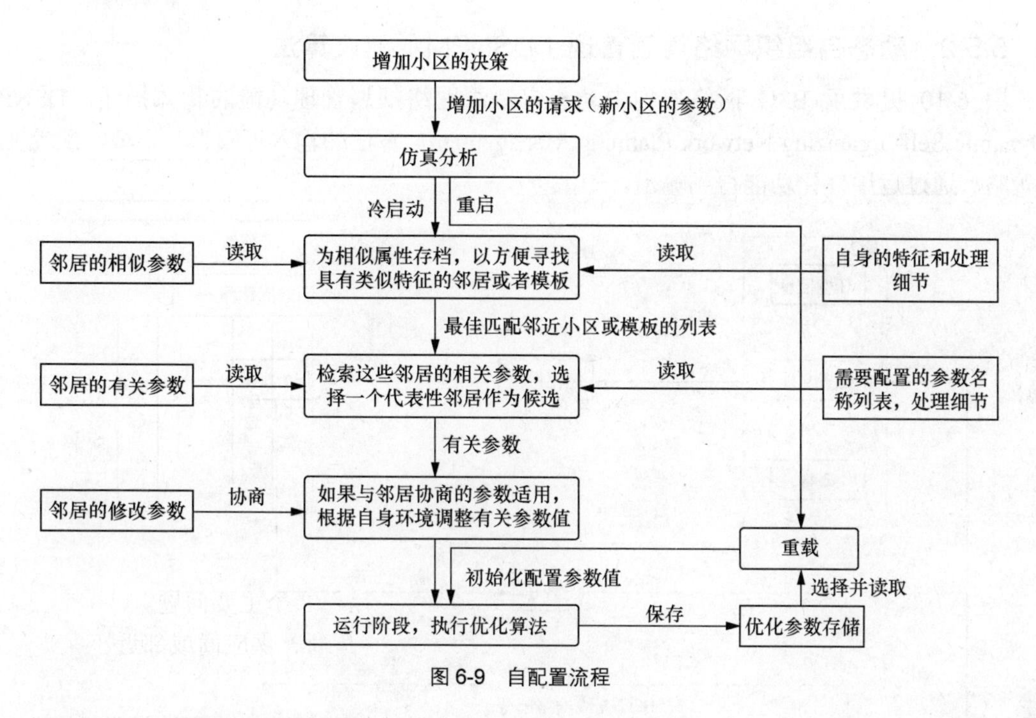

图 6-9　自配置流程

① 添加一个新小区的认知决定开始小区添加自配置流程之后，分析该小区是全新的或是一个先前存在小区的重启。

② 冷启动情况下，对邻近小区进行搜索以作为参考配置。为达到此目的，将新小区需要的属性以及平台的属性与邻近小区及模板的相应参数进行比较，从而获取一份具有最佳匹配参考对象的列表，例如附近使用相同无线接入技术、拥有同样功率等级和类似天线安装的邻近小区。

③ 下一步，新小区检查需要初始化配置的参数。由于许多参数需要相似类型的处理，分类办法用于重用处理链中的构造模块以及管理个体属性。配置参数值从邻近小区获得并形成参考配置库。由于相似邻近小区的匹配不必精确，获取的参数值可能有所不同，所以必须进行数据分析（具体见下一节）以移除异常数据并且核对数据，确定是否存在一种共识“如何看待指定本地情况下新小区的配置”。以上过程的结果是从库中挑选出一个近似拥有最佳参考配置的候选代表。这一过程由每个参数或参数组单独完成，这是因为不同邻近小区可能包含特定的某一组参数（例如，无线参数和业务网络设置形成不同的组）的最佳参考配置。

④ 现在必须调整来自邻近小区的参考值以适应本地情况。然而，对于某些参数值可能需要改变邻近小区以适应新的小区。在这种情况下，需要一个协议用于协商邻近小区和新小区的参数设置，例如是否需要像小区 ID 这样的唯一标识或者是否需要进行干扰协调。

⑤ 新的小区经过这些步骤完成初始化配置从而可以进入运营状态。在新状态下，自优化算法根据当前负载情况和终端测量将参数调整为最佳。保存这些优化值以备相同条件下的可能重启。

⑥ 重启是由情况分析功能触发的，该功能调用重载功能来复制保存的优化设置以设置为运营阶段的初始值。

6.5.2 动态自组织网络规划管理（DSNPM）建议算法

图 6-10 提供了 B3G 网络架构中动态自组织网络规划管理功能的整体描述。DSNPM（Dynamic Self-organizing Network Planning Management）算法的输入可归类为环境、配置文件和策略，通过运用优化功能得到输出。

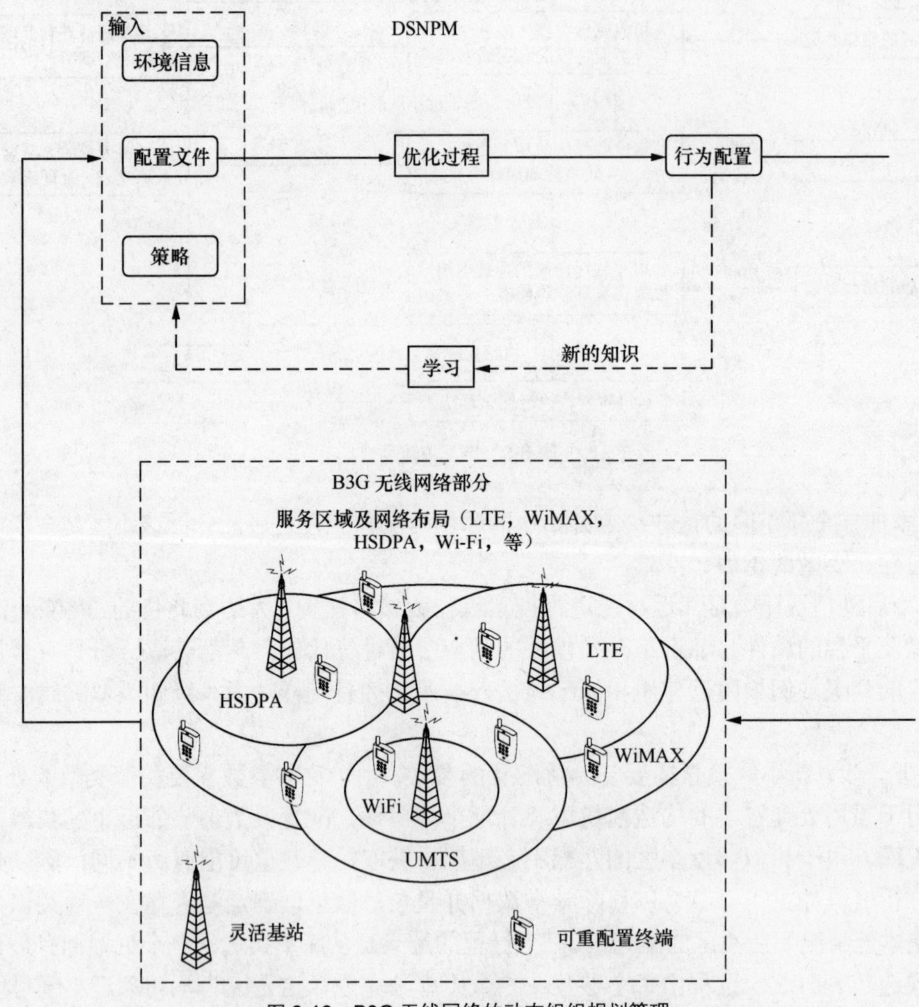

图 6-10　B3G 无线网络的动态组织规划管理

这里将管理功能的输出详细描述如下。

① 环境信息：该输出反映了上述网络段元素的状态以及环境的状态。正如图 6-10 所描述的，网络段是由若干基于不同无线接入技术（无论覆盖与否）构成的。每个元素需要使用

监测和发现（感知）过程。其中，监测过程会在特定时期，为网络段的各个元素提供所需要的业务量、移动性条件、所使用的配置以及供应的 QoS 等级。系统不仅仅将网络信息用于更新网络关键性能指标，挖掘可能出现的问题，还用于提供服务区域的当前情况。

② 配置文件：该输出提供网络段内各种元素和终端的能力、行为、偏好、需求以及用户和应用限制因素等相关信息。本质上，这部分标明终端需要的应用、偏好的 QoS 等级以及关于费用的限制。优化过程执行期间需要用到该部分信息，以确定最适合于当前环境信息的配置。

③ 策略：管理功能的最优决策不仅仅是从技术上可行的，还需要同网络运营商策略和政策相匹配。策略信息指明环境信息处理的准则和功能（优化和协商算法）。举例来说，相应准则可以明确每一种应用允许（或者建议的）QoS 等级、各个 RAT 应用类型的分配以及分配到收发器的具体配置。

优化过程在综合考虑之前所述的环境、配置文件和策略相关的信息之后，产生可行的网络配置。总的来说，策略是通过全面考虑面向各种应用分配 QoS 等级之后产生的用户满意度、各种 QoS 等级的耗费以及重配置开销，找到最大化目标函数的最佳配置。

1．环境匹配算法（CMA）

图 6-11 提供了一个用于 DSNPM 决策[12]的环境匹配算法（CMA，Circumstance Matching Algorithm）的高层视图。

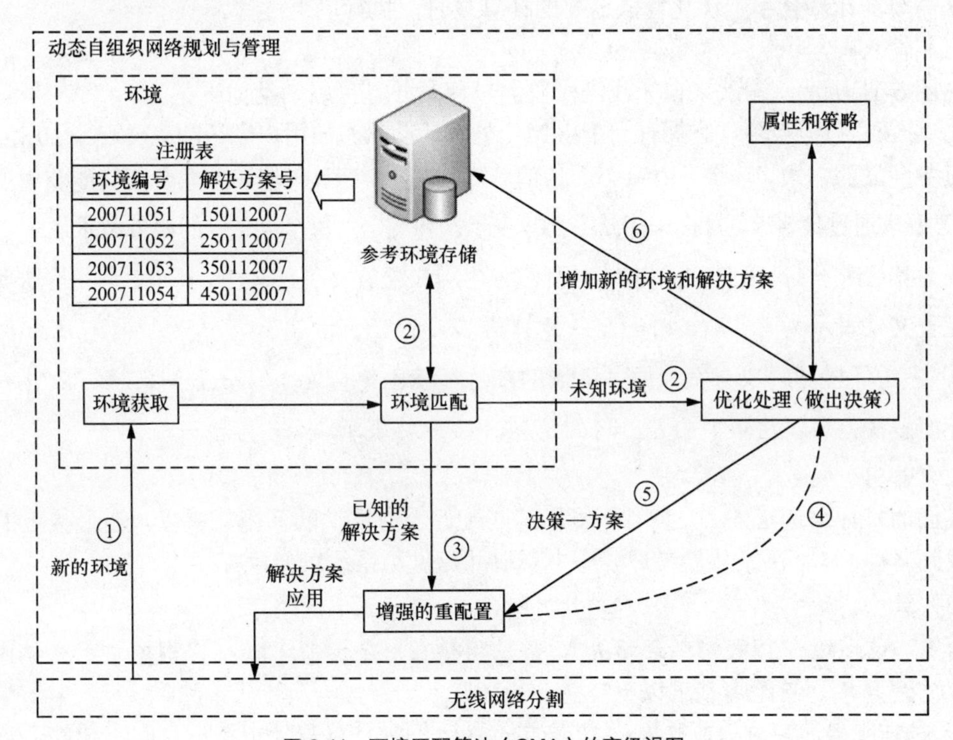

图 6-11　环境匹配算法（CMA）的高级视图

DSNPM 的起点是环境信息的获取。服务区环境包含其目前状态的相关信息。这里的学习进程为 DSNPM 输入以往通过交互获取，并可用于网络适时重构调整的知识。图 6-11 中的每个模块的作用介绍如下。

参考环境库包含已处理过的每个环境的信息。使用登记表以储存执行优化过程后每种环境的解决办法。为了明确区别来自网络部分的任意环境和储存在库中的环境，我们使用名词“参考环境”表示存储在库中的信息。

环境匹配模块的目标是为新环境找到与之最接近的参考环境。使用的算法（CMA）基于 k 最近近邻（kNN，k-nearest neighbour）算法，下一段将对其进行描述。解决方案提供当前环境信息与已有网络条件（参考环境）的比较以便决定是使用一个已知方案还是寻找一个新的解决方案。匹配算法决策将基于当前环境和参考环境在总用户数量、用户间的欧氏和环境距离方面的若干阈值比较。

图 6-11 也显示了在组件整体运行期间模块间的可能交互。交互 1 是开始阶段环境采集模块检索来自网络部分的所有相关信息。环境匹配和优化模块通过交互 2 触发，环境匹配将使用库存数据寻找一个接近当前环境的参考环境。与此同时，优化模块被触发并开始未出现的新情况。

通过交互 3，环境匹配模块将控制权转移给重构执行或优化模块。如果找到匹配则选定第一个，如果没有接近新环境的参考环境则选择后者。重构执行可能也会通过交互 4 将控制传递给优化模块，以防止环境匹配模块提出的解决办法无法适用。通过交互 5，优化模块将会要求重构执行模块把衍生配置运用到网络配置部分。此外，通过交互 6，环境和解决办法被送到参考环境库以确保相同环境发生时可以直接利用解决办法。这样，管理基础设施获得学习的能力并应用已知的解决方案，从而减少了环境处理所需的时间。当环境匹配模块中匹配算法需要的计算量小于优化算法需要的计算量时，执行以上过程。

（1）输入

如图 6-11 所示，输入来自无线网段监测过程，并且可以归纳如下。

① 环境：考虑环境 c，它拥有一个由 N 个处于活动状态的用户会话的集合 $U_c=\{0,1,\cdots,N\}$ 构成服务区域的需求。环境 c 内每个会话的分布用 $I_{u,c}$ 表示。环境 c 所需要而又能获得的服务（应用）要求通过集合 $S_c=\{s:s=0,1,\cdots,|S|\}$ 表示。环境 c 内每个会话 u 的服务请求用 $u_{s,c}$ 表示。我们认为集合 $P_c=\{p:p=0,1,\cdots,|P|\}$ 是环境 c 内用户配置文件的集合，环境 c 内每个会话 u 的用户配置文件表示为 $P_{u,s,c}\left((u,s)\in(U_c\times S_c)\right)$。

② 参考环境和解决方案：服务区域的参考环境由集合 $RC=\{rc:rc=0,1,\cdots,|RC|\}$ 表示，参考环境解决方案（决策）由 $D_{rc}=\{d:d=0,1,\cdots,|D|\}$ 表示。

（2）输出

我们的目标是选定的 D_{rc} 参考环境尽可能接近当前提供的环境。所以，在最接近的参考环境找到之后，D_{rc} 决策从参考环境库中获取并提供给系统以便执行。

（3）算法

给定当前环境 cc 以及参考环境 RC，算法将检查每个参考环境 rc 以根据总距离寻找最接近 cc 的参考环境。总距离基于以下公式。

① 会话距离总数：当前环境 cc 和参考环境 rc 的会话总数分别表示为 $|U_{cc}|$ 和 $|U_{rc}|$。会话距离总数是：

$$\left||U_{cc}|-|U_{rc}|\right|=D_1 \tag{6-1}$$

② 单位服务距离的会话总数：为服务 s 提供的当前环境 cc 和参考环境 rc 的会话总数分

别表示为$\left|U_{s,cc}\right|$，$\left|U_{s,rc}\right|$。单位服务距离的会话总数是

$$\sum_{s\in(S_{cc}\cup S_{rc})}\left\|U_{s,cc}\right|-\left|U_{s,rc}\right\|=D_2 \tag{6-2}$$

③ 会话分布距离：会话u在当前环境cc的位置表示为$l_{u,cc}$，cc内每个会话u有一个与它具有相同服务和分布属性的来自rc的最接近的会话u'。来自rc的u'可以通过rc内执行的k-NN 算法找到，u'在rc中的位置用$l_{u',rc}$表示，会话分布距离为

$$\sum_{u\in U_{cc}}\left|l_{u,cc}-l_{u',rc}\right|=D_3 \tag{6-3}$$

考虑上述分距离，每个rc到cc的总距离制定如下

$$Overall\_Distance=\sum D_i \tag{6-4}$$

其中，D_i表示第i阶段为rc计算的距离。

建议的解决办法是环境匹配算法（CMA），该算法分 4 个阶段执行，如图 6-12 所示。

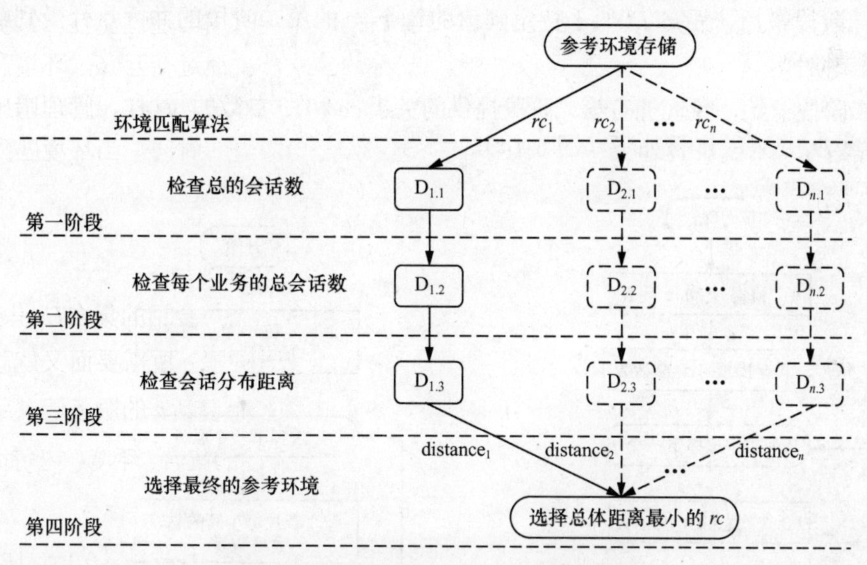

图 6-12 环境匹配算法（CMA）的高级视图

在第一阶段，从参考环境库取出所有候选参考并计算距离D_1。对于每个D_1低于特定阈值的rc，子问题的一个分支受到触发，然后对产生的子问题进行并行处理。

在第二阶段，对于每个子问题，算法检查单位服务的会话总数并计算距离D_2。D_2值低于特定阈值的rc继续下一阶段。否则，该rc在剩下的阶段不再作为候选并且不会进一步检查。

在第三阶段，检查服务区内的会话分布，该阶段的目标是运用k-NN 算法结合服务和概况的相同属性，找到最近会话的欧氏距离。计算反映cc和rc间分布关系的D_3，D_3值大于特定阈值的每个rc将排除在最后阶段外。

第四阶段包含与cc总距离最小的rc的选择。最终选择的rc转化为合适的重配置行为——源于该rc过去第一次从系统处理并解决的解决办法。

CMA 是基于聚类过程和k-NN 算法的，以便找到参考环境（即储存在参考环境库中的环境）间和源于 B3G 体系的新环境的总距离。其各阶段介绍如下。

① 第一阶段

给定当前环境 *cc* 和集合 *RC*，这一阶段提取所有可用参考环境并计算距离 D_1。每个 *rc* 获取 D_1 值的算法采取如下步骤（图 6-13）。

步骤 1.1：检索 *cc* 和 *rc* 列表。

检索 *cc* 的参数及来自参考环境库的所有可用 *rc* 的列表。

步骤 1.2：找到 *cc* 会话总数。

从 *cc* 参数获得会话总数。

步骤 1.3：找到 *rc* 会话总数。

从当前 *rc* 参数获取会话总数。

步骤 1.4：计算 *cc* 和当前 *rc* 的 D_1。

由 *cc* 和当前 *rc* 间的会话总数计算距离 D_1。

步骤 1.5：用当前 *rc* 触发 D_2。

由于当前 *rc* 的 D_1 值低于特定阈值，开始第二阶段距离 D_2 的计算。

在第一阶段最后，距离 D_1 低于特定阈值的每个 *rc* 的第二阶段的并行执行受到触发。

② 第二阶段

在第二阶段开始，我们拥有第一阶段提供的关于 *cc* 和 *rc* 参数的知识，可以用于计算 *cc* 和 *rc* 间的距离 D_2。采取步骤如下（图 6-14）。

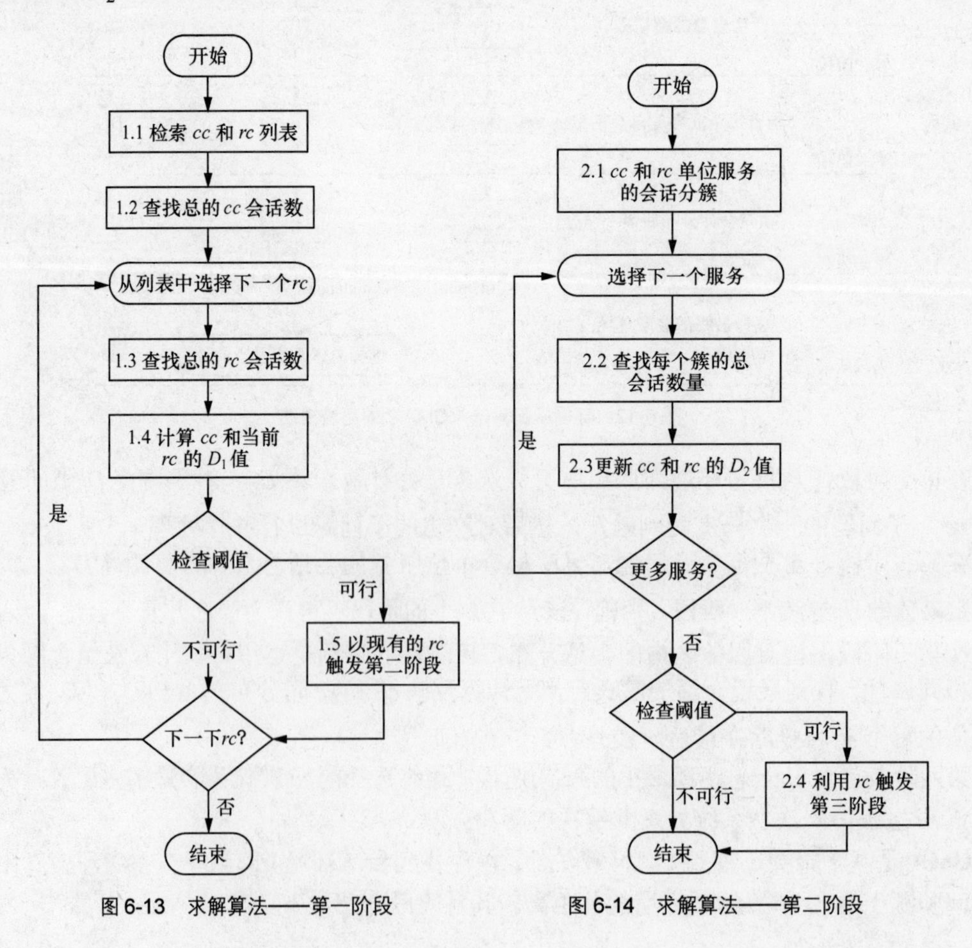

图 6-13　求解算法——第一阶段　　图 6-14　求解算法——第二阶段

步骤 2.1：*cc* 和 *rc* 单位服务的会话分簇。

从 *cc* 和 *rc* 提取包含相同服务类型的会话组。从而对应每一类服务有两个包含相同服务类型的会话组，一个属于 *cc*，一个属于 *rc*。

由于 *rc* 的 D_2 低于特定阈值，第三阶段的距离 D_3 的计算受到触发。

这时，我们已经就会话总数以及属于 *cc* 具有相同服务组的会话数量对 *rc* 进行了考察。

③ 第三阶段

第三阶段将对 *cc* 和 *rc* 之间的会话分布进行检查。D_3 的值反映 *cc* 和 *rc* 在会话分布上的距离，所以，会话分布相关性反比于 D_3 的值。为 *rc* 计算 D_3 采取如下步骤（图 6-15）。

步骤 3.1：每个服务内 *cc* 和 *rc* 的会话分簇。

从 *cc* 和 *rc* 提取包含相同服务和分布图的会话组。从而对每个服务和分布组合将有两个组，分别属于 *cc* 和 *rc*。

步骤 3.2：找出会话到 *rc* 簇 1 的最近近邻。

利用 *k*-NN 模式匹配算法从 *rc* 组中为当前 *cc* 会话找到最近会话。

步骤 3.3：更新 *cc* 和 *rc* 的 D_3。

距离 D_3 随着 *cc* 同它在 *rc* 的最近会话间的欧氏距离增大而增大。

步骤 3.4：用 *rc* 触发步骤 4。

由于 *rc* 的最终 D_3 值低于特定阈值，阶段 4 被触发以选出可能最小总距离的 *rc*。

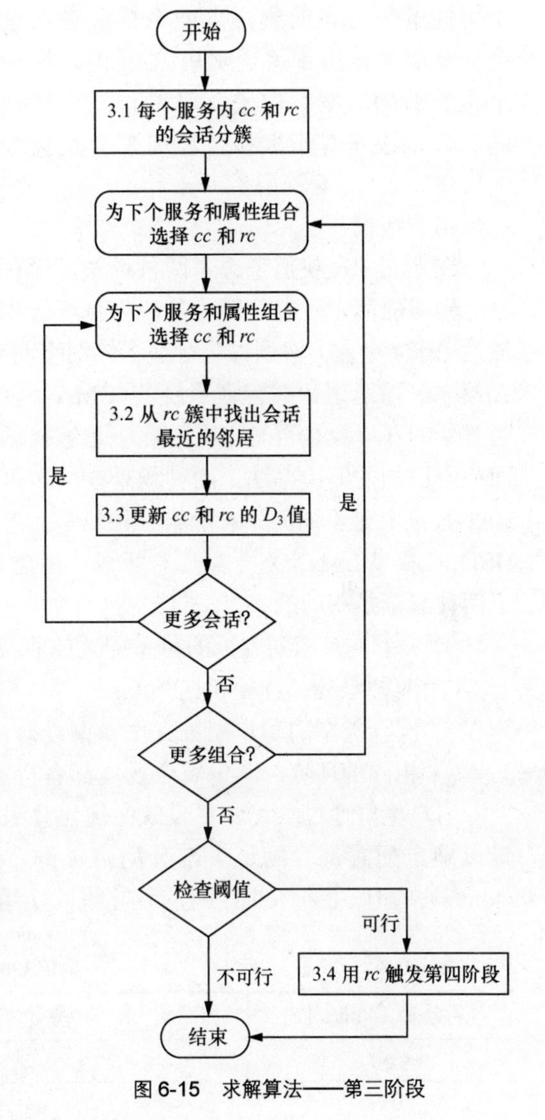

图 6-15　求解算法——第三阶段

④ 第四阶段

完成了以上 3 个阶段之后，算法将根据总距离确定一个同当前环境较为接近的参考环境。为考察的参考环境找到最小总距离的算法采取如下步骤（图 6-16）。

步骤 4.1：创建 *rc* 列表。

创建一个顺利通过先前所有阶段的参考环境的列表。

步骤 4.2：找到 *rc* 的总距离。

计算当前 *rc* 的总距离。

步骤 4.3：保存总距离最小的 *rc* ID。

如果当前 *rc* 的总距离与已考察参考环境距离相比为最小，则保存该 *rc* ID，最终保存的 ID 将反应算法的结果。

步骤 4.4：提供具有最小总距离的 *rc* ID。

将算法的结果——与 *cc* 总距离最小的 *rc* ID 提供给管理系统。

在 CMA 阶段后，从参考环境库中提取服务区域将实施的解决方案 D_{rc}，这是因为拥有最小总距离的 *rc* ID 在当前是可用的。将决策运用于服务区域后，对 KPI（关键性能指标）进行监测，以检查网络性能是否如预期得到改善。

尽管运用了最小总距离 rc 的决策 D_{rc}，但是可能存在次优的解决办法可以更好的方式处理问题。第四阶段的另一种方法是找出每个 rc 的总距离，然后创建包含相应决策 D_{rc} 的升序排列列表。这样，第四阶段将提供一个可能解决方案的集合以便系统参考决策运用后从服务区得到关于 KPI 的反馈，选出一个最合适的方案。但是，可以预期，该列表的第一个决策对于大多数环境都会是最合适的方案。

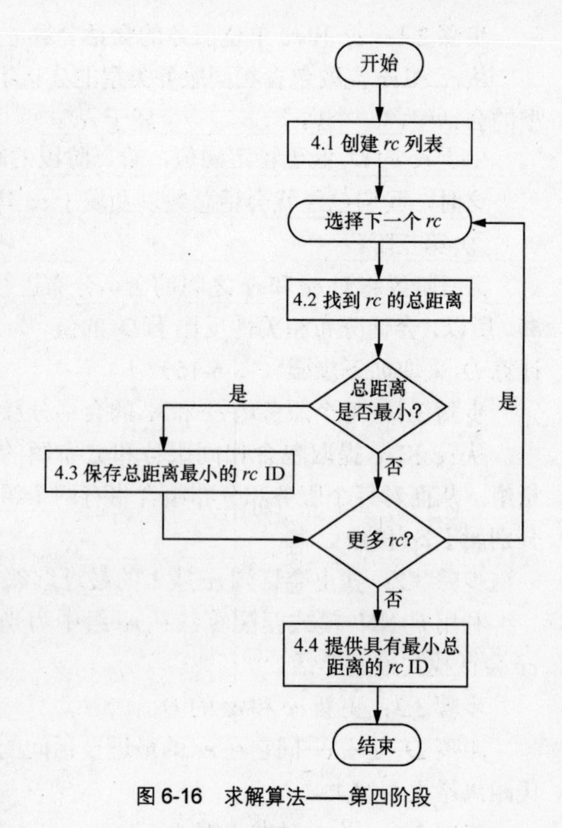

图 6-16 求解算法——第四阶段

（4）结果

在上文中，我们考虑了两种场景，每种场景分别对应两个阶段，第一阶段将传统管理功能运用于 4 个业务案例以进行适当的网络调整；在第二阶段运用认知管理系统的 CMA，以便考察新的环境集是否与已有的环境足够接近从而应用已知的解决办法。两种场景在网段可用 RAT 数量上是不同的。对于第一种场景，考虑 HSDPA 和 WLAN；对于第二种场景，考虑了 HSDPA、WLAN 和 WiMAX。以下网段参数对于两种场景是相同的：

① 3 个具有相同容量的可重配置的收发器；

② 两种服务：音频和视频流；

③ 同一类型的用户配置文件（偏好）；

④ 相同的环境，其中每个场境都有特定比例的音频呼叫和视频流会话。

用户偏好通过实用容量反映；优化算法的目标函数（OF，Object Functions）考虑实用容量以确定配置是否满足大部分用户偏好。实用容量取决于用户体验所要求的服务吞吐量（kbit/s）。在以上场景中，对应吞吐量的实用容量如表 6-1 所示。

表 6-1 单位 QoS 的实用容量

吞吐量（kbit/s）	实 用 容 量	吞吐量（kbit/s）	实 用 容 量
64	2	384	5
128	3	512	6
256	4	1 024	10

从场景的第一阶段开始，我们考虑了 4 种环境，如表 6-2 所示。

对于每种情况，传统管理功能找到所有可能的网络配置并根据它的 OF 值选择最佳环境。图 6-17 和图 6-18 针对研究案例，示出了最佳配置的两种场景下 OF 的变化。

表 6-2　　　　　　　　　　　　相关环境的会话数量

环　　境	音频呼叫会话数量	视频流会话数量
1	140	0
2	90	25
3	60	40
4	30	70

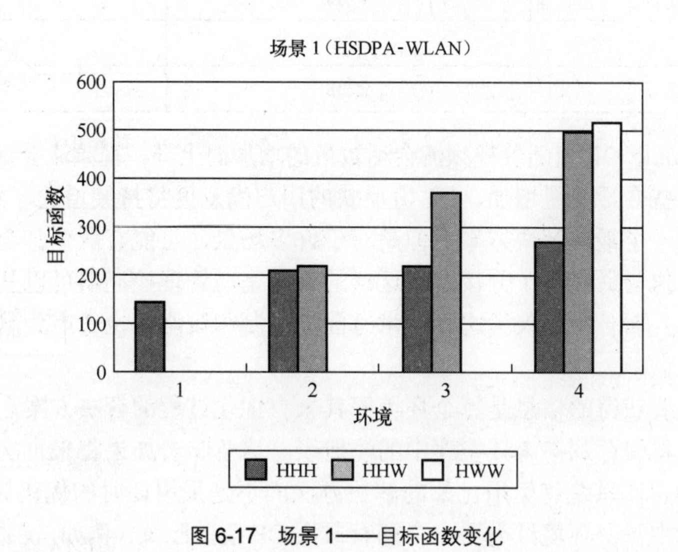

图 6-17　场景 1——目标函数变化

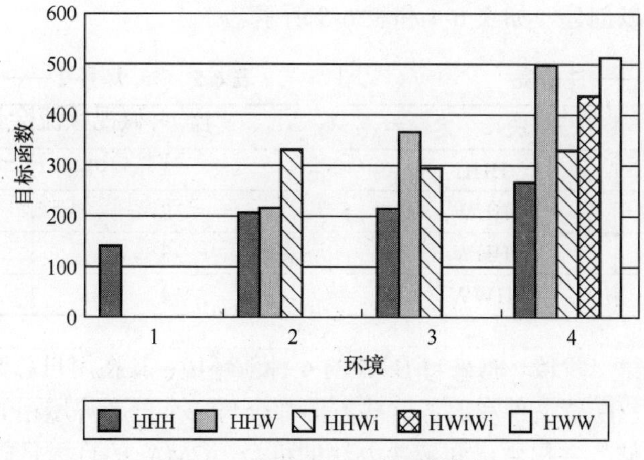

图 6-18　场景 2——目标函数变化

选择一种情况作为例子，在上文情况 3 网段拥有正在进行的 60 个视频流会话和 40 个音频呼叫会话。执行优化算法后从 4 个配置选出 2 个，其中 HHH 和 HHW 的“H”代表 HSDPA 激活的收发器，“W”代表 WLAN 激活的收发器，“Wi”代表 WiMAX 激活的收发器。由于容量和覆盖原因 HWW 和 WWW 配置分别被丢弃。考虑到容量、覆盖和用户配置文件限制，优化算法根据吞吐量分配给最好的可能用户，选择 OF 值（369）最大的配置——在此环境下为 HWW。本例的结果如表 6-3 所示，其他场景的 OF 值可以以相同方式计算。

表 6-3　　环境 3 的优化结果

服　务	会话百分比	吞吐量（kbit/s）
音频呼叫	100%	64
视频流 1	17%	128
视频流 2	1%	512
视频流 3	22%	1 024

可见，各种情况下 OF 值随着视频流会话数量的增加而上升。视频流会话能以最优的 QoS 实现，从而只要这些会话数量增加，OF 值反映的用户满意度将持续增大。此外，根据其 OF 值，每种环境只有一个最佳解决方案。但是对于许多场景，可能有两个甚至多个候选解决方案——它们的 OF 值与最佳值十分接近。这样的好处是，管理控制器可以从这些备选方案中选出最合适的一个，而且不仅仅考虑到技术方面、限制和策略，也考虑到从已有交互中获取的知识。

管理控制器需要获得的信息是每个环境同其来自优化过程的解决方案之间的关系，这种环境和其解决方案将保存到参考环境库中的注册表。这意味着如果将来再次发生相同或足够接近的环境，认知管理系统将运用已知的解决办法而不是采用耗时的优化算法执行 CMA。在我们研究的案例中每个环境只需要一个拥有最大 OF 值的配置。例如，在情况 3 有 40 个视频流会话和 60 个音频呼叫会话。利用 3 个收发器时最佳的配置是其中两个工作在 HSDPA，另外一个工作在 WLAN（HHW）。根据这些来自传统管理功能的结果，对应每个场景的注册表在参考环境库内得以创建，如表 6-4 和表 6-5 所示。

表 6-4　　场景 1——注册表

环　境	决　定
1	HHH
2	HHW
3	HHW
4	HWW

表 6-5　　场景 2——注册表

环　境	决　定
1	HHH
2	HHWi
3	HHW
4	HWW

根据以上场景的第二阶段，有来自 B3G 的 4 种新环境；其在用户总数、用户随机分布于参考环境拓扑中、用户配置文件和服务这些方面都会与一个参考环境相似。注册表提供了考察管理基础设施“存储”并提供已知解决办法的机会。CMA 的目标是确定上述参考环境与新环境的相似度以获得最接近的解决方案。对于每种新的环境，匹配算法的结果是与一个参考环境的关联。图 6-19、图 6-20 比较了所需的时间，以便使用 CMA 或者遗传优化算法为两种情景实现正确配置。

图 6-19 和图 6-20 在认知管理系统效率方面为我们提供了有用且深入的信息。如果本情况是第一次发生，唯一的解决方案是执行优化算法，这是因为在参考环境库找不到相似的已

有情况或者库中根本没有已处理过的实例。当遇到一组相近的环境时，CMA 将其分配到相应的参考环境中，提取和运用参考环境的解决办法而无需再次执行优化算法。此外，匹配算法所需的总时间仅仅取决于用户总数。因此，场景之间所有环境的匹配算法所需时间是相同的，而优化算法（来自遗传管理功能）需要大量时间。可能的解决方案数量是 R^T，其中 R 代表 RAT 的集合，T 代表收发器集合。根据这一特点，第一种情况下优化算法必须考察的可能配置有 $R^T = 2^3 = 8$，对于第二种情景，有 $R^T = 3^3 = 27$。另一方面，匹配算法复杂度和时间仅仅依赖于用户数量；两种场景的相应情况下的用户数量是相同的。我们将在下一节提供来自仿真结果的进一步分析：关于环境匹配成功概率以及 CMA 识别和提供可能的最佳决策所需要的总时间。

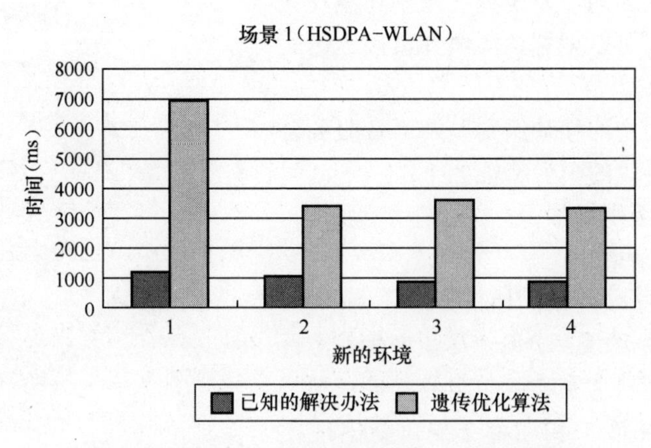

图 6-19　场景 1——环境匹配和遗传优化过程的效率

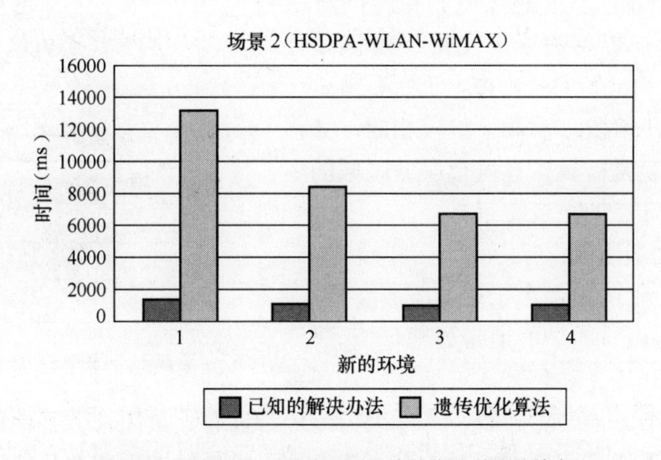

图 6-20　场景 2——环境匹配和遗传优化过程的效率

通过仿真，可以获得 CMA 提供正确决策的成功概率和所需要的时间。

接下来，我们将介绍该方案如何能够为一个由 37 个小区覆盖的城市服务区域测试案例提供解决方案，并在随用户移动和位置改变的网络条件下研究长时间内的系统行为。

我们将城市服务区域划分成具体的区域以表示用户移动的区域。图 6-21（a）、（b）、（c）分别示出了城市服务区域的边缘地带（城市郊区），中间地带和中心地带（城市中心）。

假设在白天监测服务区域，系统将从 5 个阶段获取环境状况。第一个环境将在第一阶段捕获；它的大多数用户都在位于郊区的家中。第一阶段环境的主要特点如下：

① 用户的移动等级低；

② 数据服务会话的比例高于语音服务会话；

③ 强调城市服务区域的边缘地带。

阶段一中的环境 2 和环境 3 通常出现在城市服务区域的边缘地带。对于每个小区，系统将执行优化程序，这是由于它第一次获取这样的环境。正如上一节场景仿真所描述的，系统将存储该环境及其解决方案，以便将来可以识别该环境并直接运用其方案。

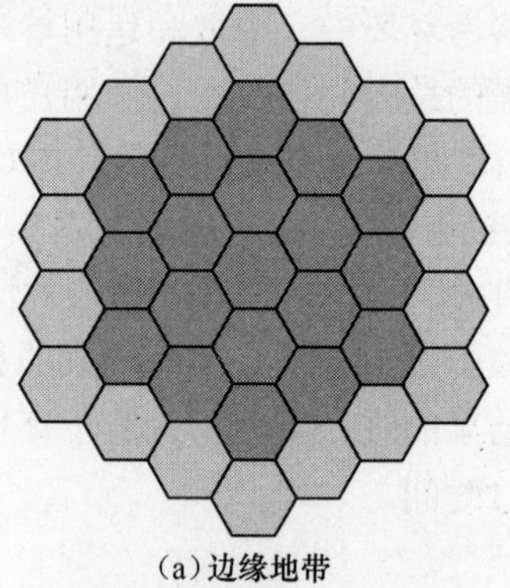

(a) 边缘地带

在第二阶段，用户的移动级别以及语音服务会话将会增加。第二阶段的一般特征如下：

① 用户的移动级别增加；

② 语音服务会话增加；

③ 在城市服务区域的中间地带处理环境；

④ 由于移动级别的增加，应该尽快产生并实行解决方案，以避免高阻塞率和低的服务质量水平。

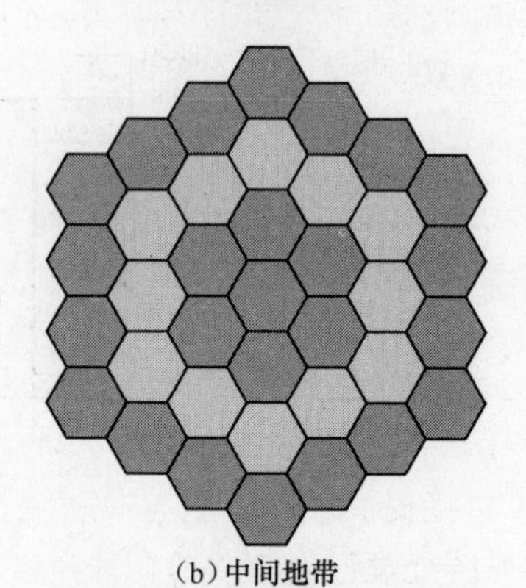

(b) 中间地带

第二阶段中的环境 1 和环境 2 更可能出现在城市服务区域的中间地带。由于这是环境第一次在该地带被捕获，每对小区的环境和相应的解决方案将再次被保存，以便将来分别用于辨识和直接应用。

下一阶段是第三阶段。和第一阶段相同，其移动水平低，但是环境是被设置在城市服务区域的中心地带。第三阶段环境的主要特点是：

① 用户的移动级别低；

② 数据服务会话的比例大于语音服务会话；

③ 在城市服务区域的中心地带处理环境。

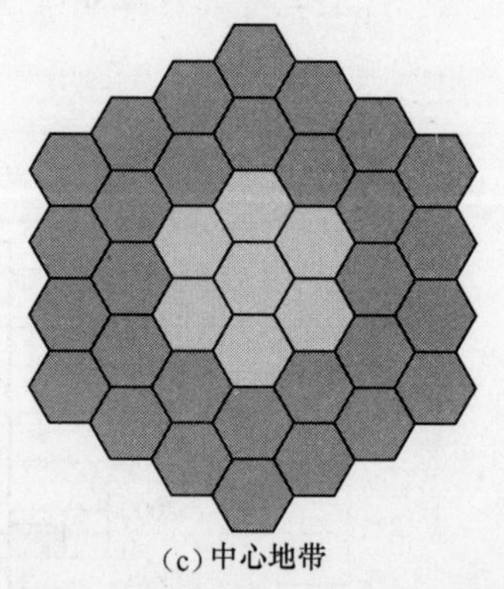

(c) 中心地带

图 6-21　任意城市服务区域的小区布局

在第三阶段，环境 3 和环境 4 将被认知管理系统捕获。我们预计中心地带将超载，这是因为该地带拥有大量用户并且他们对服务质量水平要求很高。因此，我们需要更大容量的无线接入技术以更好地适应变化的环境。由于系统第一次在该地带捕获环境，环境和解决方案对将根据学习程序存储起来。

沿着相反的方向，从中心地带到边缘地带，认知管理系统将捕获第四阶段和第五阶段的环境。与第二阶段相同，第四阶段的环境也位于中间地带。但是由于时区的不同，环境的特点相比环境 1 和环境 2 稍有不同（例如并行活跃的用户或会话数量较小）。尽管事实上同一区域只有一个待处理的环境状况，但是来自第二阶段的环境解决方案此处并不适用，这是因为如总容量被更少的用户分享、每个用户将获得更高的服务质量水平等新条件的出现。因此，这种情况下将执行优化算法，并且参考环境库也会添加描述环境特征以得到更新，当然还有所采取决策的相关记录。这样，对于中间区域的小区，参考环境库有两个可能的解决方案。CMA 将通过确定最接近当前环境的参考环境以选择最合适的方案。明显地，随着系统通过学习程序变得越来越有经验，其可以提供更合适的解决方案。

第五阶段是最后的一个阶段。如同第一阶段，第五阶段的环境位于边缘地带。与第四阶段相似，相比第一阶段，第五阶段对不同的环境特征进行捕获。因此，优化算法受到触发，并为边缘地带小区提供新的解决方案。在未来的环境中，CMA 将确定最接近的参考环境并提供相应的解决办法。

考虑到上述行为在一定时间（例如每天）内是周期性的，相同的环境会多次发生，为进行适当的网络调整我们需要实行相同的解决方案。因而，周期情况下实施认知管理系统将节省大量的时间并且网络可以更快适应环境条件。此外，随着系统不断适应新的环境而变得越来越有经验，从而能够提供最合适的解决方案或者一系列合适的解决方案。

假设上述测试案例是周期性的，现在问题的特征和相应解决方案已经存在，我们将研究认知管理系统的行为。从第一阶段开始，CMA 对比参考环境库确定相同环境特征再次出现。CMA 不需要延时进行处理即可直接提供相应的解决方案。因此，如上一节的仿真描述，这种情况下系统适应环境条件所需要的总时间将比优化算法需要的时间少。进入第二阶段，系统同样知道过去在该阶段所处理的环境的特征及其相应的可用的解决方案。如第一阶段，CMA 直接提供最接近的第二阶段已有环境的解决方案。其他阶段都采取类似的过程，因此，只要系统处理已经解决的问题并且可以直接提取解决方案、而不是再次使用优化算法做出决定的环境，环境匹配成功概率继续增加。

图 6-22 示出了 37 个小区覆盖的城市服务区域系统的环境匹配成功概率。

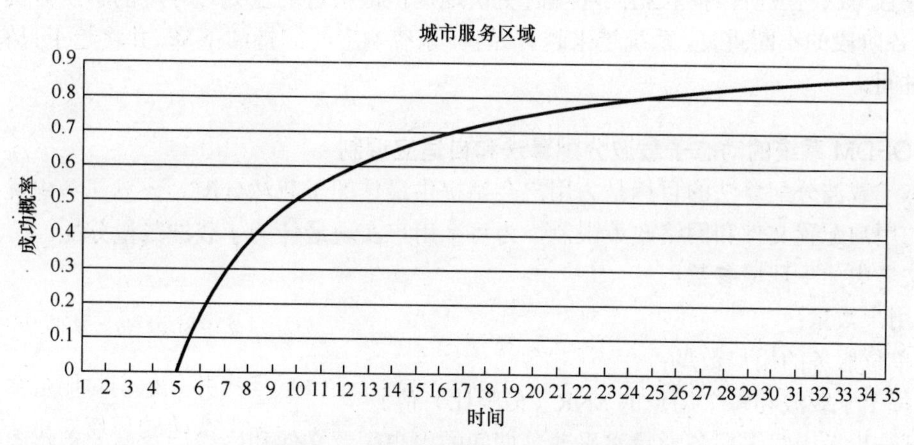

图 6-22　城市服务区域——环境匹配概率

如上所述，在第一阶段到第五阶段，系统第一次发现某些环境特征由于没有成功的匹配将触发优化程序——这可能是由于之前没有任何可供考察的环境或者之前的所有环境与当前环境都不够相似。因此，在系统已经优化了先前的环境后，CMA 现在可以为它们提供合适解决方案，匹配成功概率开始增加。每一次 CMA 确认相同环境特征和提供相应解决方案后，成功匹配的概率都有所增加。此外，图 6-23 为相同区域的标志小区示出了系统平均响应时间的演进。

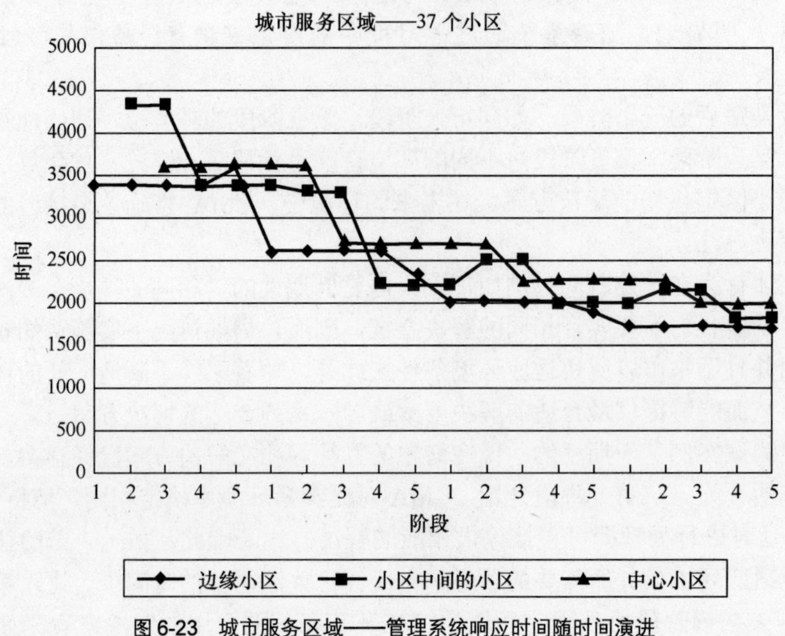

图 6-23　城市服务区域——管理系统响应时间随时间演进

边缘地带的小区将首先被优化，接着在第一阶段到第三阶段期间进行中间地带和中心地带小区的优化，在第四阶段和第五阶段期间，中间地带小区和中心地带小区的不同环境特征将被发现并由优化算法提供合适的解决方案。从这个角度看，系统获取每个环境问题的解决方案，并且每次对应阶段捕获相同环境时更快地提供最接近的已处理环境的解决方案。很明显，随着各阶段的不断重复，系统越来越有经验，系统响应时间持续下降，并将趋于只有 CMA 需要的时间。

2. OFDM 系统的动态子载波分配算法和自适应调制

动态子载波分配算法的目标是为用户会话提供最佳的子载波分配。该算法考虑优化过程中网段的用户配置文件和网络政策限制，为每个用户实现最佳的子载波数量分配。

算法考虑如下环境参数：

① 用户数量；

② 单位服务的用户数量；

③ 每个子载波和每个用户的 SNR（信噪比）值。

该算法也考虑算法服务质量水平改善期间的用户配置文件和网络运营商的策略参数。这样，没有用户将接受到比其实际支付数据速率更高的服务；同样，没有用户会接受到比各个运营商网络应用预配置更高的数据速率。

（1）输入

我们考虑一个反映了服务区域需求的 N 个会话的集合 $U=\{i:i=0,1,\cdots,N\}$，集合 $SC=\{j:j=0,1,\cdots,K\}$ 是网络可用子载波的集合。集合 $SNR_i=\{r_j:r_j=0,1,\cdots,N\times K\}$ 包含来自

每个子载波所有会话的 SNR 值。每个分配到子载波 j $(j \in SC)$ 的会话 $i(i \in U)$ 信噪比值为 $r_{i,j}$，它可实现的比特速率表示为 $br(i,j)$。会话 $i(i \in U)$ 所实现的服务总比特率为

$$B_i = \sum_j \left| x_{i,j} \cdot br(i,j) \right| \tag{6-5}$$

其中，$x_{i,j} \in \{0,1\}, \forall i,j$ 代表子载波 j 是否分配给会话 i，即如果子载波 j 分配给会话 i 则 $x_{i,j}=1$。由于每个子载波只能分配给一个会话，所以总有 $\sum_j \sum_i x_{i,j}=1$，$(i,j) \in (UXSC)$。选中的效用函数用于反映用户对分配到的配置的满意度，考虑尽力而为（BE，Best Effort）业务的情况，其可以表示为

$$U_i(B_i) = 0.16 + 0.8\ln(B_i - 0.3) \tag{6-6}$$

目标函数是实现下式的最大化

$$\sum_i U_i(B_i) \tag{6-7}$$

同时需要满足如下限制条件：对于每个会话 $i(i \in U)$

$$B_i \geqslant basicQoS \tag{6-8}$$

其中，$basicQoS$ 表示允许的最小比特率[13]。

（2）输出

算法运行完成时的输出是可用子载波在用户会话间的分配情况（如图 6-24）。

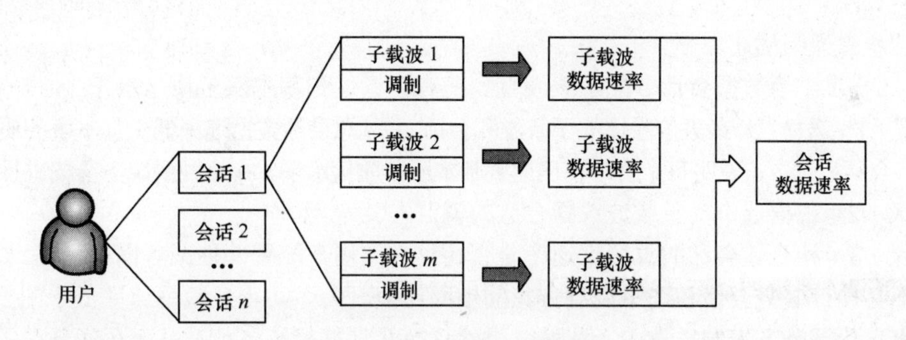

图 6-24　用户会话的子载波分配

数据会话的服务质量水平可能是最好的，并且也满足用户配置文件和网络策略的限制，对于每个会话都包含其分配到的子载波和相应的调制方案。

如表 6-6 是这种子载波分配的一个例子。

表 6-6　　算法的输出

会话 ID	子载波 ID	调制方案 ID
	数据用户	
会话 1	sc1	ID1
会话 1	sc2	ID1
会话 1	sc8	ID4

续表

会话 ID	子载波 ID	调制方案 ID
	数据用户	
会话 2	ssc3	ID4
会话 2	sc9	ID2
会话 3	sc4	ID3
会话 3	sc5	ID1
…	…	…
	语音用户	
会话 4	sc6	ID2
会话 5	sc7	ID3
…	…	…

基于算法的输出，可以获得以下结果：

① 各会话的子载波分配情况；

② 子载波配置，与合适的调制方案相关；

③ 服务区域合适的信道分配；

④ 不同服务区域可以使用的未分配子载波；

⑤ 单个会话或单个用户的总数据传输速率。

（3）算法

算法步骤详细描述如下。

① 第一步：为数据会话分配子载波直到所有会话达到基本服务质量水平

步骤 1.1　选择具有最大信噪比的子载波和会话，并且总会话数据速率低于基本服务质量水平。如果没有会话被选中，说明每个会话都已达到基本服务质量水平。在这种情况下继续进行第二步。

步骤 1.2　根据选中的子载波选择合适的调制方案。

步骤 1.3　检查该会话的总数据速率是否超过它的用户配置文件或者网络策略。如果已超过，则不必检查这些会话和选中调制方案的信噪比值。为了防止总数据速率低于配置或策略阈值，将选定调制方案的已选中子载波分配给这个会话并将该子载波从可用子载波的列表移除，以防它再次分配给另一个用户。

步骤 1.4　重复步骤 1.1～1.3。

② 第二步：为语音用户分配子载波

第一步之后的输出为数据会话提供了达到基本的服务质量水平、分配到的子载波和相应的调制方案。

算法的下一步将为语音会话分配子载波。对于语音会话，每个会话仅仅可以分配一个子载波。

步骤 2.1　选择具有最小信噪比值的子载波和相应的用户，这是因为最小的信噪比能够满足语音服务。如果没有会话选中表示所有语音会话都已经分配了一个子载波。在这种情况下继续第三步。

步骤 2.2　为选中子载波选择合适的调制方案。

步骤 2.3　将该选定调制方案的选中子载波分配给该会话。对于语音会话没有服务质量等级的改善，不必再次检查这个会话和子载波。

步骤 2.4　重复步骤 2.1～2.3。

③ 第三步：为数据用户分配子载波，提高服务质量水平

第二步结束后数据会话达到基本服务质量水平并且实现了语音会话的子载波分配。下一步将通过将第一和第二步之后尚未分配的子载波分配给每个数据会话以提高数据会话的服务质量水平。

步骤 3.1　选择具有最大信噪比值的子载波和相应的会话。如果没有会话选中说明所有会话或所有子载波已经被分配完毕。在这种情况下，算法结束。

步骤 3.2　为选中的子载波选择合适的调制方案。

步骤 3.3　检查该会话的总数据速率是否超过它的用户配置文件或者网络策略。如果已超过则不必再检查该会话及其选中调制方案的信噪比值。为了防止总数据速率低于配置或策略阈值，将选定调制方案的已选中子载波分配给这个会话并且不再检查该子载波以防它再次分配给另一个用户。

步骤 3.4　重复步骤 3.1～3.3。

（4）结果

考虑一个拥有 170 个用户、需要实现语音呼叫、视频流传输和浏览服务的 LTE 小区。每个用户每个子载波的流量、移动性及信噪比值的相关环境信息都是已知的。我们使用表 6-7 来确定每个子载波的调制方案。

表 6-7　　信噪比（SNR）分类

SNR 范围	调 制 方 案	比特/符号	数据速率（kbit/s）*
$S_1 \leqslant SNR < S_2$	MS1（8QAM）	3	45
$S_2 \leqslant SNR < S_3$	MS2（16QAM）	4	60
$S_3 \leqslant SNR < S_4$	MS3（64QAM）	6	90

*：LTE 系统的符号长度是 66.7μs。

假设我们拥有一个 10MHz 的可用信道，分配给用户会话的子载波最大数量为 450[14]个，算法结果如图 6-25、图 6-26 所示。

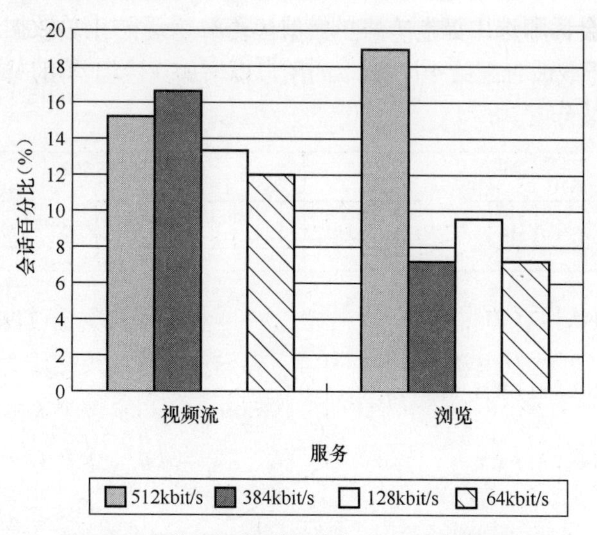

图 6-25　每种服务质量等级的会话比例（数据服务）

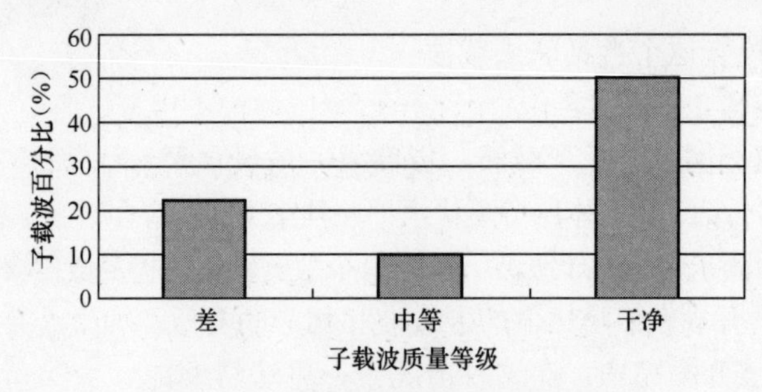

图 6-26　每种质量等级的子载波比例

以下介绍子载波出租。

我们将在此情景提出子载波出租概念。假设有小区 1 和小区 2，并且小区 2 相比小区 1 在当前是负载过重的。信道 1 和信道 2 相应地分配给小区 1 和小区 2 以承载其流量。在这种情况下，算法可能将信道 2 的所有子载波都分配给小区 2 覆盖的用户，而仅仅使用信道 1 可用子载波的子集服务小区 1 的业务，如图 6-27 所示。

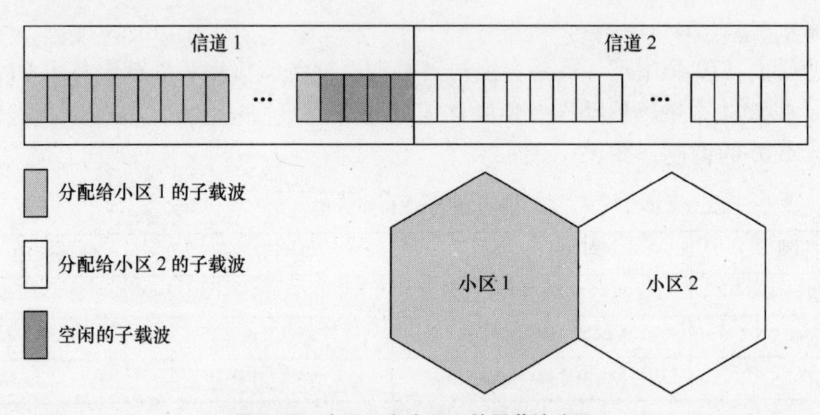

图 6-27　小区 1 和小区 2 的子载波分配

假设没有必要保留信道 1 中的空闲子载波，这是因为每个用户都可以达到允许的最大数据传输率（算法决策要符合用户配置文件和政策限制），这些子载波可以由一个管理实体提供给小区 2 以便更好地服务用户，实现他们的数据传输率要求（用户配置）。在这种情况下，管理实体将继续把空闲子载波分配给小区 2 中的用户以增加其性能和用户满意度。图 6-28 示出了这种情况下的子载波分配。

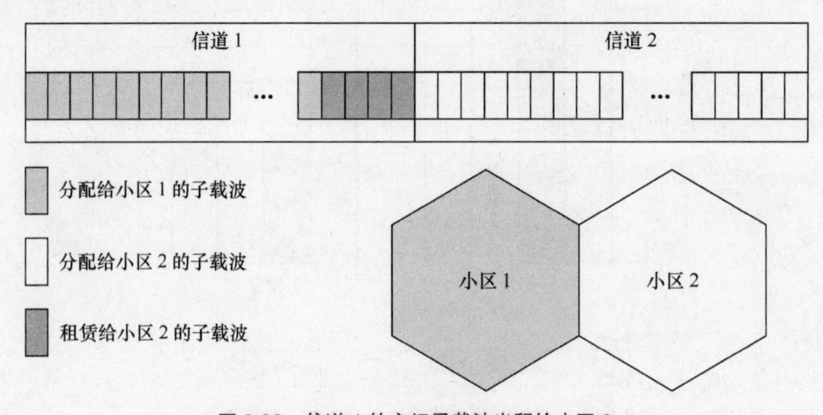

图 6-28　信道 1 的空闲子载波出租给小区 2

（5）下一步发展方向

OFDM 子载波动态分配的下一步研究工作将有以下两个方向。

① 拥有学习能力的增强算法。引进合适的等级评估以奖励实现最佳网络性能的子载波和调制类型的配置。

② 拥有强化学习能力的增强算法。基于已执行的重配置，我们使用合适的等级评估以在服务区域更快地选择合适的子载波并为服务区域的每个网段选择合适的信道配置（信道隔离）。

6.5.3　灵活基站的管理算法

众所周知，某些地理区域（比如一个城市）提供的流量不可能在时间和空间上均匀分布。在所考虑区域中往往会出现以下情况：业务较多的区域（即热点）会发生拥塞，而在负载较少的区域其阻塞率很低。此外，在小区内部署两种或更多无线接入技术的情况下，提供给每种无线接入技术的流量在时间和空间上的分布也可能有所不同。

在此环境下，网络中可用的可重置节点（即硬件和处理资源可以重新配置以便结合使用不同无线接入技术、频率、信道等的节点）将为网络运营商提供全局有效的无线及处理资源库管理的方法，使网络自身适应以实现不同部署无线接入技术和区域不同部分流量的动态变化。除此之外，在网络部署中可能获得 OPEX 和 CAPEX（CAPital EXpenditure）的减少。事实上，这一技术也可能会影响到当前正在规划的进程。

作为一个例子，可以考虑在由可重置节点组成的网络区域中部署 GSM 和 UMTS 系统。在这种网络中，GSM 和 UMTS 功能分享可重置硬件。在网络的日常运营期间，例如由于两种无线接入技术的不同业务流量的需要，其可能增加用于超载系统的处理资源比例并减少供给另一系统（假定未满载）的资源。图 6-29 示出了一个增加 UMTS 资源重配置的例子。

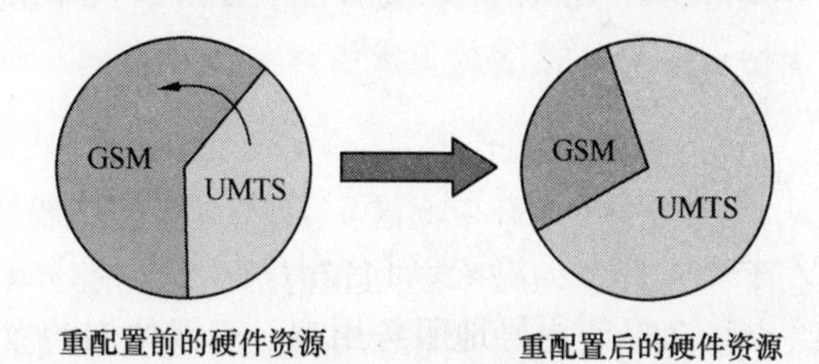

图 6-29　重配置举例

文献[15]介绍了可能实现上述处理机制的一个系统架构。

这种架构（图 6-30）是由可重配置的基站组成的，其硬件和处理资源可以进行重新配置以用于不同无线接入技术、频率、信道等。特别地，该结构设想为每种无线接入技术（例如 GSM 系统和 UMTS 系统）的不同接入网络和一个或多个可重配置的基站 BS1，…，BS*k* 提供一个无线控制实体。每个基站（BS1，…，BS*k*）都是一个支持多种无线接入技术的基站（如 GSM 和 UMTS），能够同时管理不同系统并进行相应的重置，它们都包含硬件/软件可重置收发器模块。在每个支持多种无线接入技术可重配置的基站内部，每个支持的小区拥有自己的可重配置硬件库并为其支持的无线接入技术分享。此外，每个可重置基站 BS1，…，BS*k* 在分配给其所支持的无线接入技术处理资源和可用无线资源（如频率载波）的比例方面能够被重新配置。

无线控制器包括 RRM（无线资源管理）实体，其目标是管理由基站 BS1，…，BS*k* 覆盖的小区内的移动终端的无线信道请求和分配。在图 6-30 所示的参考架构中，RRM 有一个称为硬件重构管理的新功能，执行重配置算法。该功能的目标是：

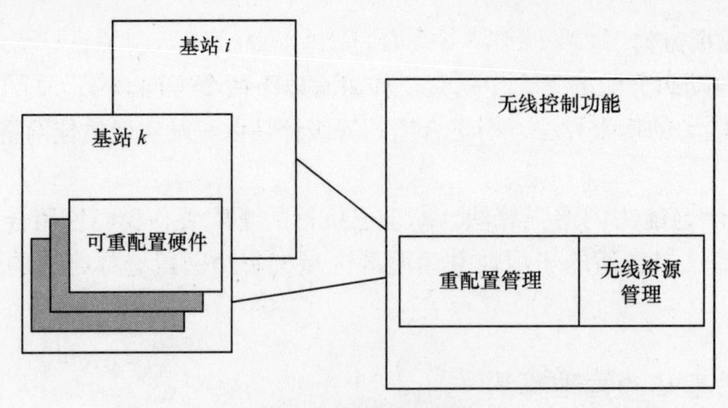

图 6-30 参考网络架构

① 通过测量来自不同系统的请求和拒绝（如果有的话）数量，（为每个支持的无线接入技术）定期监测小区的当前活动状态；

② 对确定进行重置的基站执行重配置算法；

③ 通过向基站发送适当重配置命令控制重配置以对其进行重构。

值得一提的是硬件重构实体也可以位于核心网络或者 O&M 节点，甚至 eNode B 节点内（例如在平面结构情况下，假设它可以及时与 RRM 和可重配置基站实体进行信息交互）。

重构算法的主要功能是：决定哪个（哪些）基站需要被重配置以适应分配给其所支持的无线接入技术的处理资源的比例并通过调整可用无线资源以适应流量变化。因此，无线控制器通过每个基站 BS*k* 同无线控制器的交互控制处理资源的重配置（例如使用属于 GSM 系统 Abis 接口的 BTS 管理 BTSM，BTS Management）协议或者属于 UMTS 系统 Abis 接口的 Node B 应用部分（NBAP，Node B Application Part 协议）。这里需要引入承载基站合理重配置行为的新协议信息。接着为重配置过程涉及的每个基站重复上述过程。

1．算法详细步骤

进一步考虑细节问题，算法的基本原理是允许硬件和无线资源根据流量条件和干扰水平在不同无线接入技术之间和内部进行动态分配。

原则上，当一种无线接入技术的流量增加，其阻塞概率也相应地增加，并会超过门限值，算法评估在涉及的小区中应该采取的最合适行为以减少（或消除）阻塞概率：

① 如果流量情况允许，分配给其他无线接入技术的处理资源可以减少从而可以将节省的资源提供给阻塞概率增加的无线接入技术；

② 处理资源从一个无线接入技术到另一个无线接入技术的切换也涉及不同无线接入技术间无线资源（例如频率载波）规划的重构。

作为一个例子，考虑一个采用两种无线接入技术如 GSM 和 UMTS 的地理区域，两个系统的无线处理资源各占 50%，且在该区域的部分位置 UMTS 系统流量较大（即超载并且对于新建立连接拥塞概率高）而 GSM 系统流量较小（即对于新建立连接无阻塞）。在此背景下，运行在硬件重置实体内部的算法将控制重配置小区硬件和无线资源所涉及的基站收发器，从而为 UMTS 系统保留更多可用容量和无线资源。

上述例子如图 6-31 所示。在重配置之前，分别为 UMTS 系统和 GSM 系统提供指定百分比的 HU'和 HG'处理资源，同时将一定数量的无线资源 RRU（Radio Remote Unit）和 RRG 分配给 UMTS 和 GSM 系统。针对 UMTS 流量增大进行重配置之后，提供给 UMTS 系统的处理资源比例增至 HU"，同时其所分配到的无线资源数量增至 RRU"，而 GSM 的无线资源比例降至 HG"，对应无线资源数量降至 RRG"。

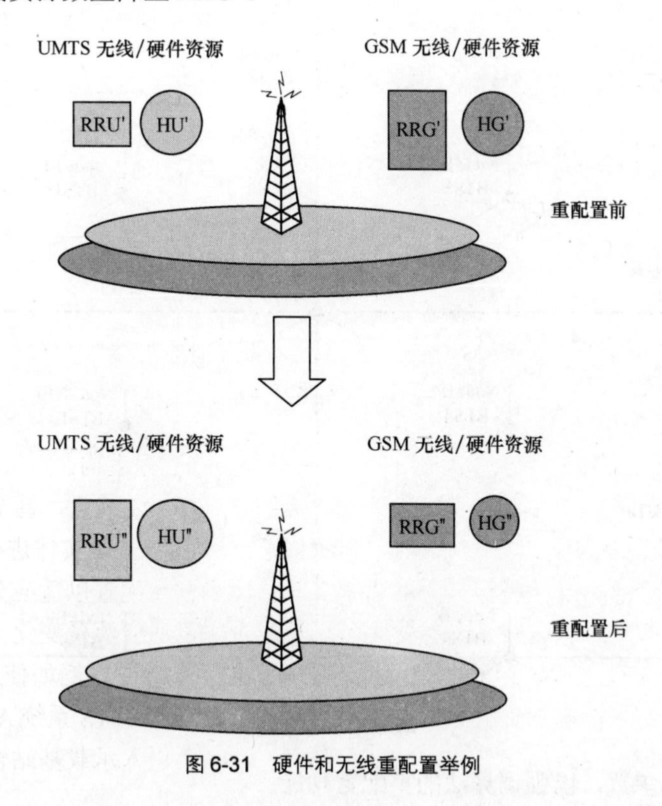

图 6-31　硬件和无线重配置举例

硬件重构实体定期检测以获取其所支持的无线接入技术每个小区的流量情况。对于每个小区的每个监测周期，硬件重构实体收集当前负载的流量并在监测周期结束时在对目前流量分析的基础上对每个小区的运行情况进行评估，以确定其是否需要执行基站重配置。特别地，重构实体设定了两个门限 THRlow 和 THRhigh 分别确定小区低负载和小区高负载，并且有 THRlow＜THRhigh。

① 负载较低（低于运营商设置的阈值 THRlow）的小区将被重配置以释放处理资源和相关可被相邻小区使用的无线资源。

② 负载较高（高于运营商设置的阈值 THRhigh）的小区将被重配置以增加其处理资源和无线资源（如果邻近小区有可用资源）。

该算法也验证了所涉及的基站是否拥有足够的处理资源以用于将来的重配置以及所有支持的无线接入技术的接入状态是否会受到重配置的影响。

文献[16]描述了该算法的细节以及 2G 和 3G 单一无线接入技术可以获得的运行结果。

2．示范 2G/3G 场景下的初步性能结果

接下来我们将给出性能结果。分析侧重于一个多无线接入技术共存的场景，其中基站配置为 2G 和 3G 业务。仿真考虑的场景是一个拥有理想规则六边形覆盖的宏蜂窝布局。其特点是有一个可以管理 12 个基站（每个基站覆盖 3 个小区）的无线控制器。仿真区域基站的空间分布（其中每个站点都是人字形的）如图 6-32 所示。

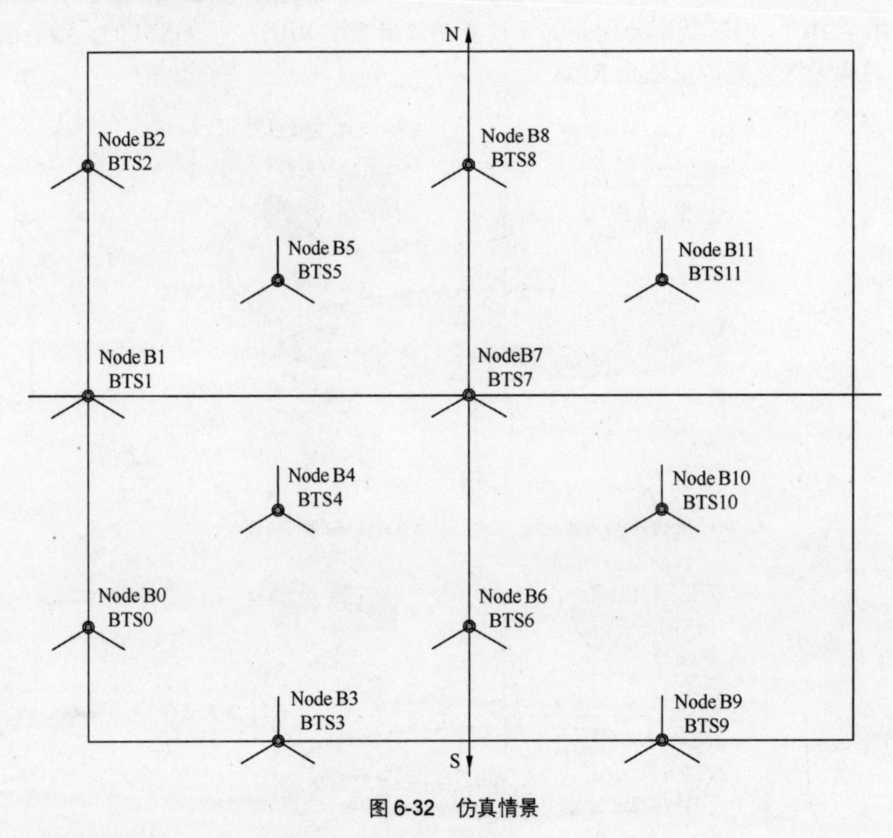

图 6-32　仿真情景

考虑如下仿真参数，以强调算法的重配置功能：

① 为低流量的小区提供约为 0.3 爱尔兰（Erlang）的流量；

② 为热点提供约为 100 爱尔兰的流量；

③ 硬件重构管理的监测周期设置为 600s；

④ 每个小区的处理资源设置为 6 RES（假设 2G 和 3G 的硬件资源有同样的值，可以认为一个 RES 对应于一个收发器所需的处理资源）。

在最初的规划中，每个小区拥有 5 个处于活动状态的频率载波，其中，3 个是为 2G 提供，2 个是为 3G 提供。

为了评估算法的有效性，我们在热点和周围小区分析如下统计数据：

① 有效阻塞率；

② 算法估计的阻塞情况；

③ 可用频率载波的平均数量。

首先分析的一个案例其配置如下：2G 小区有一个热点流量分配而其他所有 2G 小区流量较低（0.3 爱尔兰），3G 小区流量都很低。例如，小区 0 是 2G 热点，周围的所有小区（2G 和 3G 的）都是低流量的。

从图 6-33 和图 6-34 中可以发现，2G 热点的平均可用频率数量值最大为 5。这使得可以将阻塞率从 80%控制到 65%。由于基站总的硬件资源已经耗尽，阻塞率无法进一步下降：5 RES 和 6 RES 供给 2G 而其余由 3G 占用。

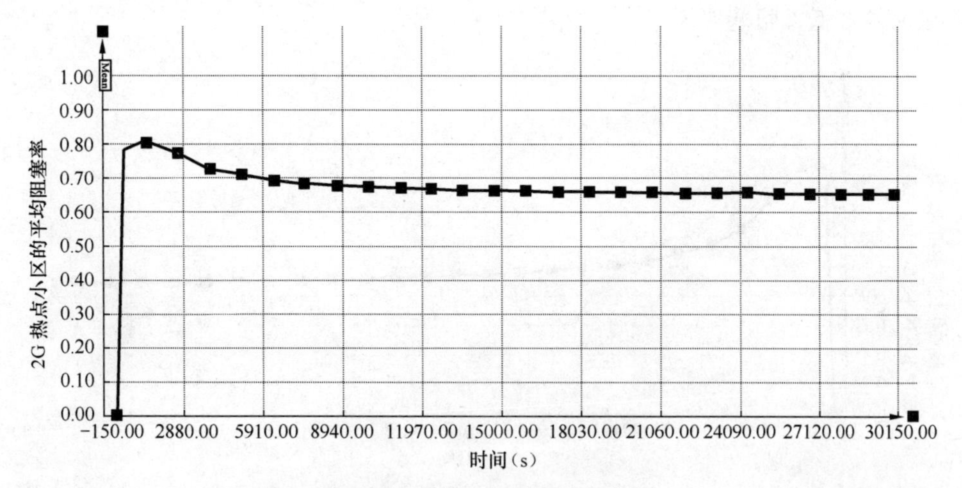

图 6-33 2G 热点小区的阻塞百分率

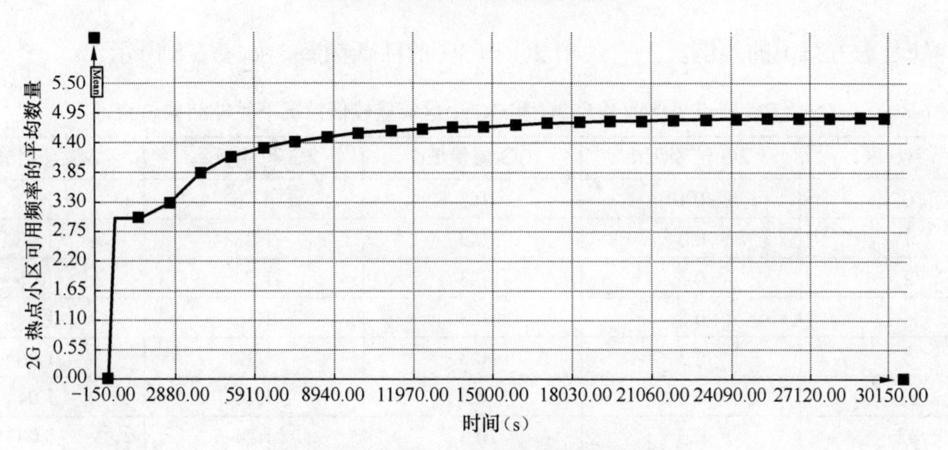

图 6-34 2G 热点小区可用频率的平均数量

对于 3G 频率，由于其流量较低，可用频率可减少一个，即从原来计划的 2 个变为 1 个，如图 6-35 所示。

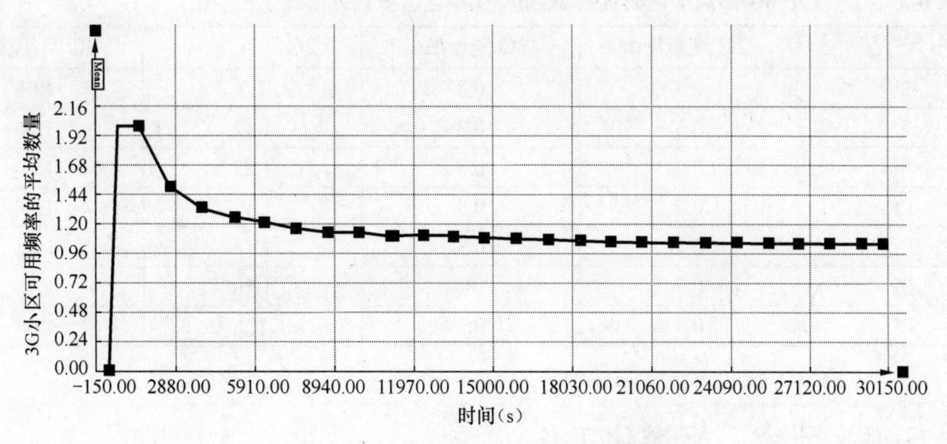

图 6-35 3G 小区可用频率的平均数量

我们监测与 2G 热点小区同属一个簇的相邻小区的平均可用频率数量（图 6-36），可以看到，由于流量较低，阻塞率为 0。

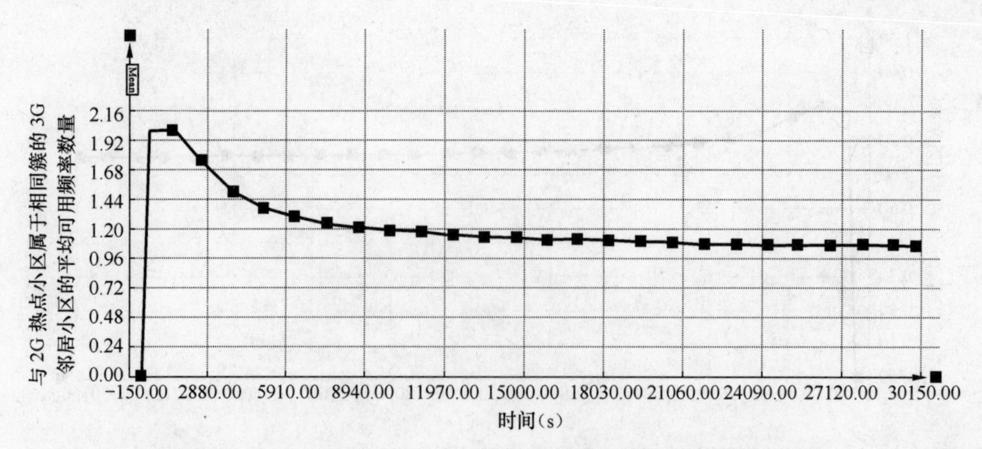

图 6-36　与 2G 热点小区属于相同簇的 3G 邻居小区的平均可用频率数量

此处考虑方案中的簇情况——关于 2G 和 3G 的活跃频率，如表 6-8 所示。

表 6-8　　一个 2G 热点小区而其余 2G 和 3G 小区流量较低情况下性能结果总结

小　区	2G 流量/Erl	3G 流量/Erl	2G 可用频率	3G 可用频率
0	100	0.3	4.86	1.04
1	0.3	0.3	1.28	1.08
2	0.3	0.3	1.24	1.06
4	0.3	0.3	1.16	1.04
5	0.3	0.3	1.12	1.06
13	0.3	0.3	1.14	1.04
32	0.3	0.3	1.24	1.08

对热点位于 3G 小区并且所有其他 2G 和 3G 小区流量较低的情况也进行类似的分析。可以看到与先前案例分析类似的行为，可用频率结果总结如表 6-9 所示。

表 6-9　　1 个 3G 热点小区而其余 2G 和 3G 小区流量较低情况下性能结果总结

小　区	2G 流量/Erl	3G 流量/Erl	2G 可用频率	3G 可用频率
3	0.3	0.3	1.2	1.08
5	0.3	0.3	1.12	1.06
8	0.3	0.3	1.22	1.04
12	0.3	0.3	1.12	1.08
15	0.3	0.3	1.18	1.08
16	0.3	100	1.16	1.76
17	0.3	0.3	1.2	1.04

6.6　Self-x 研究、标准化工作

当前自组织网络（SON）框架是由若干致力于使无线接入网络实现自动化管理及优化技

术开发的研究发起者通过开展一些活动进行管理的。由于 Self-x 机制能够有效提升动态过程的网络性能和质量，它的出现对于无线接入网的长期演进尤为重要。我们需要通过标准化定义必要的测量、程序和开放式接口，以支持多运营商环境下更好的可操作性。与此同时，工业界的论坛补充了标准化组织的工作，并且期望在运营商将对下一代网络提出什么需求上达成共识。

6.6.1 CELTIC 项目 Gandalf

CELTIC 项目 Gandalf[17]的目标在于采用大规模的网络监控、先进的网络资源管理、参数优化以及配置管理技术，在多系统环境中实现网络管理自动化。这些技术包括大规模收集、处理网络数据，以产生可以辨识故障、提出和执行恢复动作的关键性能参数。并且，为了优化多系统环境下的服务传输质量和系统整体性能，该项目提出了新的无线资源管理算法和自调整方法。

多系统自调整概念的可行性以及先进无线资源管理和自动调整概念的生存能力是通过网络模拟和硬件展示（多系统的测试基地）表现的。

Gadalf 项目关注的管理功能有以下几方面。

① 先进的（用于不同的无线接入网）和联合的（用于内部系统）无线资源管理：先进无线资源管理和联合无线资源管理参数的自调整研究是在失真的干扰系统环境下进行的。为了改进失真干扰系统的性能，曾采用强化学习技术的方法来实现优化。

② 在线优化和离线优化的自调整：优化函数产生优化参数，以改进网络性能。

③ 故障排除：采用基于贝叶斯网络推理机制的自动诊断技术。

6.6.2 FP7 项目 SOCRATES

SOCRATES（Self-Optimization and self-ConfiguRATion in wireless networks，自优化、自配置无线接入网）项目[18]隶属于欧盟支持的第 7 项目框架 FP7，运作时间为 2008 年 1 月至 2010 年 12 月 31 日。

SOCRATES 的总体目标是：在显著降低运营开支（OPEX）和可能的资本开支（CAPEX）的同时，优化网络容量、覆盖和服务质量，开发自组织方法。尽管开发出的方法具有更广泛的应用（例如可用于 WiMAX 网络中），项目研究主要集中于 3GPP 的 LTE 无线接入（E-UTRAN）。目标的细节如下所述。

① 开发新的概念、方法和算法用于充分有效地实现无线接入网的自优化、自配置和自愈合。无线接入网采用了不同的无线（资源管理）参数去平滑系统中、信息传输中、移动情况下的突发情况。无线参数的具体例子包括：能量设定、天线参数、周围小区列表、移交参数、时间表参数和允许进入控制参数。

② 所需测量信息的规格，它的统计准确度和包括所需协议接口的信息检索方法，它应支持新开发出的自组织方法。

③ 通过广泛的模拟实验开发出的自组织概念和方法的证实和展示。特别地，我们将实施模拟以便描述和评定确立的容量、覆盖程度和质量提升，并且估测可获得的运营成本（CAPEX）降低。

④ 评估开发出的自组织概念和方法在运营、管理和维护体系结构、终端、可测量性和无

线网络规划和容量管理过程方面的运作和实施的影响。

⑤ 对 3GPP 标准化和 NGMN（Next Generation Mobile Networks）活动的影响。

6.6.3 IEEE 802.16

2007 年起，IEEE 802.16m（TGm）工作组开始致力于满足下一代（4G）移动网络需求的先进空中接口的研究。从而提出了一些 IMT-Advanced 的具体指标，如传输速率在高速移动达到 100Mbit/s，低速移动达到 1Gbit/s。该工作组在 2009 年 11 月完成相关研究工作。目前，TGm 已经发布了如下文档作为 IEEE 802.16 标准化过程的一部分：

① 系统要求文档（SRD，System Requirement Document）[19]：已完成；

② 评估方法文档（EMD，Evaluation Method Document）[20]：已完成；

③ 系统描述文档（SDD，System Description Document）[21]：草案。

并且，在 2008 年底，TGm 启动如下工作：

① 802.16m 修正案（具体规范）；

② 802.16 IMT-Advanced 协议。

IEEE 802.16 的运行需求之一是支持自组织机制[19]。

图 6-37 所示为 IEEE 802.16 的协议结构，其中，自组织模块内嵌于无线资源控制和管理中，相关细节可以参考系统描述文档[20]。

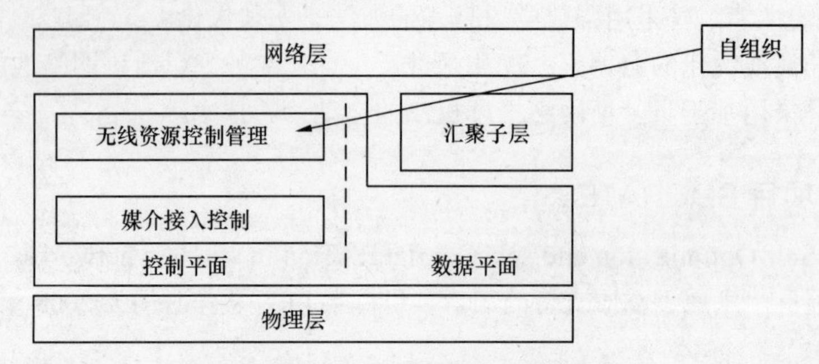

图 6-37 IEEE 802.16m 协议结构

6.6.4 NGMN

NGMN 项目是由一些主流运营商自动发起的，它意在提供一种后 3G 演进技术的设想——这个技术可以提供有竞争力的宽带无线服务传输，并进一步提高终端用户的利益。2006 年起，发起者计划通过提供运营群体在 2010 年后的十年中需要什么的一致观点，补充并支持标准化组织内部的工作。

NGMN 发起者的使命在于增强移动运营商为其用户提供价格低廉服务的能力。NGMN 认为移动网络的一个关键功能特征是自组织概念，并且 NGMN 工作组开发的战略性技术项目中，有一个完全致力于支持和协助高度有效自动化、自优化功能和自组织机制（例如，所有节点的子配置）实现的项目[22]。

该项目的主要成果如下。

① 引入自动或自治的程序的运营案例。运营商的使用情况分为 4 组[23]，如图 6-38 所示。

② 关于需要什么类型的性能级数和配置参数的高层次需求定义。标准化一个新系统，需

要指定测量、程序和开放式接口，从而能够支持复杂、多运营商环境下的自组织功能。

③ 自组织网络体系结构的比较：集中式对比分布式，提出两者的优缺点并进行评估讨论。

④ 对自组织网络的需求提出建议[24]：在运营商们对自组织网络的使用案例提出预见之后（略述如文献[23]），支持自组织网络使用方法实施的需求建议和指导原则被提了出来。从而考虑了运营商的标准及他们为此做出的贡献。

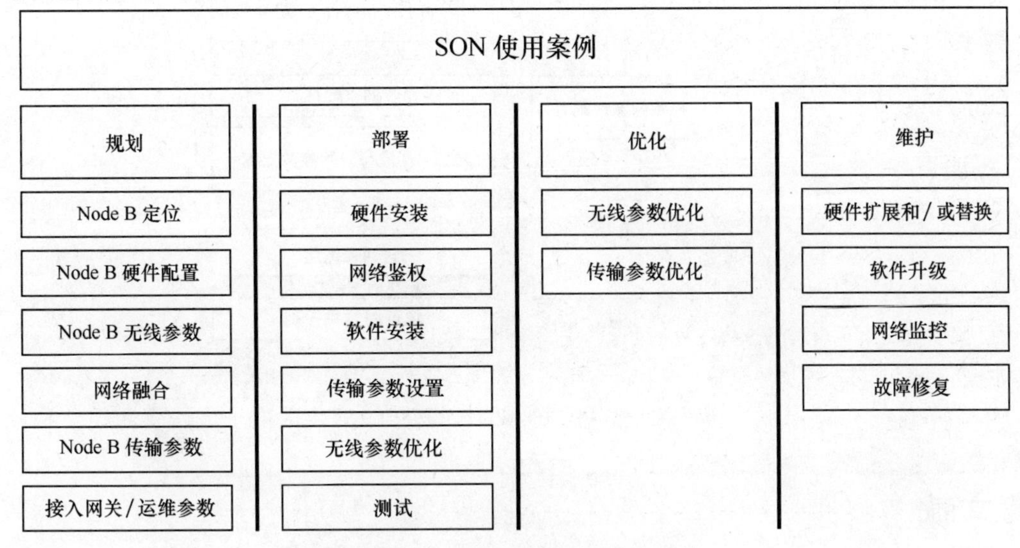

图 6-38　自组网相关应用的分类和子群

6.6.5　3GPP

关于 3G 演进的 3GPP 活动在初始阶段集中于设定目标，LTE 的需求和目标，接着提出涉及的所有技术方面（多接入技术、体系结构、服务等）的完整描述。需要收集所有这些概念，然后才可以制定 3GPP 发行版本 8 标准的定义。为了减少多个运营商的大量节点的运行开支（OPEX），提出了自组织网络的概念。在 3GPP 发布版本 8 中，网络元素间的许多信号接口是标准化的开放接口。在自组网应用中重要的例子是 eNode B 间的 X2 接口和 eNode B 和 EPC（如 MME，SGW（Serving GateWay））间的 S1 接口。另一方面，对于 3GPP 发布的版本 8，工作组决定自组网的算法不标准化。许多工作组在这一问题上发表文章，它们被讨论，最后得出相关的结论。

在文献[23]中定义了自配置和自优化功能的范围，并描述了两个过程和它们处理的函数（如图 6-39 所示）。关于自组网的最重要的发布文档之一是 TR 36.902[25]。对此负责的工作组是 RAN WG3。这一技术报告处理自配置和自优化网络使用情形和方法。在这一文档中，期望得到对和自组网更相关的使用情形的描述。对于每种应用情形，都将完成接下来的部分：①使用情形描述；②输入数据、测量和性能数据定义；③输出，被影响的实体和参数；④受影响的规范，程序的交互作用和接口。

WG SA5 也研究自组网，更多的是和概念方法和要求相关的内容。TS 32.500[26]的发布意在运行和管理系统中描述用于自组网功能的要求和体系结构，在这一文档中展示了其他的使用情形。

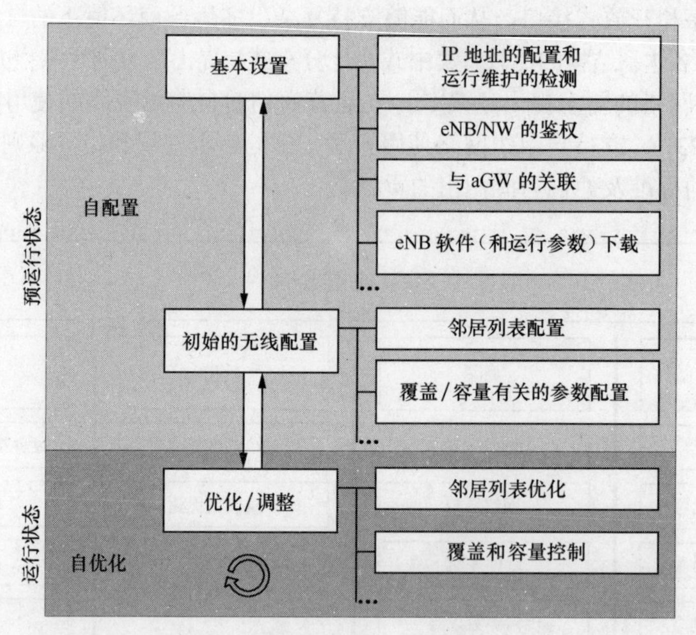

图 6-39　eNB 处自配置/自优化功能的分支

参考文献

［1］ ICT-2007-216248 E3 Project. http://www.ict-e3.eu.

［2］ E3 Deliverable D3.1. Requirements for collaboRATive cognitive RRM. July 2008.

［3］ 3GPP TS 36.300 v8.5.0. 3GPP E-UTRA and E-UTRAN. Overall description, Stage 2 (Release 8).

［4］ S. Rudich. Computational Complexity Theory. IAS Park City Mathematics Series, American Mathematical Society, Providence, RI, 2004.

［5］ J. Holland. Adaptation in Natural and Artificial Systems. University of Michigan Press, Ann Arbor, MI, 1975; MIT Press, Cambridge, MA, 1992.

［6］ T. H. Cormen, C. E. Leiserson, R. L. Rivest. Introduction to algorithms. MIT Press, Cambridge, Massachusetts, 1991.

［7］ P. Laarhoven, E. Aarts. Simulated Annealing: Theory and Applications. Reidel Publishing Company, Doordrecht, 1987.[TA]Demirkol, Ersoy, M. Ufuk Caglayan, H. Delic. Location Area Planning and Cell-to-Switch Assignment in Cellular Networks. IEEE Transactions on Wireless Communications, Vol. 3, No. 3, May 2004, pp. 880-890.

［8］ C. A. Coello Coello, M. S. Lechuga. MOPSO: A Proposal for Multiple Objective Particle Swarm Optimization. Proceedings of the 2002 Congress on Evolutionary Computation CEC, Vol. 2, May 2002, pp. 1051-1056.

［9］ J. Kennedy, R. Eberhart. Particle Swarm Optimization. IEEE International Conference on Neural Networks 1995, Vol. 4, Nov./Dec. 1995, pp. 1942-1948.

［10］ S. Haykin. Neural Networks: A Comprehensive Foundation. 2nd edition, Prentice Hall, 1998.

［11］ Huimin Zhao. Semantic Matching Across Heterogeneous Data Sources. Communications of the ACM, Volume 50, Issue 1, Pages: 45-50, January 2007.

[12] 3GPP TSGRAN WG3#59, R3-080762. Basic ICIC procedures on X2. CMCC.

[13] Aggelos Saatsakis, George Dimitrakopoulos. Panagiotis Demestichas, Enhanced Context Acquisition Mechanisms for Achieving Self-Managed Congnitive Wireless Network Segments. Proc. ICT-Mobile Summit Conference, Stockholm, Sweden, 2008.

[14] E. Buracchini, P. Goria, A. Trogolo. A radio reconfiguration algorithm for dynamic spectrum management according to traffic variations. SDR Forum Technical Conference 2007, Denver, Colorado, 2007.

[15] E. Buracchini, P. Goria, A. Trogolo. Dynamic Load-Management of Radio Resources. IST 08 Summit, Stockholm, Sweden, June 2008.

[16] Gandalf Homepage. http://www.celtic-gandalf.org.

[17] European Commission. The Future of the Internet. Printed in Belgium, ISBN 978-92-79-08008-1, 2008.

[18] IEEE 802.16m, IEEE 802.16m-07/002r6. IEEE 802.16m System Requirements (SRD). September 2008.

[19] IEEE 802.16m, IEEE 802.16m-08/003r6. Draft IEEE 802.16m System Description Document (SDD). December 2008.

[20] IEEE 802.16m, IEEE 802.16m-08/004r4. IEEE 802.16m Evaluation Methodology Document (EMD). November 2008.

[21] NGMN, White Paper. Next Generation Mobile Networks Beyond HSPA & EVDO. Release 3.0, December 2006, http://www.ngmn.org.

[22] NGMN. Use Cases related to Self Organizing Network. Overall Description, April 2007.

[23] NGMN. Recommendation on SON and O&M Requirements. version 1.1, July 2008.

[24] 3GPP TS 36.300v8.5.0. 3GPP E-UTRA and E-UTRAN. Overall description, Stage 2 (Release 8).

[25] 3GPP TR36.902v0.0.4, 3GPP E-UTRA and E-UTRAN. Self-configuring and self-optimizing network use cases and solutions. (Release 8).

[26] 3GPP TS 32.500 v0.3.1, 3GPP Telecommunication Management. Self-Organizing Networks (SON), Concepts and Requirements. (Release 8).

第7章 跨层设计

跨层优化是一种部分或完全违背分层通信协议架构，以达到局部或全局优化通信系统性能的协议设计方法，其目的是实现与动态变化的无线环境的匹配、网络和用户自适应、主动认知环境并对环境做出响应利用跨层设计的方法优化协议栈，模糊严格的层间界限，利用原本分属于不同协议层上的配置参数、机制等进行联合调整，实现网络更高效、更合理的无线资源管理，包括接纳控制、负载均衡、小区间干扰协调和无线资源规划及调度，以及动态频谱接入等，以达到联合优化通信系统并大幅提升系统性能和用户业务体验的目标。

7.1 跨层设计的概述

无线网络通信业务正从单一的低速话音业务向各种多媒体数据业务、高速图像传输业务等综合业务转变。跨层设计的本质思想是打破传统的通信系统框架，以满足通信系统的 QoS 服务要求为目的，将通信系统资源的状态参数和服务的 QoS 参数在协议层中传递，从而达到各协议层联合设计，充分利用系统资源，为用户提供更好服务。因此，无线网络的跨层设计作为下一代移动通信的关键技术，已经被越来越多的国内外研究机构所关注。

7.1.1 跨层产生的背景

在传统的有线通信网络中，OSI 七层模型取得了巨大的成功（如图 7-1 所示），它成功地将协议栈进行分层，使得各层间相互独立、彼此透明，每一层单独进行优化，利用下层协议栈的接口向高层提供服务，这种模块化的设计思想可以充分屏蔽每层的具体细节，各层在保持功能不变的情况下，可以进行独立设计、实现，因而模型具有良好的可扩展性。在有线通信网络中发挥了重要的作用，使网络的性能获得了很大的提高。

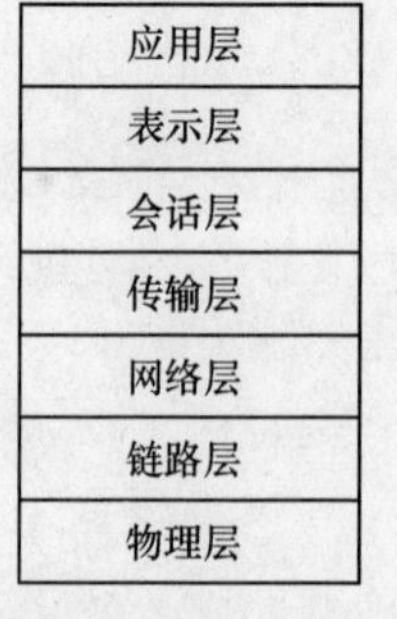

图 7-1 OSI 七层模型

然而，在无线网络环境中，由于多种不同的接入网络共存，且无线通信环境有快速变化的特性，而基于分层结构的协议栈只能在相邻的层之间以固定的方式进行通信，而且信息交互的时延较长。这样，现有的协议栈就无法灵活地适应无线移动环境的变化，从而使得在设计协议栈时只能考虑在通信条件最为恶劣的情况下进行工作，进而导致了协议栈无法对有限的频谱资源及功率资源进行有效的利用。为了解决这个问题，人们提出了跨层设计机制，即通过在协议栈的各层之间传递特定的信息来协调协议栈各层之间的工作过程，使之与无线通信环境相适应，从而使系统能够满足各种业务的不同需求。其核心就是使协议栈能够根据无线环境的变化来实现对资源的自适应优化配置。

7.1.2 跨层的必要性

对于传统的有线通信来说，分层模型起到了良好的作用。但对于无线通信来说，却不然，这是由无线通信所特有的特点来决定的。

无线通信具有如下特点。

① 首先对于无线通信来说，频谱资源是有限的，如何实现有限资源的高效利用，是一个必须要考虑的问题。

② 其次，无线空间中存在着各种各样的干扰，如同频干扰、信道间的干扰、热噪声等。

③ 无线信道的多径和时变特性，这些因素都增加了保证无线通信业务 QoS 的难度。

鉴于这些仅在无线通信中才存在的问题，分层设计的方法已经无法满足保证提供更好的服务质量。举一个有线通信和无线通信有明显差别的例子：TCP。对于有线通信来说，认为信号的传送媒质是充分可靠的，而且最大容量也是预先确定好的。当收端没有接收到发端的数据时，决策判定网络发生了拥塞，要采取拥塞控制措施。但是，对于无线通信来说，存在一种可能：由于无线链路的时变特性，信道环境突然恶化导致收端没有接收到数据包。这种情况下，拥塞控制便不再适用。

因此，我们需要探寻一种新的体系结构，能够及时有效地在协议栈各层间传递信道状态，网络运行状态，和用户业务需求等数据信息，以便协议栈及时调整相关参数，提高网络的性能。并且，未来的通信网络是由多种不同无线接入技术网络所构成，网络间存在着重叠覆盖。为了实现用户的泛在接入，要求总体的协议栈为一种自适应的结构，不仅要求根据本层的相关参数进行自适应调整，大多数情况下还必须考虑其他层的相关参数，跨层设计技术为这一目标的实现提供了解决方案。

7.1.3 跨层设计的定义

目前，由于研究跨层设计的学者来自不同的领域，有着不同的背景，他们对跨层的研究相互独立。因而对于跨层设计的定义存在着不同的说法。

文献[1]中提到，但凡违反通信分层参考模型的协议设计方法都定义为跨层设计，允许不相邻的协议层间传递信息和共享变量。

传统的分层设计方法只允许相邻上下层间的信息通信接口进行传递。但在新的跨层设计的体系中，信息不仅可以在相邻的层间进行传递，而且不相邻的层之间也可以进行信息的传递。这种设计方法，可以及时地将底层信道的状态传递给高层，以便进行最优的调度；也可以便捷地将高层不同业务的需求传递给底层信道，进行资源的合理分配。

介绍一个最简单的跨层设计，如图 7-2 所示。假设有垂直体系的 3 个层次 LA、LB 和 LC，LA 是最下面一层，LC 是最上面一层。原有的层次模型中，是不允许 LA 和 LC 之间有通信接口的，不能够直接通信。但是可以修改 LC 的协议，要求在运行时 LA 将特定参数传递给 LC，此时就要在 LC 和 LA 之间定义一个新的接口。很明显，这就违反了原有的架构模型。

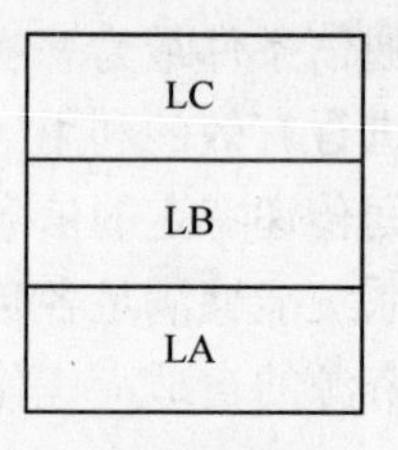

图 7-2 跨层设计

7.1.4 跨层存在的问题和挑战

目前，虽然研究者提出了很多的跨层设计方案，但还是有很多问题仍需要探讨、商榷和标准化[1]。

1．跨层耦合的重要性排序

目前在理论文献中存在多种跨层设计方案，但是并不确定哪一种才是最重要的。用成本效益透彻地分析不同性能改进与实施复杂度的跨层设计方案是必要的。为了公平，重要的跨层设计理念依赖于特定的网络场景和收益的度量。如无线 Ad Hoc 网络中，网络层和 MAC 层的跨层设计是必要的，因为它们间相互影响。对于传输层接口的新规范提高了端到端性能；利用 MAC 层的信道信息，有利于提高网络的性能；能量、时延和安全都需要在整体的意义上进行跨层控制。

2．跨层设计的共存性问题

关于跨层设计另一个重要的问题是不同的跨层方案的共存问题。一个堆栈中的 MAC 层通过调整信息速率回应信道的变化，那么，链路层进一步调整帧长是否仍有意义。为了试图控制链路层参数，来自传输层的控制应当如何与这些适应性回路结合。

当考虑到一些跨层设计方案是否阻碍了未来的发展时，跨层方案之间的共存问题变得重要起来。如在一种跨层设计方案中，将物理层和链路层优化为特定的性能矩阵。如果这种方案先实施，那么以其他耦合方式设计的跨层设计方案，或者在链路层和物理层没有任何耦合的跨层设计方案能否后续实施。在提出新的跨层设计方案的同时，设计者应该关注与其他的跨层设计方案之间的共存问题，即其他的哪些方案能与新方案共同实施，哪些方案不能与新方案一起实施。

3．何时调用跨层设计

无线网络的网络条件一般是时变的，在这种情形下，跨层设计的一个动机是完成匹配的网络等效。这个理念使得协议栈响应底层网络条件的变化，这样就能一直保持最佳的工作状态。

为了完成这种理想化的操作，提出了两个值得关注的挑战。首先，设计者需要确定一定的网络条件，在这种条件下提议的跨层设计能够提高网络性能；其次，在堆栈中需要建立能高效获取实时并且精确的网络状态的机制，并且相应的上层结构也应当纳入设计范围内。

4．物理层的作用

有线网络中，物理层的任务比较少，主要负责从上层发送或接受包，当前使用的无线网络技术中也是如此。物理层信号处理的研究成果允许其在无线网络中发挥更大的作用，但也提出了一个问题，物理层该起多大作用。这与跨层设计的成就有关。首先，如OSI参考模型一样的分层式结构，除了提供比特通道以外，不允许物理层有更多的功能。其次，物理层的改进需要高层做相应的改变达到平衡。因此，描绘出物理层的作用是一个重要的问题。依赖已有物理层信号处理过程的跨层设计是未来的研究中心。

7.1.5　认知无线网络中的跨层

认知网络的最终目的是根据认知的网络信息调整相关网元的协议层参数，以保证用户的端到端性能。通常获取上下文信息的认知观察层和需要调整的自适应适配层，并不一定相同，认知网络需要综合各层的认知信息导出对于某一层的重配置决策，然而目前网络协议栈普遍采用的是分层设计原则，每个协议层只和其相邻层交互信息，感知的信息仅对相邻层有影响，因此，认知网络必须采用跨层设计的思想。

在认知无线网络中，只有采用跨层的技术，依靠协议层间的相关性，才能实现端到端的目标和系统整体性能（如无线资源管理、QoS、安全性等）的提升，实现认知无线网络的自适应的核心目标。

7.2　跨层设计架构和实现

7.2.1　跨层设计架构

本节主要对6种跨层设计的架构进行总结。对每种设计的层间接口设计进行简单的介绍。跨层接口的设计方便了不同层间信息的交互和共享，使协议栈更加灵活，从而快速适应信道、网络、用户和业务的动态特性，如图7-3所示。

1. 上行信息流

这种架构通过设计新的接口，使得信息由低层传递到高层，以便高层及时获得运行时的低层参数、测量值等信息。例如，一个端到端的TCP连接，包含一段无线链路，无线链路中的突发衰落造成的丢包，会使TCP连接的发送端做出错误的网络拥塞的判决，从而启动错误的拥塞控制，导致性能降低。另一例子是：物理层向MAC层传送信道状态，以便MAC层做出自适应的调整发送参数，如功率、调制方式、编码速率等。

2. 下行信息流

这种架构通过新的接口将高层业务的需求传递给低层，以便低层进行运行时参数的设计和选择。例如，高层协议可以通过接口直接与链路层交互信息，传递不同的业务对时延的要求，对于时延敏感的业务要赋予比时延不敏感的业务更高的优先调度权。

3. 循环信息流

循环信息流是两个不同功能的协议层在运行时，相互共享信息，而且是一个不断循环迭代的过程。例如，在WLAN上行链路的用户碰撞检测过程中，PHY层通过信号检测算法，从碰撞中检测出数据包，然后MAC层根据PHY层的结果选择碰撞用户集合，并将集合中用户的数据进行重传，通过迭代处理，可以检测出所有的用户。同样，在Ad Hoc网络中，联合调度和功率控制也是这样一种相似的迭代过程。

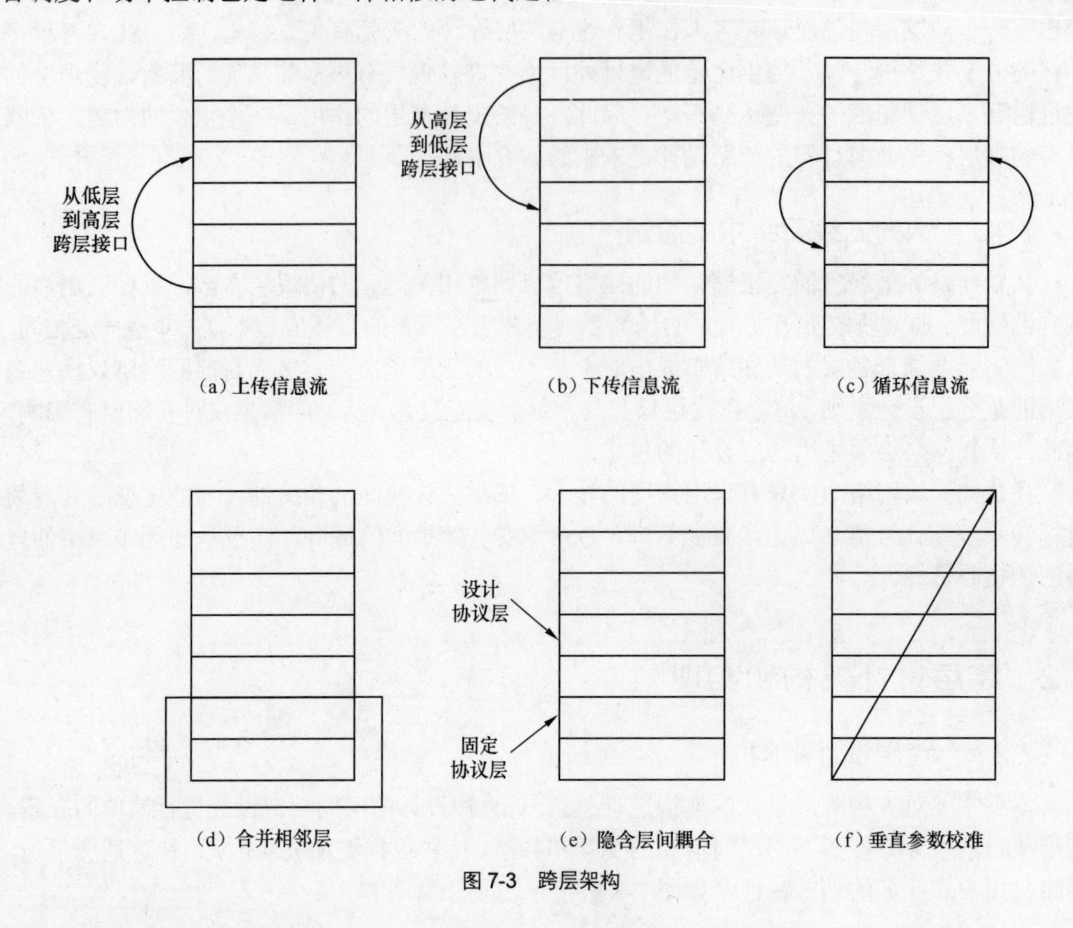

图 7-3 跨层架构

4. 合并相邻的协议层

此种架构，是将协议栈中相邻的协议层合并成一个新的协议层。这种方式不会产生新的接口，通过原有分层中的顶层和底层分别与其他协议层进行通信。在无线协议层体系中，PHY层与MAC层的边界变得越来越模糊，以后很有可能合并成为一个新的协议层。

5. 隐含耦合设计

这种设计方式是指对两个或者多层协议层进行耦合设计，但是在运行时却不引入新的接口。尽管没有新接口的产生，但是耦合协议层间是相互关联的，一个层的修改，其耦合层也要相应改变。例如，在WLAN中，当物理层可以同时处理多个数据包时，MAC层也要相应地重新设计，能够对物理层传递上来的多个数据包进行处理。

6. 垂直参数校准

垂直参数校准是将协议层中的参数进行跨层调整。应用层的性能可以表示为各下层参数的函数，联合地对这些参数进行调整肯定比单独地对某一个参数进行调整能使系统获得更好的性能。这种校准方式既可以通过静态的方式来实现，即在设计时，根据性能的要求对参数进行优化，也可以通过动态的方式来实现，即在运行时，通过对时变信道、业务信息和网络状况的响应，不断更新和调整各层的参数，但是很明显这种方式会造成比较大的系统开销。

例如，业务时延要求决定了链路层是否进行 ARQ 控制，反过来，也会作为输入参数，进行自适应调制模式选择。

7.2.2 跨层设计实现

跨层优化的实现手段目前可以分为 3 种[1]：层间直接通信、建立共享数据库、重新建立新的抽象。

1. 层间直接通信

系统运行时，层间共享信息最直接、最快捷的方法就是允许它们彼此互相通信。需要注意的是，系统运行时需要在层间共享信息，这种方案才适用（如图 7-4（a）所示）。简单来说，层间的直接通信意味着在运行时某层的参数对其他层是可见的。与之相反，在严格的分层体系中，每层只管理自己的参数，本层的参数对其他层是没有多大意义。

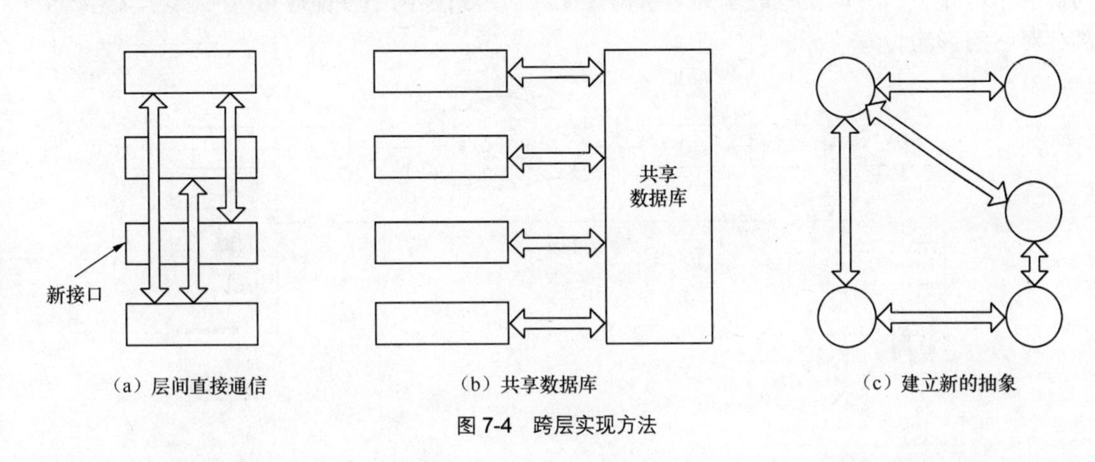

图 7-4 跨层实现方法

层间直接通信有很多方法。例如，协议的头部可以用来在层间传递信息。最初按照层次结构设计的系统中如果需要在不同层间交换信息，需要考虑这种方法。这种情况下，可以设想为在层间设置一些通道。但是要实现不同层的参数和内部状态共享，需要解决层间共享存储空间的设置来保证架构的实施。

2. 共享数据库

建立共享数据库是引入一个能被所有层链接的通用数据库。在某种意义上，这个通用数据库可以被看成一个新层，为所有层提供存储/修复信息的服务（如图 7-4（b）所示）。

这种共享数据库的方法尤其适用于垂直校准跨层设计。一个优化的程序可以通过共享数据库与不同层联系。类似的，层间的新接口也可以通过共享数据库来实现。这种方法对原有的分层模型修改比较小，是一种较为理想的跨层实施方案。

3. 建立新的抽象

重新建立新的抽象是一种完全抛弃协议层的概念，将协议模块重新抽象组织，建立新的组织协议的方式，用“堆”的理念取代“栈”（如图 7-4（c）所示）。这种新颖的协议组织方式使协议模块间拥有十分丰富的接口进行信息流通共享，并提供了更强的可扩展性。因为此种模式完全颠覆了原来的协议分层概念，因此需要系统级的具体实现。

7.3 跨层设计的方法

重构是认知无线网络中的网元适应外部环境变化，优化通信链路、网络性能的重要手段。按照重构粒度的大小，重构方式又可以分为 3 种：

① 无线通信协议栈中各协议层关键参数及策略的调整；

② 无线通信协议栈中协议层的调整；

③ 无线通信协议栈的调整。

对于认知无线网络来说，可以用 QoS 衡量端到端的链路性能，而直接影响 QoS 的是误包率、时延、时延抖动、数据速率等链路参数。如图 7-5 所示，端到端链路性能可以分为有线部分和无线接入部分两方面进行考虑。相对于无线接入部分，有线部分对端到端链路性能的影响相对较小，所以在考虑端到端重构优化通信链路及网络性能时可以主要考虑无线接入部分对它的影响。

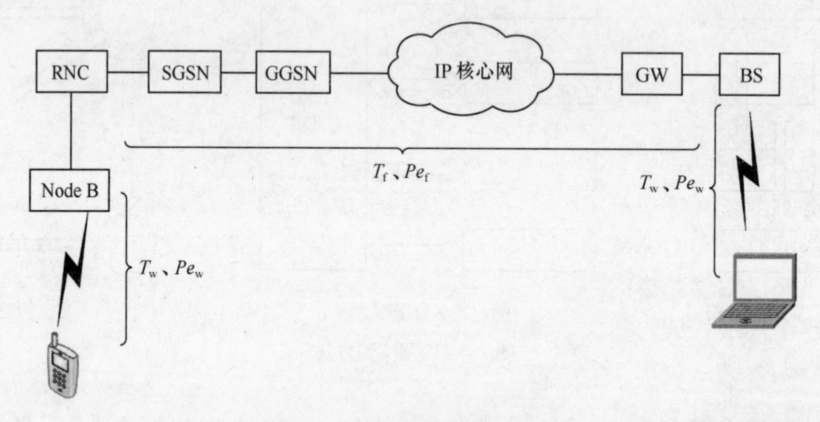

图 7-5　端到端链路性能示意图

无线接入部分的链路性能主要由无线接入协议栈和无线环境决定。重构问题即在一定无线环境下配置无线接入协议栈相关参数、策略以满足用户业务的 QoS 需求。为了解决这一问题，我们需要明确无线接入协议中哪些参数、策略可供调整。调整的参数与策略对 QoS 参数将产生什么样的影响。对于上述问题，协议的跨层设计（cross-layer design）已经做出了一些研究。我们以 OFDM-SISO 系统为场景，对跨层设计进行了调研，并将调研的结果按照协议层总结出了如图 7-6 所示的协议层参数关系。

图 7-6 示出了无线网络中用户终端协议栈各层关键参数和可重配置参数、策略之间的关系。位于应用层的是重构的目标 QoS，QoS 主要受传输层丢包率、时延、时延抖动和数据速率的影响。对于传输层来说，可以调整其拥塞窗口长度、超时时间等参数来进行重构。MAC 层两项主要影响传输层关键指标的参数是误帧率（FER）与时延，其主要受物理层关键参数误比特率（BER）和链路速率（Rb）影响，同时 MAC 层的成帧方式、接入调度策略、子信道分配策略和 ARQ 方式等都会影响误帧率与时延。在物理层，影响链路性能的关键指标为误比特率（BER）和链路速率（Rb），其主要受到信道衰落状况（G）、信道编码、调制方式和发射功率等方面的影响。

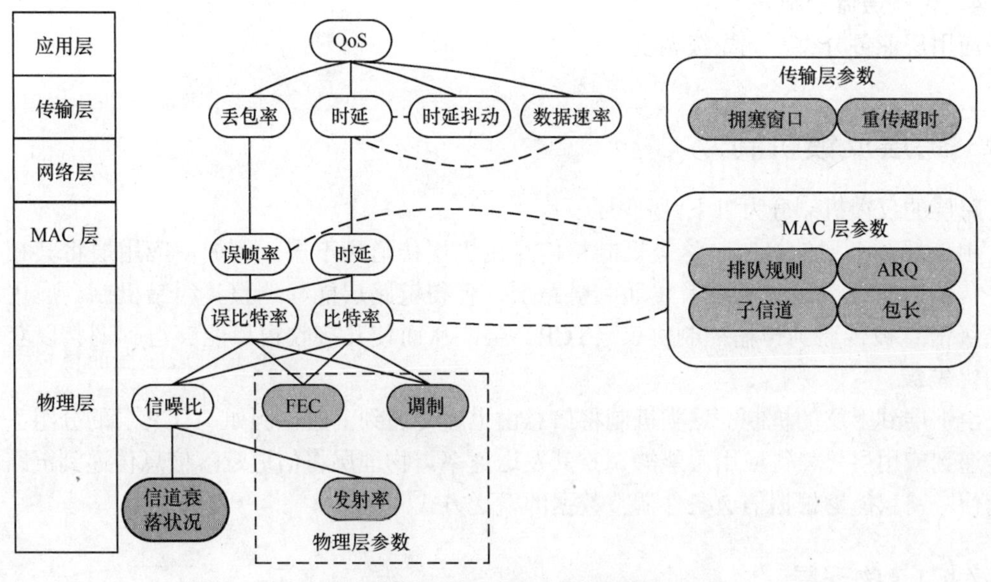

图 7-6　无线协议栈各协议层重构参数策略关系图

已有的跨层设计如自适应编码调制、自适应发射功率控制以及自适应调度策略均只考虑了少数几个影响最终 QoS 等级的参数及策略，进行小范围的重构，并没有考虑到其他参数及策略对它的影响以及对 QoS 的影响。但事实上，这些参数及策略都是相互关联影响的，如果将所有参数策略以数学建模的方式映射到 QoS 目标，其相互关系以及约束条件又是异常复杂的，很难得出全局最优解。我们可以将这些策略及参数分类合并形成构件，再在重构问题中加以考虑，以期得到从全局（各协议层）出发的优化重构方案。

跨层优化方法有以下几种。

1．物理层自适应编码调制（AMC, Adaptive Modulation and Coding）、多用户分集

这种方法在物理层使用 AMC 增强 TCP 吞吐率性能，此时 AMC 模块可以与链路层的数据包队列（长度为 K）协作，通过调整数据包队列长度、AMC 模式、接收信噪比、信道衰落模型、信道状态转移等参数，来实现 TCP 吞吐量的优化。结合应用层不同服务类型对传输速率、延迟、PER 的具体要求，在物理层对不同用户、不同业务的传输进行联合调度，从而实现系统性能的提升，避免资源浪费。

2．链路层队列控制与数据重传

通过队列管理和丢包控制，也可以提高 TCP 性能，在链路层定义公共数据缓冲区用于数据包重传，通过计算无线链路的 TCP 包平均队列时延，可以有效控制队列长度，满足具体业务的要求。

3．网络层路由调整与拥塞控制

路由的选择会影响数据包的传输速率、链路拥塞甚至死锁的发生。为提高网络的总体吞吐水平并避免死锁的发生，在网络层选择合适的路由是非常重要的。这涉及移动网中的选择性调度问题和无线网络中的联合拥塞控制问题。

4．传输层流控制

应用层业务分类、优先级调度。

7.4 跨层反馈机制

跨层的反馈机制分为以下两种[2]。

由上层到下层的机制。这类机制将信息由上层传递到下层。例如，应用层将其相关信息（传输时延或分组丢失率）传递到链路层，使得链路层能够调整其纠错机制。应用层的优先级信息被传递到传输控制协议（TCP）层，从而使其接收窗口能够得到调整以获得相应的优先级。

由下层到上层的机制。这类机制将信息由上层传递到下层。例如，TCP 层的分组丢失率被传递到应用层，使得应用层能够调整其发送速率。物理层将信道衰落信息传递到链路层，从而使链路层能够根据信道条件调整数据的发送方式。

7.4.1 物理层

物理层的功能就是利用一定的发送方式使数据能够在一定的传输范围内以一定的错误概率得到接收。

物理层的特性主要包括：发送功率、误比特率及调制编码方式。物理层与其他层的信息交互机制包括以下几种。

1．应用层

在应用层，用户能够根据其业务需求对物理层的特性进行调整。像视频这样的多媒体业务可根据其从物理层获得的信道状态信息对编码速率进行调整。

2．网络层

物理层信道状态信息能够被网络层用来改变其传输路径，如网络层根据信道状态信息利用路由功能在不同的信道上传输不同优先级的数据。

3．链路层

链路层能够通过增加发送功率、采用更强的差错控制机制来降低物理层的误比特率，但是，增加发送功率及采用较强的差错控制机制都会增加系统的功耗，因此，需要采用联合控制的方式来改善系统性能。

7.4.2 数据链路层

链路层的功能主要包括：通过前向纠错机制及自动请求重发机制实现数据的可靠传输，对移动终端接入信道的过程进行控制以减少或避免冲突，对数据帧进行封装以确保其在开销最小的情况下进行传输。链路层与其他层进行信息交互的方式包括以下几种。

1．与上层的信息交互

（1）应用层

不同的应用程序有不同的 QoS 需求，链路层能够根据相应的业务需求对数据帧进行不同的处理。如具有低时延需求的数据帧将得到优先处理，而可靠性需求高的数据帧在前向纠错、自动请求重发方面将得到更强的纠错编码及更多的重传次数。此外，应用层能够通过获知链路层的吞吐量来调整其发送速率。

（2）传输层

当信道条件较差时，链路层的重发机制将引入更长的传输时延，这就会导致 TCP 连接超时，从而启动重传机制并且降低发送速率。为了避免出现这种情况，必须利用 TCP 的往返时间（RTT，Round-Trip Time）及重传定时器（RTO，RetransmissionTime-Out）来控制链路层的重发机制。同样，链路层的重发机制也能够用来对 TCP 重传定时器的取值进行调整。

（3）网络层

移动 IP 主要用来在移动终端改变子网位置时进行切换。移动 IP 的切换将会引入时延，因为它是在 IP 层检测到网络的变化后再进行切换。在移动设备上进行的对信号强度的持续检测没有被移动 IP 的切换过程所利用，而利用信道信号强度这样的链路层信息将能够减少移动 IP 切换带来的时延。

2．与下层的信息交互

根据当前的信道条件及物理层的功耗情况，调整链路层的差错控制机制从而减少传输错误，并调整数据帧的长度提高吞吐量。此外，利用物理层的信号处理技术能够实现链路层对媒体接入的控制。

7.4.3　网络层

网络层的功能主要是完成路由及寻址，确定传输数据分组的物理网络接口。在无线通信系统内，网络层协议主要为移动 IP，它能够对 IP 切换进行处理，从而透明地保持移动主机与外地网络的连接。网络层与其他层进行信息交互的方式包括以下几种。

1．与上层的信息交互

（1）应用层

无线设备能够提供不同的物理接口以支持不同的业务。如，无线局域网接口能够提供有严格时延要求及高吞吐量的业务，GPRS 接口则能够用来提供有严格时延要求的业务。因此，在应用层提出请求时，网络层就需要根据应用层对 QoS 的不同需求，将数据分组路由到不同的物理网络接口上。

（2）传输层

传输层可利用移动 IP 的切换信息来控制其定时器，从而避免不必要的数据分组重传。此外，传输层也可利用切换信息实现快速重传，从而提高传输层的吞吐量。

2．与下层的信息交互

（1）链路层

利用链路层的切换信息将有助于移动 IP 减少其切换时延。

（2）物理层

各个物理接口上的误比特率能够用来引导网络层在不同的物理接口上进行切换及数据转发。

7.4.4 传输层

传输层主要负责在网络上进行端到端的连接控制。在进行跨层信息交互时，TCP 层的信息主要包括：往返时间、重传超时时间、最大传输单位、接收窗口、拥塞窗口、数据丢失数量及实际吞吐量。传输层与其他层进行信息交互的方式包括以下几种。

1．与上层的信息交互

应用层能够将其 QoS 需求传递给 TCP 层，根据这种信息，TCP 层能够调整其接收窗口。对于优先级高的业务，TCP 层可分配较大的接收窗口。对于低优先级的业务，TCP 层可分配较小的接收窗口。另一方面，TCP 能够将数据分组丢失率及吞吐量信息提供给应用层，应用层能够利用其提供的信息调整发送速率。

2．与下层的信息交互

（1）网络层

由于 TCP 具有重传机制及退避机制。移动 IP 引起的切换时延会引起 TCP 连接的定时器超时，从而导致 TCP 吞吐量下降。而 TCP 通过获取移动 IP 的切换信息就能够避免因定时器超时而产生不必要的拥塞控制，从而改善 TCP 连接的吞吐量。

（2）链路层

由于链路重发及数据分组调度引起的时延会导致 TCP 吞吐量下降。根据链路层对数据分组的存储信息，TCP 能够针对链路层的实际状况实现对 RTT、RTO 的自适应调整。

7.4.5 应用层

应用层应该能够向其他层传递其 QoS 需求，例如，时延范围、时延抖动、吞吐量及分组丢失率要求。应用层与其他层进行信息交互的方式包括以下几种。

1．传输层

应用层将其 QoS 需求提供给传输层，传输层则能够根据不同的业务调整其发送窗口及接收窗口值，从而提高应用层的性能。

2．网络层

不同业务的 QoS 需求使得网络层能采用不同的物理网络接口来传输数据。

3．链路层

链路层能够为具有不同 QoS 需求的业务提供不同的发送优先级。

4．物理层

根据信道状态，应用层能够采取不同的信源编码方式来生成业务。此外，对于能够容忍一定时延的业务，物理层可在信道传输条件较差时，关闭一些网络接口，从而降低系统的功耗。

7.5 跨层的应用领域

前面几节已经介绍了很多跨层的理论知识。在标准化和商业应用方面，跨层设计的思想也逐渐深入其中。下面将简单关注跨层在这方面的进展情况[1]。

7.5.1　3G 蜂窝网络

在多用户网络环境中，当多用户同时有突发数据要传输时，基站需要选用合适的调度策略。当信道条件好时，优先调度此信道上的用户数据进行传输，反之，则不传输。目前，这种与信道相关的资源调度已经被引入到 CDMA 1X EV-DO 和 EGPRS 系统中。在这些系统中，用户周期性更新基站的下行链路信息，用于判定基站对不同用户的业务调度次序。

7.5.2　无线区域网络

IEEE 802.22 工作组致力于无线区域网络运行的标准化。它的一个显著特点是定义工作在分配给电视广播频段的无线网络。为了保证电视广播用户的服务质量，802.22 采用认知无线电技术来达到这一目标。而认知无线电是跨层应用的另一重要领域，需要物理层和 MAC 层信息的紧密交互。

7.5.3　无线局域网络

IEEE 802.11 工作组主要从事家庭、小型办公场所用于无线接入的无线局域网络的标准化。IEEE 802.11a/b/g 技术已经获得了广泛的应用，但是对于多媒体业务来说，在 MAC 层无法提供任何基于业务的 QoS 保障。针对此问题，IEEE 802.11e 提出了增强的分布式信道接入机制，具有显著的跨层特征。在 MAC 层将高层到来的数据流分为 4 类，从而允许不同类型的数据流在 MAC 层接受到相应 QoS 需求的服务质量。从架构的角度来看，允许高层和 MAC 层可以直接通信。

7.5.4　异构网络垂直切换

在异构的网络环境中，为了保证用户能够接受更好的服务，保证服务质量，需要在不同的网络间进行垂直切换。垂直切换的判决需要多层协议栈间的信息及时交互传递。IEEE 802.21 工作组正在制定低层协议栈（如物理层和链路层）和高层协议栈（如网络层）共享信息的标准化接口。IEEE 802.21 所做出的这些努力实现了性能提升（跨层信息共享）和体系架构标准化（制定模块间标准化接口）的结合。

7.6　基于模型的跨层优化开发

前面几节初步介绍了跨层产生的背景、定义、存在的问题，以及跨层的架构和跨层设计的方法。为了对跨层优化有更加清楚深刻的认识，本节将会介绍一个具体的基于模型的跨层优化实例，从问题的分析、模型的建立、模型的求解，到性能的评估进行详细的表述，使大家对跨层的内涵有进一步的认识，对跨层时如何考虑层间参数的联合优化有更深的了解。

7.6.1　引言

在现代通信系统中，越来越多地出现了跨层设计这一理念。传统系统致力于独立设计系统的每一层，而跨层设计考虑的则是一层与其他层的相互作用。通过这样的做法，系统不再追求单层的最大效率，而是整体效率的改善。对于通信系统，这意味着不同层之间有额外参数的交换，在本节中将这些参数称为控制信息。

跨层优化（CLO，Cross-Layer Optimization）要选用一个效用函数，用来决定一层或多层的传输参数。与实现每一层的局部最优不同，跨层优化致力于实现所有层的全局最优。

传统的跨层优化方法是每层传输多个可能的层状态给优化器，这些状态称为操作点或者帕累托（Pareto）有效点。然后优化器选择出全局最佳的层状态组合。选取的状态使得效用函数实现最大化。对于每一层，选定的层状态都需要由优化器反馈。

一般来说，为了选定与优化器交流的控制信息，需要考虑如下问题：

① 各层的物理位置（比如，移动设备、基站、无线网络控制器、路由器、应用服务器等）；

② 做出决定，传输和评估控制信息的时延；

③ 做出决定和评估控制信息的计算复杂度；

④ 交换控制信息的开销；

⑤ 系统设计的复杂度；

⑥ 可实现的性能改进；

⑦ 跨层设计的一个主要挑战是参数抽象化，如交换控制信息的抽象化。

上面提及的传统跨层优化方法，传递给优化器的控制信息是对应可能层状态集合的一个层参数集合。可选用的状态数量是有限的。在选择一个层状态后，状态个数就是控制信息，并反馈给对应层。

当可能状态的数量很多时，可能会将一些状态省略，并不提供给优化器，一种减少状态首先执行层内优化是数量的可行方法。

本节提出了另一种可以减少交换的控制信息量的方法。该方法是通过在一个基于少量交换模型参数的优化器上模拟层的行为实现的。虽然只对 MAC 层和应用层间的跨层优化这一具体情况进行了详细的阐述，但是其参数优化的总体思想适用于任意跨层设计问题。

无线多媒体通信给跨层设计提出了一种富有挑战性的场景，这是由于它的无线信道传输时变性和多媒体应用的动态服务质量请求造成的。跨层优化的中心思想是跟踪应用和物理通道的行为，通过动态适应变化，以达到更有效的资源配置和利用。当然，这需要及时交换跨层参数，并且定期在层内进行重构。本节采用一种面向应用的跨层方法，其主要目标是最大程度地提高用户满意度。

以一个基站的多个用户感知服务质量为效用函数。为此，新方法允许优化跨越不同类型的应用，比如视频或者数据。由于应用的不同和应用的时变性，系统资源可以以更有效的方式进行分配和使用。

参考文献[7]用平均意见得分（MOS, Mean Opinion Score）概念来比较不同应用类型之间的用户感知服务质量。MOS 提供的用户满意度值的范围是 1（不推荐的服务质量）到 4.5（非常满意）。尽管存在利用系统参数计算 MOS 的算法，模型通常还是基于实际用户的测试来获取 MOS。鉴于这种算法和计算方式主要针对语音通信，文献[7]为视频和数据业务跨层优化描述了一个 MOS 计算框架。

7.6.2　应用驱动的跨层优化

虽然跨层设计最初的提出是由多媒体应用驱动的[8]，但目前关于跨层优化设计的研究大多还着重于物理层和物理链路或者 MAC 层的联合优化（如文献[9]）。近年来，还出现将应用层包括在内的跨层优化设计。

传输条件的动态变化以及不同用户执行的不同应用，使得即便在单一应用情况下，跨层优化也是一项艰巨而复杂的任务。在实际场景中，共享无线媒介的多个用户运行不同的业务，比如视频流和文件下载，针对所有用户和所有应用的动态资源分配可以在增大网络资源利用度的同时最大化用户的满意度。由应用驱动的跨层优化在文献[4][10][11]（支持单一业务）和文献[7]（支持多种业务）都有所研究。在实际中，共享无线媒介的用户通常运行不同的业务，本小节也将针对不同业务展开研究。

7.6.3　参数抽象方案

为了减少控制信息量，在优化器中以一层一个模型的方式提出参数抽象。由每个模型模拟各层的相关特性。每层有一个甚至多个模型，例如，可用于模拟该层不同的业务或者不同的传输模式，模型参数由相应的层决定，并将这些参数作为仅有的控制信息传递给优化器，优化器可以通过调查几个层状态来调整模型，而不需要和层进一步交互控制信息。

一旦优化器确定了最佳的层状态，由于是层状态的子集，所以必须把完整的状态（即所有的层参数）传回到该层。这样，尽管从任意一层到优化器的控制信息可以显著减少，但从优化器到层的控制信息可能会略有增加。

图 7-7 显示出了基于模型的方法和传统基于参数抽象方法的区别，两者分别基于操作模式（叉号）和操作点（圆圈），其表示方法与文献[3]中的例子相同。如图 7-7 所示，x 轴显示的是参数α_1 的选择（例如，传输时隙 1 的信噪比），y 轴显示的是效用函数 $u=f(\alpha_1,\alpha_2,\cdots)$（如信道容量）。根据选择的$\alpha_1$ 及在图 7-7 中不能进一步确定的参数α_2, $\alpha_3,\cdots$，效用函数可以实现不同的值。

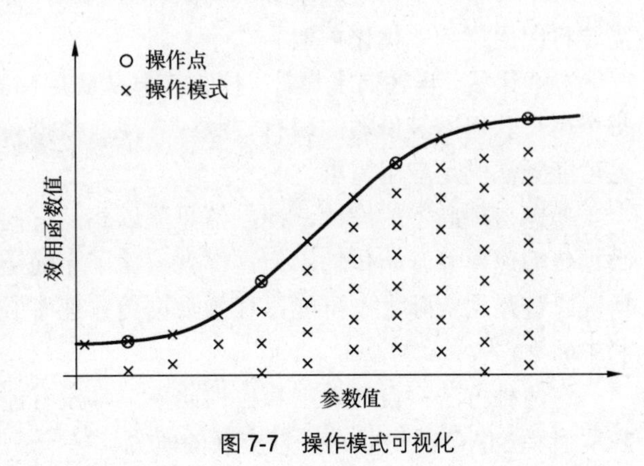

图 7-7　操作模式可视化

层内优化可以给操作模式子集带来最大化的效用函数；文献[6]中称该子集为有效集合，也有叫做帕累托边界的。图 7-7 中，这些操作模式表示为叉号。一个操作模式子集被选定作为操作点（圆圈）。然后将这些操作点送往优化器，由优化器执行跨层优化，并选择出整体最佳工作点。

与操作点相比，基于模型的方法甚至能更有效地减少层和优化器间交换的信息量。在本例中，图 7-7 中的曲线就是基于模型的方法得到的，也就是说，可以用更少的参数来描述效用函数 $u=f(\alpha_1, \alpha_2,\cdots)$ 或与其近似。

7.6.4 跨层优化

1. 系统模型

下面将把基于模型的参数抽象化用于无线通信系统的应用层和 MAC 层间的跨层优化。系统结构如图 7-8 所示。由应用服务器为移动用户提供数据，例如，视频流或者其他可下载的数据。首先，数据通过核心网发送给基站，让所有用户共享无线下行链路。目前有 K 个应用程序，为不失一般性，认为它们运行于 K 个无线终端，并与 K 个不同用户有关。

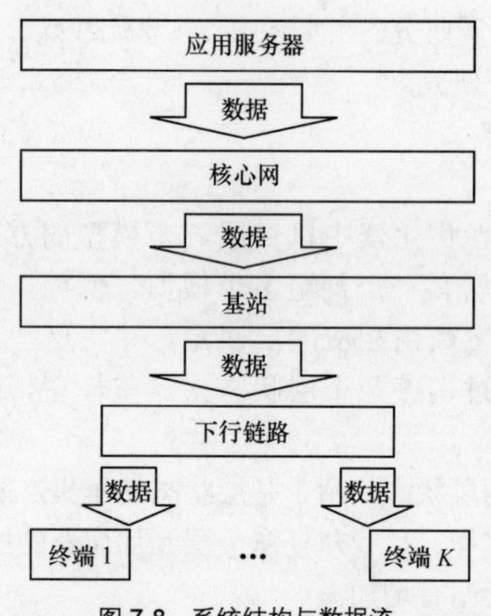

图 7-8 系统结构与数据流

本小节目的是通过对无线资源的有效利用，提高多媒体应用的用户感知服务质量。这就需要将应用层纳入优化框架。

一般来说，自底向上设计，控制信息从底层向高层传递，根据数据链路层的不同策略（如每个用户获得同等份额的现有资源或者现有数据传输速率）将资源分配给应用是可行的，但这可能无法满足应用需求。

考虑自顶向下的设计，控制信息流以相反方向运动。虽然应用程序可以确定一个理想的数据传输速率并开始传输，但这样就忽略了无线链路的实际信道状态。因此可能发生这样的情况：链路层实际上不可能以理想数据传输速率服务于所有应用程序，从而导致较差的性能和中断率。

这两种方法：自底向上和自顶向下，都没有能为用户提供最好的服务。因此出现了关于应用层和 MAC 层间双向信息交互的研究。

2. MAC 层建模

图 7-9 显示了在系统提案中，控制信息如何进行处理，如何在链路层、应用层和优化器间进行交互。其中一个关键点是与 MAC 层的控制信息交互。在 MAC 层，如果用户 k 分配到的所有资源都只属于该用户，对各用户的最大可实现数据速率 $R_{\max,k}$ 进行估计，然后只需要将这些估计结果传送到优化器。

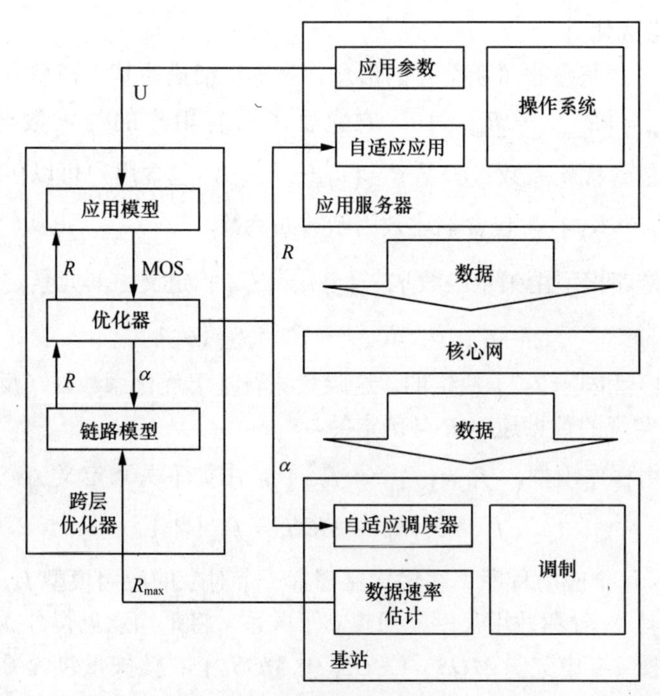

图 7-9 控制信息处理和流动

令 R_k 为实际提供给用户 k 的数据速率，则 MAC 层的优化器建模如下：

$$R_k = \alpha_k R_{\max,k} \quad 0 \leqslant \alpha_k \leqslant 1, \forall k \in \{1,\cdots,K\} \tag{7-1}$$

α_k 允许优化器对模型进行调整。通过选择不同的 α_k 集合，而无需和 MAC 层作进一步的信息交互即可实现任意数量的数据速率组合 $R_1,\cdots,R_K$。

一旦优化器找到了系数 α_k 的最佳集合，就将它们反馈给 MAC 层，然后 MAC 层将其可实现的数据速率 R_k 作为信号发送给应用层，告知应用程序在底层对哪些数据速率进行了调度。

式（7-1）代表 MAC 层的一个模型。要使系统工作，MAC 层在接收到系数 $\alpha_1,\cdots,\alpha_K$ 时要能够提供数据速率 $R_1,\cdots,R_K$。例如，通过通用处理器共享（GPS）调度可以很容易实现这个要求[12]，该调度将资源按比例分配给 α。在优化器，这就转化成一组附加条件

$$\sum_{k=1}^{K}\alpha_k = 1 \quad 0 \leqslant \alpha_k \leqslant 1, \forall k \in \{1,\cdots,K\} \tag{7-2}$$

也就是说，用户得到的资源数量是不可能小于零的，并且总的分配资源数量等于可用资源的总量。

为了解释以时隙为单位分配资源的系统，可能用到如图 7-10 所示的基于分组的 GPS 或加权轮询调度。

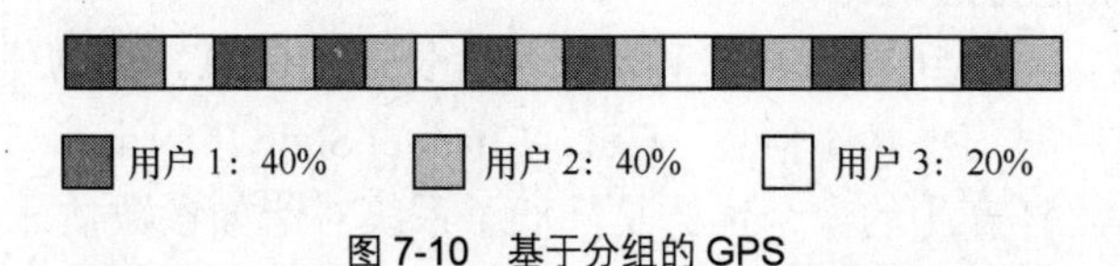

图 7-10 基于分组的 GPS

3．参数交互与优化

图 7-9 使用了若干矢量来说明交互的信息。为了详细描述基于模型方法的参数交互和优化，定义矢量 $\boldsymbol{R}_{\mathbf{max}}=\left(R_{\max,1},\cdots,R_{\max,K}\right)^{\mathrm{T}}$，它包含了所有用户的最大数据传输速率；矢量 $\boldsymbol{\alpha}=\left(\alpha_1,\cdots,\alpha_K\right)^{\mathrm{T}}$，包含优化系数；矢量 $\boldsymbol{R}=\left(R_1,\cdots,R_K\right)^{\mathrm{T}}$，包含用户可以传输的实际数据传输速率；矢量 $\boldsymbol{U}=\left(U_1,\cdots,U_K\right)^{\mathrm{T}}$，包含描述效用函数的参数。

图 7-9 所示的链路模型由矢量函数 $\boldsymbol{f_L}=\left(f_{L,1},\cdots,f_{L,K}\right)^{\mathrm{T}}$ 定义，其元素定义如下

$$f_{L,k}:\alpha_k,R_{\max,k}\rightarrow R_k=f_{L,k}\left(\alpha_k\right) \tag{7-3}$$

这是由式（7-1）和式（7-2）决定的。这就意味着基于优化系数 α（反映了 MAC 层的资源分配）的用户可实现的数据速率 $\boldsymbol{R}$ 是确定的。

图 7-9 中的应用程序模型，$\boldsymbol{f_A}=\left(f_{A,1},\cdots,f_{A,K}\right)^{\mathrm{T}}$，由如下关系定义

$$f_{A,k}:U_k,R_k\rightarrow MOS_k=f_{A,k}\left(R_k\right) \tag{7-4}$$

详见 7.7.5 节。每个应用程序 k 在优化器都有一个对应的应用模型 $f_{A,k}$。该应用模型在应用程序的数据传输速率 R_k 和效用尺度之间建立了关系。将平均意见得分 MOS_k 作为公共效用度量使用，并定义图 7-9 中矢量 $\boldsymbol{MOS}=\left(MOS_1,\cdots,MOS_K\right)^{\mathrm{T}}$；该矢量包含了所有用户的 MOS，并被传递到优化器。

优化器使用如下效用函数

$$f_O:f_{A,1},\cdots,f_{A,K}\rightarrow f_O\left(f_{A,1},\cdots,f_{A,K}\right) \tag{7-5}$$

该函数建立了应用程序间的关系。考虑到自变量的变换并且要求对每个自变量单调，效用函数应该是对称的。选用如下效用函数

$$f_O\left(f_{A,1},\cdots,f_{A,K}\right)=\sum_{k=1}^{K}f_{A,k} \tag{7-6}$$

这意味着所有应用程序的 MOS 之和实现了最大化。利用这个效用函数，优化问题

$$\underset{\{\alpha_1,\cdots,\alpha_K\}}{\arg\max}\, f_O(f_{A,1}(f_{L,1}(\alpha_1)),\cdots,f_{A,K}(f_{L,K}(\alpha_K)))$$

$$0\leqslant\alpha_k\leqslant1,\forall k\in\{1,\cdots,K\},\sum_{k=1}^{K}\alpha_k=1 \tag{7-7}$$

得到了解决，这样，传递了 α 并且通过式（7-1）也传递了 $\boldsymbol{R}$。

上面已经确定了要交互的有限集合的参数，描述了优化器内各层功能的模拟方法，指明了一个具体的 MAC 层模型，并描述了基于这个模型的优化问题。

优化器得到的 α 和 $\boldsymbol{R}$ 分别是从应用层和 MAC 层输入的。如果对应层根据这些值进行处理，就可以实现用户最大满意度的全局优化目标。

4．与传统跨层优化方法的比较

回顾交互的参数，注意到矢量 $\boldsymbol{R}_{\max}$ 和 $\boldsymbol{\alpha}$ 只包含长期的信息。在物理层/MAC 层和优化器间不需要交互任何的瞬时信道状态信息（CSI，Channel State Information）以及功率分配、调制方式或调度信息。这样产生的一个优势是降低了系统对诸如参数估计、参数交互和进行优

化所带来的延迟敏感度。也就是说，优化器不一定要非常接近基站的无线发射机，也可以使用一个单独的硬件设备。这个设备甚至可以置于不同的网络节点，比如 RNC。

以模型参数 $\boldsymbol{R}_{\mathbf{max}}$ 配置的链路模型为例，作为实际层的抽象，允许同优化器进行快速交互。大量的候选矢量使得选择可以重复进行，并很快在优化过程中得到评估。由于优化问题是拟凹的，解决起来很容易[13]。

延续传统跨层优化系统的设计原则，将少量的可行调度方案传递给优化器——它们是所有可行调度的子集。一般而言，这种预选通常是解决方案的次优解。相比之下，本节提出的策略中，优化器能够考虑到任何可行的资源分配。

5．复杂度比较

在传统的跨层优化中，所有考虑到的调度方案都需要从链路层传输到优化器，例如，由相应调度策略使得每个用户有 K 个数据传输速率。对应 N_{slot} 个时隙，有

$$N(N_{\text{slot}})=K^{N_{\text{slot}}} \tag{7-8}$$

种组合，对应 $N(N_{\text{slot}})$种可能的调度方案。但由于一个 GPS 调度不使用任何信道信息，相当于对所有时隙同等考虑。调度的任务是将 K 个用户分配到 N_{slot} 个时隙上，也就是每次从 N_{slot} 个时隙中找出一个 K 元组合，而一个用户可以被调度到多个时隙上，即允许重复。这样，实际要考虑的调度数量比式（7-8）中的少，并由文献[14]给出

$$\binom{K+N_{\text{slot}}-1}{N_{\text{slot}}}=\frac{(K+N_{\text{slot}}-1)!}{(N_{\text{slot}})!(K-1)!} \tag{7-9}$$

这意味着对于传统系统有

$$K\frac{(K+N_{\text{slot}}-1)!}{(N_{\text{slot}})!(K-1)!} \tag{7-10}$$

个不同的数据传输速率值要传送给优化器，然后由由优化器反馈回 K 个值，分别对应 K 个用户，指定所选择的调度。与此相反，利用本节提供策略，参数抽象仅仅需要将 K 个数据传输速率，穿过链路层传送到优化器；然后由优化器传回 K 个值，指定一个选择的调度。

表 7-1 显示了一些例子的交互参数的数量。在传统方法中，通过层内优化，可以显著减少交互的参数，即考虑传递不同数据传输速率的调度子集。但对于大量的用户和时隙，这样可能造成不能考虑到所有组合。

表 7-1　　交互参数数量

时隙数量	用户数量	所有可能调度的交互参数	仅数据传输速率不同的调度	基于模型建议
N_{slot}	K	$K^{N_{\text{slot}}+1}+1$	$K\frac{(K+N_{\text{slot}}-1)!}{(N_{\text{slot}})!(K-1)!}+1$	K^2
52	2	9.0×10^{15}	10^7	4
8	8	1.3×10^8	5.1×10^4	64

相比之下，基于模型的参数抽象，即便对许多用户和时隙也只需要交互少量的参数。

7.6.5　性能评价

为了评估基于模型参数抽象的性能，对其进行了计算机仿真。物理和链路层参数大多遵

循 WINNER①系统概念[13]，如表 7-2 所示。研究 3 种不同应用情景，它们的参数可参见表 7-3。

表 7-2　　物理层和链路层参数

传输方案	OFDMA
子载波数量	$N = 416$
符号映射	没有、BPSK、QPSK、16QAM、64QAM
信道编码	卷积码，$R_c \in \left\{\frac{1}{4},\frac{1}{3},\frac{1}{2},\frac{9}{16},\frac{2}{3},\frac{3}{4}\right\}$
信道带宽	$B = 16.25\text{MHz}$
信道模型	WINNER 城市宏小区“C2”[15]
小区半径	50～500m
阴影	对数—正态，$\sigma_n = 8\text{dB}$
路径损耗	$38.4\text{dB} + 35.0\text{dB}\lg(d[\text{m}])$
时延扩展	$\tau_{ds} = 313\text{ns}$
最大多普勒速率	$v_{D,\max} = 50\text{km/h}$
时隙大小（频率×时间）	8×12
用户数量	$K = 1～64$
调度的时隙数量	$N_{slot} = 52$
调度	包级别的通用处理器共享调度（PGPS，Packet-by-packet Generalized Processor Sharing）

表 7-3　　应用参数

场景 1	不灵活的视频用户
视频比特率	$R_{video} = 20\text{kbit/s}～2.0\text{Mbit/s}$
PSNR 范围	$PSNR = 30～42\text{dB}$
场景 2	灵活的视频用户
视频比特率	$R_{video} = 10\text{kbit/s}～3.6\text{Mbit/s}$
PSNR 范围	$PSNR = 25～45\text{dB}$
场景 3	混合的视频和数据应用
视频比特率	$R_{video} = 20\text{kbit/s}～2.0\text{Mbit/s}$
PSNR 范围	$PSNR = 30～42\text{dB}$
数据比特率	$R_{data} = 100\text{kbit/s}～1\text{Mbit/s}$

1．物理层和链路层

考虑一个带宽为 B=16.25MHz 的 OFDMA 系统的下行链路。OFDM 系统的子载波两两正交，每个 OFDM 符号的各个子载波可以分配给不同的用户，而不会引起干扰，也就是说，用户可以独立地进行时间和频率调度。相邻的子载波和 OFDM 符号是相关的，经历相似的信道。为了限制系统复杂度，减少信号开销，将 8×12 个符号的时隙并为一组，作为一个资源单位进行调度。

① World Wireless Initiative New Radio，无线世界的新无线电技术。URL：http://www.ist-winner.org。

考虑到高达 50km/h 移动速率对应的路径损耗、阴影和多普勒频移，使用 WINNER 典型的城市宏小区信道模型（模型 C2[15]）。这一移动速率意味着发射端的可用状态信息可能受到限制。假设可用的数据仅仅是所有同步发射数据的平均信噪比，使用 PGPS 调度，并且在一个时隙内，一个用户的所有子载波使用相同的调制编码方案，但分配给不同用户的时隙通常采用不同的调制编码方案。

发射机基于平均 SNR 选定信号的映射方式和卷积码的码率 R_c（见图 7-11）。用于选定调制编码方案的 SNR 值是基于误帧率为 10^{-2} 的参考仿真，而其余仿真假定的前提是数据包总能被正确接收。

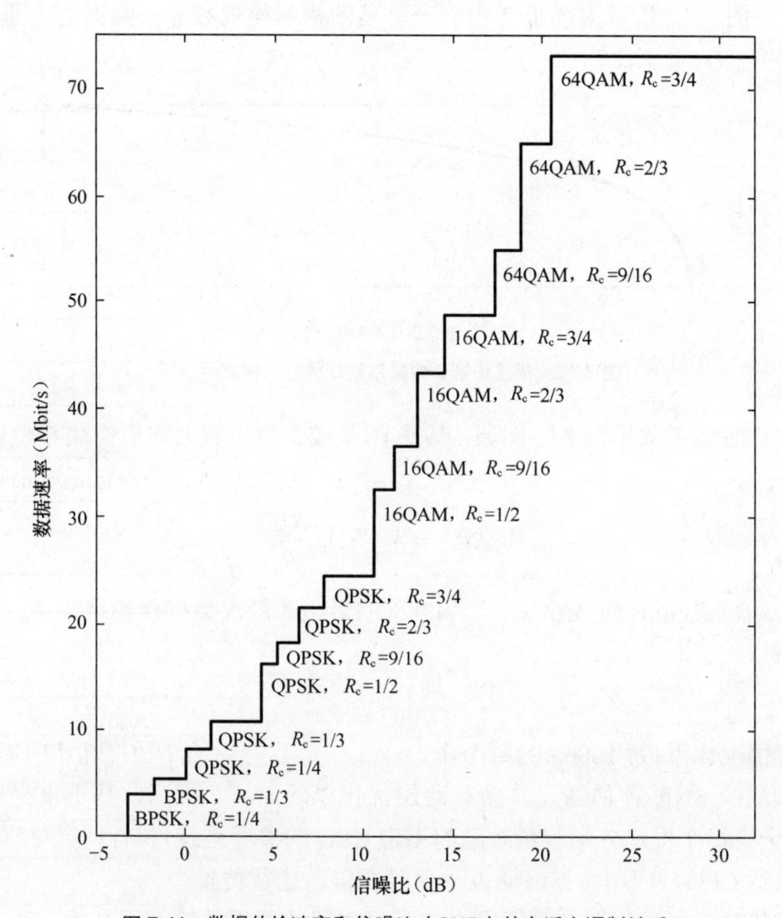

图 7-11　数据传输速率和信噪比（SNR）的自适应调制关系

理想情况，可以认为 SNR 的长期期望值已知，该期望值是用来为优化器预测每个用户的长期平均数据传输速率 $R_{\max,k}$ 的。

2．应用层

考虑两种业务，即视频和数据服务。3 个调查场景的应用参数总结如表 7-3 所示。

场景 1——不灵活的视频用户，传输多达 5 种不同的视频。用户对以峰值信噪比（PSNR，Peak SNR）衡量的视频质量有确切的期望，对低质量视频（$PNSR$<30dB）反应十分敏感。另一方面，当服务达到预期质量标准（$PNSR$=42dB），用户需求完全得到满足，从而不再进一

步增加视频质量。

场景 2 假定了更灵活的视频用户。他们考虑更大范围的可能质量水平（25dB≤$PNSR$≤45dB）并且对各种视频质量反应都不那么敏感。

场景 3 是对来自场景 1 的不灵活视频用户的同步传输和跨层优化，这些用户进行的是非视频的数据传输。

下面将简要地重新说明文献[7]提出的基于 MOS 的效用函数。对预编码的视频流采用文献[17]提出的模型，该模型给出流比特率 R_{video} 和用 $PSNR$ 衡量的视频质量的函数关系。为了应用基于效用的方案，通过使用一定 PSNR 范围内，PSNR 和 MOS 之间的映射进一步计算等效的 MOS 值。图 7-12 所示为场景 2 中——著名的福尔曼视频——数据速率和 MOS 间的示例映射。

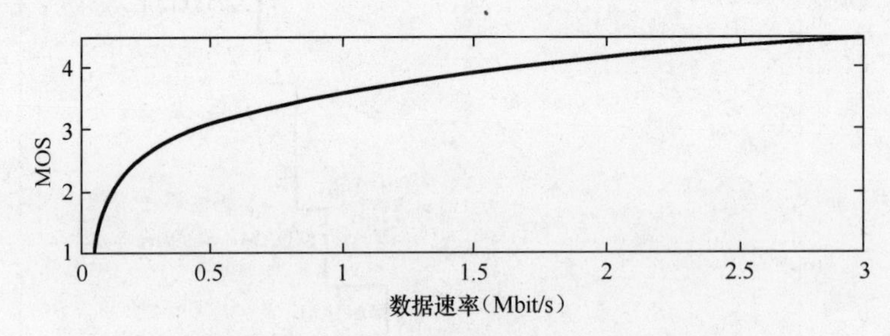

图 7-12　描述场景 2 中福尔曼视频的示例应用模型

尽力而为业务或者数据服务，例如，Web 浏览或文件下载，对所有用户使用如下对数效用函数

$$MOS_{\text{data}} = MOS_0 \lg \frac{R_{\text{data}}}{R_0} \tag{7-11}$$

参数 MOS_0 和 R_0 由对应 MOS_{data}=1 和 4.5 的最小和最大数据传输速率 R_{data}=100kbit/s 和 1Mbit/s 确定的。

3．评估

仿真运行情况如下：每 100ms 为每个用户产生一个具有新的路径损耗和阴影效应的信道。接着，基于预测的 SNR 评估 $\boldsymbol{R}_{\max}$，执行跨层优化以确定 α。然后，基于 α 提出基于模型的 CLO，或者基于为每个用户分配等量时隙的不带 CLO 的参考系统，执行广义处理器处理 PGPS 调度。一旦执行 CLO，应用数据将通过一个时变信道进行传输。

100ms 的传输时间过后，该时间段内实际可实现的数据传输速率是确定的，它经常偏离优化器基于预测的 $\boldsymbol{R}_{\max}$ 做出的假设。每个用户的 MOS 是由用户的应用和实际可实现数据传输速率决定的。可以计算出所有用户的平均 MOS 并确定其累积分布函数（CDF，Cumulative Distribution Function），CDF 反映了信道和传输系统的综合性质。

4．仿真结果

图 7-13 显示了存在 16 个视频用户时的仿真结果。传统方法是指平等的资源分配，也就是说每个用户得到相同数量的时隙，而新策略则采用如本节所描述的参数交互和 CLO。

CLO 充分利用了系统的多样性。根据用户的信道条件和业务所需的数据速率，自适应地分配时隙数量。这样的做法使得优化器成功地改善了 MOS，场景 1 改善量约为 0.17，场景 2

约为 0.03。场景 1 享有更高增益是因为场景 1 中用户对 MOS 的变化有更高的敏感度，即场景 1 的用户实现了更高效的优化。

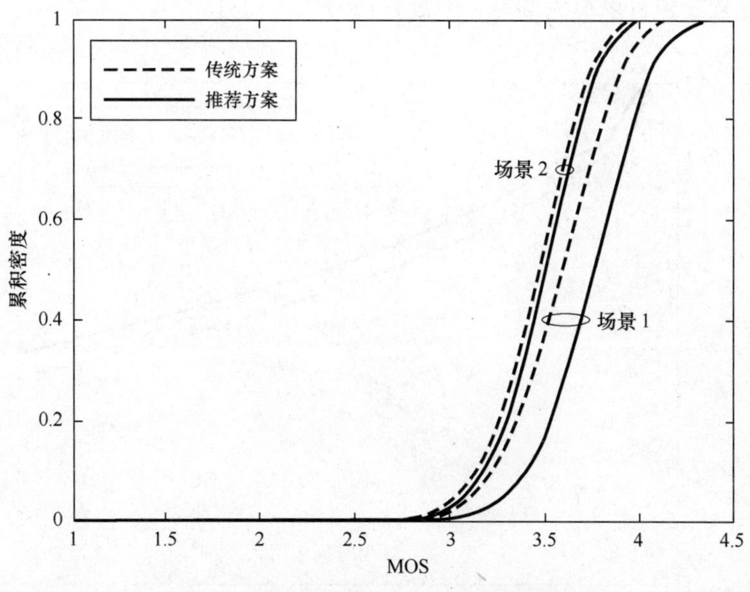

图 7-13 场景 1 和场景 2：16 个视频用户的仿真

图 7-14 探究了混合业务类型的场景 3，其中有 8 个视频用户和 8 个非视频数据传送用户。由于 MOS 指标的通用性，优化器同样可以处理这种场景，并实现约为 0.14 的增益。

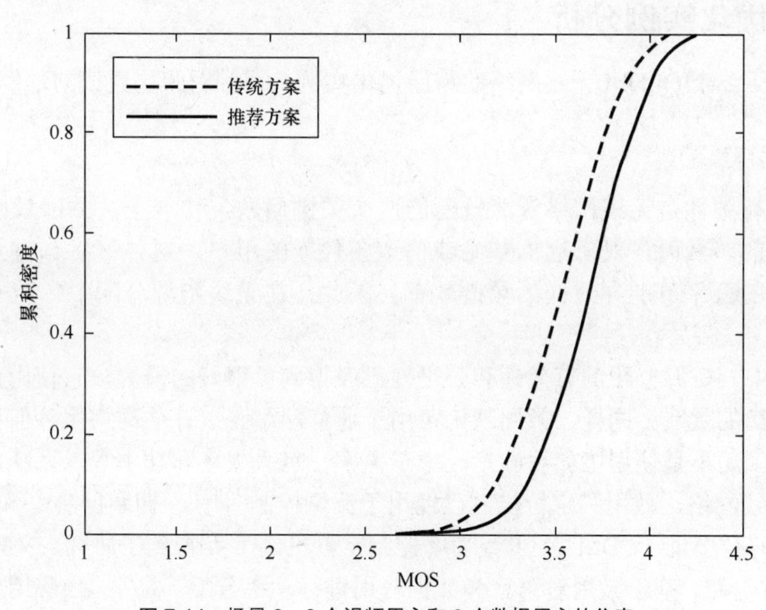

图 7-14 场景 3：8 个视频用户和 8 个数据用户的仿真

图 7-15 考虑了场景 1 的视频流用户。用户数量为 1～64 可变，MOS 的中值绘制在 y 轴上。随着用户数量的增加，对有限资源的竞争越来越激烈，此时，无论系统有无 CLO，MOS 都在下降。相同资源分配情况下，传统系统支持 18 个 MOS=3.5 的用户，而提出的新系统则

可在相同 MOS 支持 23 个用户。对于 *MOS*=3.0，通过采用 CLO，用户数量可以从 35 增加到 43。这意味着，在场景 1 中，与平等资源分配相比，CLO 可以将系统容量提升近 25%。同样地，场景 2 和场景 3 也可以得到增益，但是它们的增益相对较小。

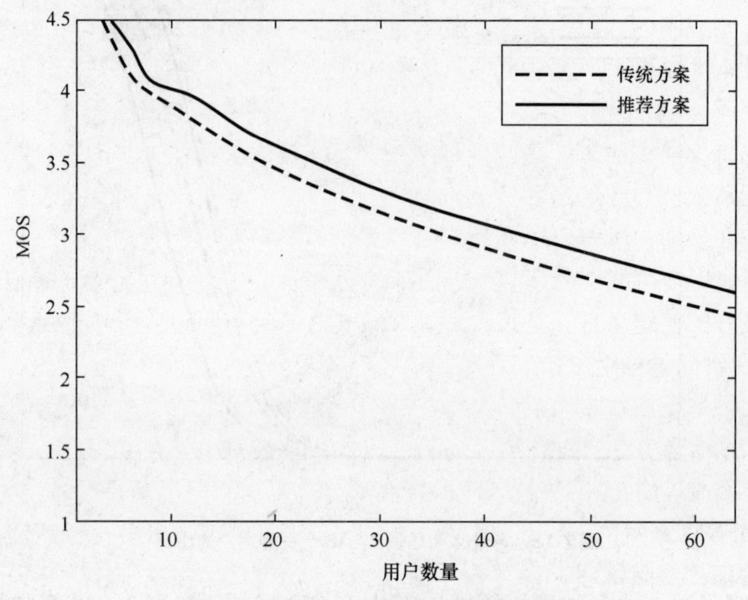

图 7-15　场景 1：不同视频用户数量的中值

7.7　跨层优化实例分析

本节将介绍一个 OFDM 无线网络的跨层优化实例，增强对跨层建模的理解和认识[54]。

7.7.1　引言

公平性和有效性是无线网络资源分配的两个关键问题。传统上，频谱效率是通过总吞吐量进行评估的。然而，对于远离基站或信道条件差的用户，这种评估有时并不公平。另一方面，绝对的公平可能导致低的频谱效率。因此，在无线资源分配中，需要合理权衡效率和公平。

在经济学中，资源分配的有效性和公平性已经得到了很好的研究，它使用效用函数来计算使用某些资源的效益。同样，效用理论可用于通信网络，以评估网络服务何种程度上满足了用户的需求，而不是使用诸如吞吐量、中断概率、包丢失率和功率等以系统为中心的数量指标[18]。在有线网络，效用和定价机制已经用于流量控制[19][20]、拥塞控制[21]和路由选择[22]；在无线网络，码分多址（CDMA）上行功率控制定价机制[23~25]得到了研究。文献[26~28]提出在 CDMA 下行链路，基于效用对语音和数据应用进行功率分配。此外，当应用程序性能成为关键考虑因素时，效用理论可以为网络提供一个有形的标尺。在本文中，利用效用函数，我们不仅可以权衡资源分配的公平和效率，而且也可以为物理层和媒体访问控制层（MAC）搭建桥梁，以实现跨层优化设计。

正交频分复用（OFDM）将整个信道划分成多个正交子窄波信道（子载波），以对抗频率选择性衰落，支持高速数据传输。此外，在一个OFDM无线网络，不同的子载波可以分配给不同的用户，从而提供灵活的多用户接入方案[29]并充分利用多用户分集。因此，我们侧重研究OFDM无线网络基于效用的跨层优化。

OFDM无线资源管理的高度灵活性尚有很大的探索空间。对不同频率，或者说是不同用户，信道的频率响应不同，因而子载波的数据速率调整、动态子载波分配（DSA）及自适应功率分配（APA）可以极大地提高OFDM系统/网络的性能。通过数据速率调整[30][31]，发射机可以改善子信道环境，从而可以以更高的速率传输数据；这不但提高了吞吐量，而且保证各子载波的误比特率（BER）在可接受范围内。虽然使用了数据速率的自适应，但在某些子载波处的深度衰落依然导致信道容量低下。

另一方面，在多用户环境，不同用户的信道特性几乎互不相关；当一个用户子载波经历深度衰落时，其他用户可能不受影响；因而，在多用户OFDM无线网络，每个子载波总能为某些用户提供良好的信道条件。通过动态分配子载波，网络可以受益于这种多用户分集[32]。文献[33][34]分别研究了多用户接入及广播信道的资源分配问题和可实现区域，并证明在广播信道，当同样的频率范围被多个用户共享时，可以达到最大数据传输率区域。然而，由文献[35]可见，当使用最佳功率分配时，只有小范围频率共享重叠功率。因此，最佳功率分配和动态子载波（不重叠）分配[36~39]可以实现接近信道容量的数据传输速率。在文献[36]，作者研究了多用户OFDM系统的最佳资源配置——关于如何在满足各用户最低数据速率前提下，减少总的传输功率。文献[33][34]和[38][39]中，作者们讨论了使用线性优化因子的公正性；然而，关于如何分配这些因子，却仍是未知数。

兼顾效率和公平，文献[40~43]研究了基于物理层和MAC层联合优化的OFDM网络的资源配置。

本文中，我们使用效用函数来兼顾效率和公平，执行OFDM无线网络下行链路的跨层优化。结合基于效用的优化，利用凸分析方法研究了最佳子载波和功率分配的属性。此外，我们证明基于效用的资源配置可以很自然地平衡效率和公平。总之，本文为多用户频率选择性衰落环境下进行有效公平的资源配置提供了一个理论框架。文章其余部分组织如下：7.7.2节，我们描述了信道模型、效用函数的一般特性和子载波速率适应模型，并总结了跨层优化问题。在7.7.3节和7.7.4节，我们分别研究了子载波优化配置和功率优化配置。在7.7.5节，我们讨论了效率和公平问题。在7.7.6节，我们利用数值结果，给出跨层优化设计带来的性能改善。

7.7.2　问题描述

在本节中，我们将简要介绍信道模型、效用函数、自适应调制以及频率功率的分配，并制定出基于效用函数的跨层优化问题。

1. 多用户频率选择性衰落信道

考虑这么一个网络，它拥有1个发射机（基站）和M个接收机（用户），如图7-16（a）所示。用户i在无线信道的基带脉冲响应描述如下

$$h_i(t,\tau)=\sum_k \gamma_{k,i}(t)\delta(\tau-\tau_{k,i}) \tag{7-12}$$

其中，$\tau_{k,i}$是第k条路径的延迟，$\gamma_{k,i}(t)$是对应的复振幅。假定$\gamma_{k,i}(t)$是广义平稳的窄带复杂高斯过程，对不同路径和用户互相独立。信道的传递函数可表达如下

$$H_i(f,t)=\int_{-\infty}^{+\infty}h_i(t,\tau)\mathrm{e}^{-\mathrm{j}2\pi f\tau}\mathrm{d}\tau=\sum_k\gamma_{k,i}(t)\mathrm{e}^{-\mathrm{j}2\pi f\tau_{k,i}} \tag{7-13}$$

假定信道衰落速率足够小，使得一个 OFDM 块内的频率响应没有发生变化。如果只考虑瞬时信道条件，用户 i 的信道频率响应可由 $H_i(f)$ 表示。因此，M 个用户的频率选择广播衰落信道可由图 7-16（b）表示。我们可以利用信噪比（SNR）函数 $\rho_i(f)$ 来评估每个用户的信道性能。将传输功率密度归一化，即令 $p(f)=1$，则 $\rho_i(f)$ 定义如下

$$\rho_i(f)=\frac{H_i(f)^2}{N_i(f)}$$

其中，$N_i(f)$ 是用户 i 的噪声功率谱密度。

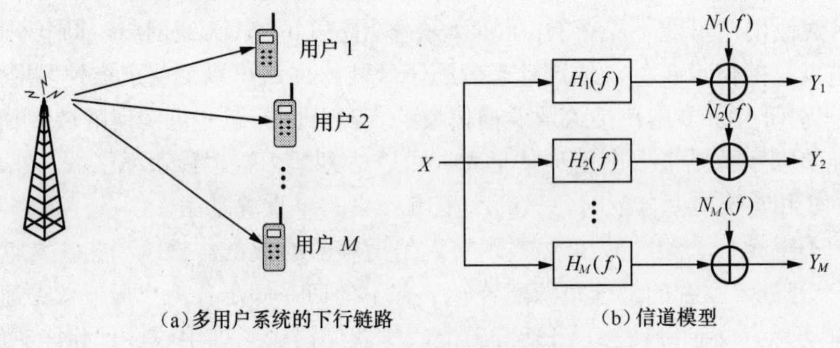

（a）多用户系统的下行链路　　（b）信道模型

图 7-16　多用户频率选择性衰落信道

基站可以使用多种方法来获取信道状态信息。频分双工（FDD）系统中，以一定时频模式插入下行链路的导频符号使得移动终端可以有效地估计 $H_i(f)$ 和 $\rho_i(f)$[43]的信道参数，并将 $\rho_i(f)$ 的参数反馈给基站。在时分双工（TDD）系统，借助上下行链路信道特性的对称性，通过直接测量上行链路，基站即可获取信道状态信息。从而，基站了解基于效用的跨层优化的信道状态信息。

2. 速率调整和功率分配

使用自适应调制[30][31]的发射机可以通过信道环境得到改善的子载波，以更高的速率进行数据传输，同时保证所有的子载波误比特率可以接受。

给定误比特率和传输功率密度 $p(f)$，并以 $c_i(f)$ 表示用户 i 在频率 f 处可实现的吞吐量。当使用连续速率调整时，$c_i(f)$ 可表示如下[44]

$$c_i(f)=\log_2\left(1+\frac{\beta p(f)\,|\,H_i(f)^2}{N_i(f)}\right)(\text{bit/s})/\text{Hz}=\log_2\left(1+\beta p(f)\rho_i(f)\right) \tag{7-14}$$

其中，β 可由以下式子确定

$$\beta=\frac{1.5}{-\ln(5BER)} \tag{7-15}$$

因为 β 显示了实际系统和理论极限在实现某一数据传输率所需信噪比 SNR 的差异，所以通常也称 β 为信噪比差距[44]。

3. 效用函数

如前所述，效用函数用于兼顾效率和公平执行跨层优化。它将一个用户使用的网络资源

映射成一个实数。对几乎所有无线应用来说，可靠的数据传输速率都是最重要的因素，它决定了用户的满意度。因此，效用函数 $U(r)$ 应是数据速率 r 的单调非减函数。特别地，当 $U(r)=r$ 时，效用即是吞吐量，这也是大多数传统网络优化的目标。因此，我们的工作可视为传统网络优化的外延。

效用函数是自适应物理层和媒体接入层技术的优化目标。因此，它可以为不同应用提供最佳的无线资源配置，并为物理层、媒体接入层以及更高层构架提供沟通的桥梁。

当效用函数用于捕获用户的反应（比如对某分配资源的满意程度）时，它不能仅通过理论推导得到结果。在这种情况下，可以通过主观调查进行估计。对于尽力而为业务[45]，效用函数可表述如下

$$U(r)=0.16+0.8\ln(r-0.3) \tag{7-16}$$

其中，r 的单位是 kbit/s。为了防止信道条件好的用户分配到过多的资源，效用曲线的斜率随数据速率的升高而降低。我们将在 7.7.5 节进一步讨论关于公平和效率问题。

4．基于效用的跨层优化问题

为了获得跨层优化的性能约束，我们设想所有频率资源都拥有无限数量的正交子载波，或者说是每个正交子载波的带宽是十分微小的，这可视为 OFDM 的一个极端情况。在一个实际的 OFDM 系统，资源分配的最小粒度是一个子载波。

考虑一个包含 M 个用户的小区。总频带$[0,B]$被划分成 M 个不重叠的频率集，每个频率集对应一个用户。若定义 D_i 是分配给用户 i 的频率集，则有

$$\bigcup_{i=1}^{M} D_i \subseteq [0,B] \tag{7-17}$$

$$D_i \cap D_j = \varnothing, i \neq j \tag{7-18}$$

$\varnothing$ 代表空集。用户 i 的传输吞吐量可用下式表述

$$r_i = \int_{D_i} c_i(f)\mathrm{d}f = \int_{D_i} \log_2\left[1+\beta p(f)\rho_i(f)\right]\mathrm{d}f \tag{7-19}$$

除了动态分配频率集，我们还可以调整不同频率的传输功率密度，以提高网络性能。总的传输功率受到如下约束

$$\frac{1}{B}\int_0^B p(f)\mathrm{d}f \leqslant 1 \tag{7-20}$$

用户 i 的效用函数为 $U_i(\cdot)$。如果其数据速率为 r_i，则效用函数即为 $U_i(r_i)$。基于效用的跨层优化以最大化网络的平均效用为目标对无线资源进行分配，平均效用值可由下式计算

$$\frac{1}{M}\sum_{i=1}^{M} U_i(r_i) \tag{7-21}$$

在 7.7.3 节和 7.7.4 节中，我们将分别讨论动态子载波分配和功率分配。

7.7.3　动态子载波分配

在本节中，我们将探讨动态子载波分配，以改善 OFDM 网络的性能。如果传输功率均匀分布在整个可用频段，即 $p(f)=1$，那么在频率 f 处可实现的吞吐量为 $c_i(f)$，表述如下

$$c_i(f)=\log_2(1+\beta\rho_i(f)) \tag{7-22}$$

因此，动态子载波分配的问题在于最大化

$$\frac{1}{M}\sum_{i=1}^{M}U_i(r_i)=\frac{1}{M}\sum_{i=1}^{M}U_i\left(\int_{D_i}c_i(f)\mathrm{d}f\right) \tag{7-23}$$

并受到如下约束

$$\bigcup_{i=1}^{M}D_i\subseteq[0,B] \tag{7-24}$$

$$D_i\cap D_j=\varnothing,i\neq j\quad i,j=1,2,\cdots,M \tag{7-25}$$

我们首先针对两用户网络给出结果，然后拓展到一般的网络。

1．两个用户的网络

假定仅有两个用户共享频段$[0,B]$，定义

$$\overline{D}_1(\alpha)=\left\{f\in[0,B]:\frac{c_2(f)}{c_1(f)}=\frac{\log_2(1+\beta\rho_2(f))}{\log_2(1+\beta\rho_1(f))}\leqslant\alpha\right\} \tag{7-26}$$

及

$$D_1(\alpha)=\left\{f\in[0,B]:\frac{c_2(f)}{c_1(f)}=\frac{\log_2(1+\beta\rho_2(f))}{\log_2(1+\beta\rho_1(f))}<\alpha\right\} \tag{7-27}$$

类似地，我们可以定义区域$\overline{D}_2(\alpha)$和区域$D_2(\alpha)$，分别对应$c_2(f)/c_1(f)\geqslant\alpha$，$c_2(f)/c_1(f)>\alpha$。很容易看出

$$\overline{D}_2(\alpha)\cup D_1(\alpha)=\overline{D}_1(\alpha)\cup D_2(\alpha)=[0,B]$$

及

$$\overline{D}_2(\alpha)\cap D_1(\alpha)=\overline{D}_1(\alpha)\cap D_2(\alpha)=\varnothing$$

如下定理决定了跨层优化的最佳子载波分配。

定理1：对一个两用户网络，如果子载波分配$\{D_1^*,D_2^*\}$最佳，则D_1^*和D_2^*满足

$$D_1(\alpha^*)\subseteq D_1^*\subseteq\overline{D}_1(\alpha^*),D_2^*=[0,B]-D_1^*$$

并且

$$r_i^*=\int_{D_{i1}^{**}}c_i(f)\mathrm{d}f=\int_{D_i^*}\log_2(1+\beta\rho_i(f))\mathrm{d}f\qquad i=1,2$$

其中

$$\alpha^*=\frac{U_1'(r_1^*)}{U_2'(r_2^*)}$$

$$U_i'=\frac{\mathrm{d}U_i(r)}{\mathrm{d}r}$$

图7-17表明了基于效用的优化和传统的基于吞吐量的优化之间的区别。对于传统优化，$U_i(x)=x$；因此门限（阈值）$\alpha^*=U_1'(r_1^*)/U_2'(r_2^*)$始终是1。于是，子载波或频率分配给拥有较大信道增益的用户，如图7-17（b）所示。为平衡效率和公平，递增的效用曲线斜率经常是递减的。这种情况下，门限α^*依赖于每个用户已占有的资源数量。如图7-17（a）所示的

用户 2 的信道环境不如用户 1，因此比起基于吞吐量的优化，用户 2 可以从基于效用的优化获取更多的频率资源，如图 7-17（c）所示。

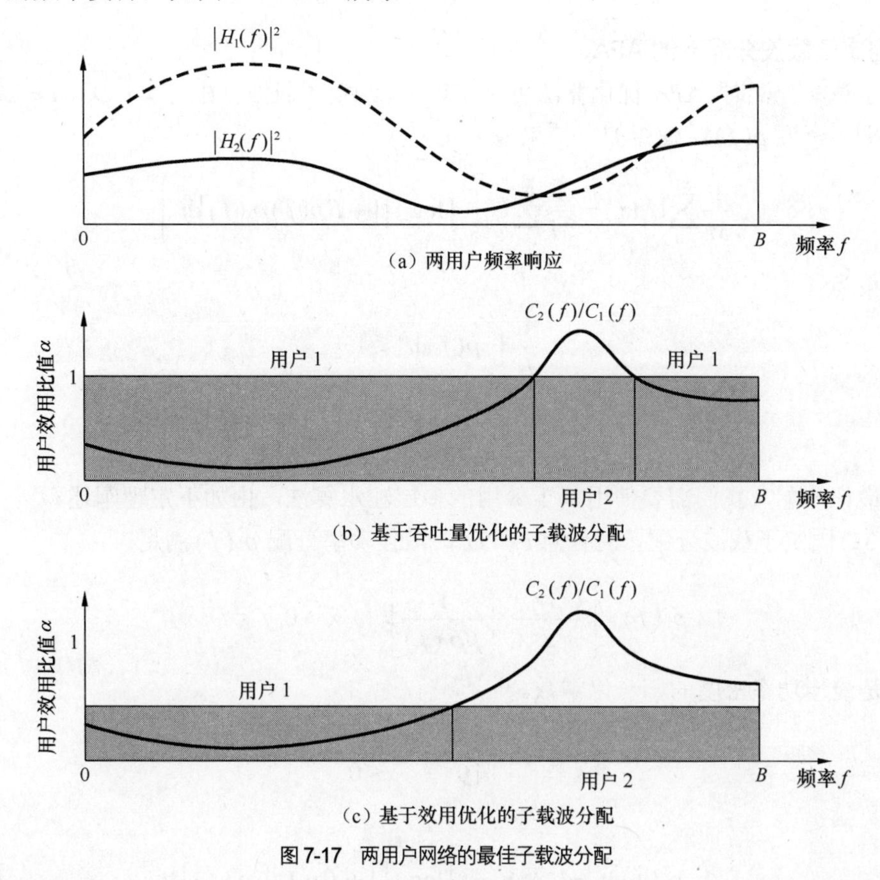

图 7-17　两用户网络的最佳子载波分配

应当指出的是，最佳子载波分配方案并不是唯一的，比如对于信道为平衰落的网络。不过，α^*、r_1^*和r_2^*是唯一的。

2．多用户网络

两用户网络的结果可以拓展到拥有两个以上用户的一般网络，总结得到如下定理。

定理 2：对拥有 M 用户的网络，若子载波分配为 D_i^*，$i=1,2,\cdots,M$，最大化平均效用，则对任何 $f\in D_i^*$，有

$$U'_j(r_j^*)c_j(f)\leqslant U'_i(r_i^*)c_i(f)\text{，对任意 } j\neq i \tag{7-28}$$

且

$$r_i^*=\int_{D_{i1}^{**}} c_i(f)\mathrm{d}f$$

定理 2 的证明类似定理 1，在此省略。

7.7.4　自适应功率分配

上一节中，我们在固定功率分配基础上，讨论了如何利用动态子载波分配算法来最优化网络性能。本节中，我们首先研究固定子载波分配下的自适应功率分配，然后是联合的动态

子载波分配和自适应功率分配。由于可实现的吞吐量是功率分配的函数，我们用下式表示

$$c_i(f)=\log_2(1+\beta\rho_i(f))$$

1．固定子载波分配下的 APA

固定子载波分配时，APA 优化算法可制定如下，给定子载波分配方案：D_i^*，$i=1,2,\cdots,M$，分配以功率谱密度 $p(f)$，使得如下结果最大化

$$\frac{1}{M}\sum_{i=1}^{M}U_i(r_i)=\frac{1}{M}\sum_{i=1}^{M}U_i\left(\int_{D_i}\log_2\left[1+\beta p(f)\rho_i(f)\right]\mathrm{d}f\right) \tag{7-29}$$

受到的约束为

$$\frac{1}{B}\int_0^B p(f)\mathrm{d}f\leqslant 1$$

且

$$p(f)\geqslant 0$$

为了实现最佳分配，我们需要使用基于效用的多层注水算法，由如下定理阐述。

定理 3：固定子载波分配，对任意 i 和 D_i，最佳功率分配 $p^*(f)$ 满足

$$p^*(f)=\left[\frac{U_i'(r_i^*)}{\lambda}-\frac{1}{\beta\rho_i(f)}\right]^+\qquad \lambda>0, f\in D_i \tag{7-30}$$

其中，λ 是最佳功率密度的归一化常数。

$$[x]^+=\begin{cases}x & x\geqslant 0\\ 0 & x<0\end{cases}$$

并且 λ 和 r_i^* 满足

$$\frac{1}{B}\int_0^B p^*(f)\mathrm{d}f=1,\text{及}\ r_i^*=\int_{D_i}\log_2\left[1+\beta p^*(f)\rho_i(f)\right]\mathrm{d}f$$

其中，r_i^* 和 $p^*(f)$ 分别为数据速率和功率密度的优化值。

应该指出，定理 3 只给出了全局最优功率分配的必要条件。该定理的证明类似于注水定理[46]。

与传统的注水定理[46]类似，我们不能直接从式（7-30）计算出最佳功率分配，而是需要通过迭代算法获得满足功率限制的最优解。

传统的注水定理和定理 3 存在着两个主要区别。第一，各用户水位与它目前的边际效用值 $U_i'(r_i)$ 成正比。换句话说，功率分配算法也与效用函数有关。这是因为不同用户的数据速率不可能完全相同，从而由式（7-29），不同用户的水位 $U_i'(r_i^*)/\lambda$ 也不同。第二，功率的制约因素是总传输功率，而不是单个用户的功率。如图 7-18 所示，基于效用的多层次注水算法可以视为固定优先级的多层次注水算法[47]的拓展。

2．联合的 DSA 和 APA

跨层优化设计中可以同时使用 DSA 和 APA。联合的 DSA 和 APA 优化算法可制定如下：调整 D_i 和 $p(f)$，使下式达到最大

$$\frac{1}{M}\sum_{i=1}^{M}U_i(r_i)=\frac{1}{M}\sum_{i=1}^{M}U_i\left(\int_{D_i}\log_2[1+\beta P(f)\rho_i(f)]\mathrm{d}f\right) \tag{7-31}$$

约束条件为

$$\bigcup_{i=1}^{M} D_i \subseteq [0,B] \tag{7-32}$$

$$D_i \cap D_j = \varnothing, i \neq j，\; i,j = 1,2,\cdots,M \tag{7-33}$$

并且

$$\frac{1}{B}\int_0^B p(f)\mathrm{d}f \leqslant 1$$
$$p(f) \geqslant 0 \tag{7-34}$$

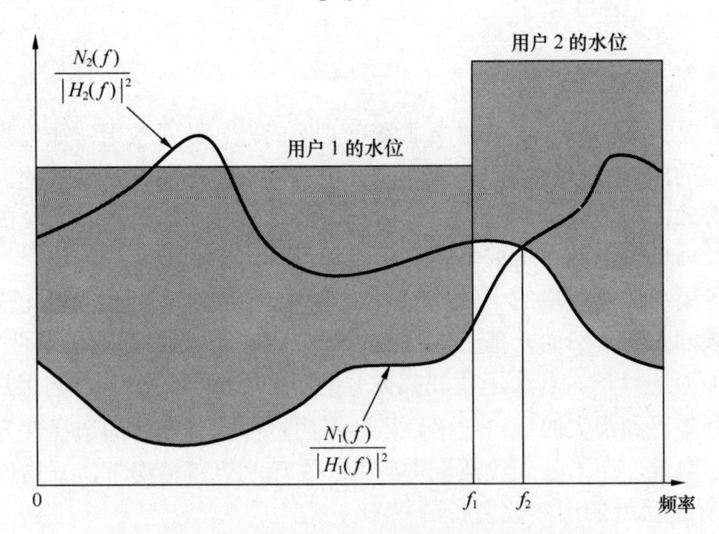

图 7-18 两用户网络自适应功率分配的多层次注水原理

显然，实现联合 DSA 和 APA 的全局优化有两个必要条件。

① 子载波固定为最佳分配，功率分配的任何改变不增加总体效用。

② 功率固定为最佳分配，子载波分配的任何改变不增加总体效应。

因此，最佳频率分配下的 D_i^*（对任意 i）和功率分配 $p^*(f)$ 必须同时满足定理 3 和定理 4 的条件。从而，我们得出如下定理。

定理 4：D_i^*，$i=1,2,\cdots,M$ 和 $p^*(f)$ 分别为最佳子载波分配和最佳功率分配，则它们满足式（7-35）

$$\begin{cases} U_j'(r_j^*)\log_2(1+\beta\rho^*(f)\rho_j(f)) \leqslant U_i'(r_i^*)\log_2(1+\beta\rho^*(f)\rho_i(f)), f \in D_i^* \\ p^*(f) = \left[\dfrac{U_i'(r_i^*)}{\lambda} - \dfrac{1}{\beta\rho_i(f)}\right]^+, \qquad \lambda > 0, f \in D_i^* \end{cases} \tag{7-35}$$

其中，r_i^* 和 λ 受到如下约束

$$\frac{1}{B}\int_0^B p(f)\mathrm{d}f = 1，\; r_i^* = \int_{D_i^*} \log_2\left[1+\beta p^*(f)\rho_i(f)\right]\mathrm{d}f$$

当效用函数就是吞吐量，即 $U_i(r_i) = r_i$，则最佳子载波分配和最佳功率分配相互独立。在此情况下，最佳子载波分配和最佳功率分别拥有如下闭合形式

$$\begin{cases} D_i^* = \{f \in [0:B]: \rho_i(f) = \max_m \rho_m(f)\} \\ p^*(f) = \left[\dfrac{1}{\lambda} - \dfrac{1}{\beta \max_m \rho_m(f)}\right]^+ \\ \dfrac{1}{B}\int_0^B p(f) \mathrm{d}f = 1 \end{cases}$$

这与文献[48]结果相同，从而表明频分多址（FDMA）系统从吞吐量总和进行优化时可以达到香农容量。

7.7.5 效率和公平性

效率和公平都是无线网络资源配置中非常重要的问题。针对效用，如果没有其他方案可以使某个网络受益的同时不损害其他网络利益，则这个分配方案就是有效的。因此，基于效用的优化显然是有效的。请注意，它不同于由频带内总吞吐量进行衡量的频谱效率。显然，最大的频谱效率是通过使用效用函数$U_i(r_i) = r_i$（i任意）来实现的。

通过基站对各用户信道环境的了解，DSA 方案往往将用户分配到对应较好 SNR 的子载波，从而提高了频谱效率。然而，基于效用的 DSA 没有公平地对待信道条件差的用户。

当$U_i(r_i) = r_i, U_i'(r_i) = 1$时，各个子载波都被分配给拥有最佳信道条件的用户，因此，系统可以利用多用户分集得到最大的频谱效率。虽然多用户分集与传统的选择性分集类似，但其分集增益是由用户数量，而不是天线数量得到的。在瑞利衰落情况下，分集增益可近似表达为$\ln(M)$，其中M是系统的用户数量。

公平性要求所有相互竞争的用户平等地分享频带，避免侵略性的连接。两种有代表性的公平准则是比例公平准则[19]和最大最小公平准则[50]。比例公平准则为每个连接提供与其数据速率相反的优先级。对传输率矢量$\boldsymbol{r} \in \boldsymbol{C}$，如果对任意其他可行的传输速率矢量$\boldsymbol{r}' \in \boldsymbol{C}$有相对变化总量为 0 或负数，即

$$\sum_{i=1}^{M} \frac{r_i' - r_i}{r_i} \leqslant 0 \tag{7-36}$$

对于一个凹效用函数$U(\boldsymbol{r})$和凸集$\boldsymbol{C}_\pi$，当且仅当对任意$\boldsymbol{r}' \in \boldsymbol{C}$满足

$$\nabla U(\boldsymbol{r})^{\mathrm{T}} (\boldsymbol{r}' - \boldsymbol{r}) \leqslant 0 \tag{7-37}$$

时可得到最佳$\boldsymbol{r}$。其中，$\nabla U(\boldsymbol{r}) = [U_1'(r_1), U_2'(r_2), \cdots, U_M'(r_M)]^{\mathrm{T}}$。当使用对数效用函数$U(\boldsymbol{r})=\ln(\boldsymbol{r})$时，式（7-37）与式（7-36）相同。因此，对数效用函数和基于效用优化的比例公平原则相关。

对任意$m \in 1,2,\cdots,M$，针对某些i有$r_i < r_m$，若r_i不减小时r_m不能增加，则数据传输率矢量$\boldsymbol{r}$是最大最小公平的。显然，最大最小公平准则拥有严格的公平标准，因为低传输率可以获得绝对的优先权。

考虑如下表达的一类效用函数

$$U(r) = \frac{r^{-\alpha}}{\alpha}, \alpha > 0 \tag{7-38}$$

显然，参数α决定了公平的程度。随着α的增大，对应效用函数的公平准则越来越严格。

当$\alpha \to \infty$时，得到的就是最大最小公平准则。

从式（7-38）同样可以看出，递增的效用函数鼓励信道条件好的用户，而递减的边际效用函数为低数据传输率的用户分配高的优先级。因此，基于效用的资源分配可以同时保证效率和公平。

7.7.6 数值结果

本节中，我们通过提供数值结果来说明 OFDM 无线网络跨层优化的性能。为了获取数值结果，我们假定信道特点：坏的市区（BU）时延曲线[51]并受到偏离标准 8.0dB 的阴影效应的影响。传输率调整应保证 BER 不高于 10^{-6}。

要模拟无限子载波的情况是不可能的。对 BU 时延曲线，对应相干带宽大约为 80kHz；因此，各子载波的带宽应小于 80kHz[51]。当子载波带宽足够小，每个子信道经历平坦性衰落，优化性能可与无限子载波情况十分接近。

仿真过程中，我们假定各子载波的带宽是 10kHz，并使用式（7-16）的效用函数。为了比较不同结果，将用户平均带宽固定为 80kHz，这意味着整体带宽随用户数量的增加线性地增长。

图 7-19 显示了不同分配方案的结果。从图中，我们可以看到，与固定子载波分配（FSA）相比，DSA、APA 及联合的 DSA 和 APA 有效地改善了网络性能。并且随着用户数量的增加，性能增益不断提高。对两用户网络，联合 DSA 和 APA 算法增益约为 2.5dB，而对 16 用户的网络，增益可达 5dB。

当效用函数就是吞吐量（$U_i(r_i)=r_i$）时，分集增益随用户数量的增加呈对数增长。与文献[32]针对多用户分集增益的渐进分析不同，我们的分析对任意数量的用户都是有效的。

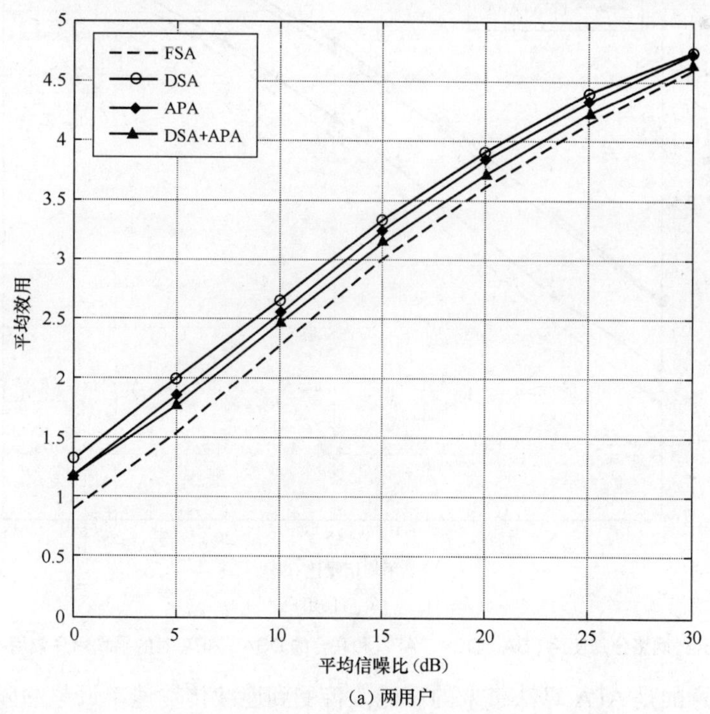

(a) 两用户

图 7-19 OFDM 无线网络分别使用 FSA、DSA、APA 和联合的 DSA、APA 时的平均用户效用-SNR 曲线

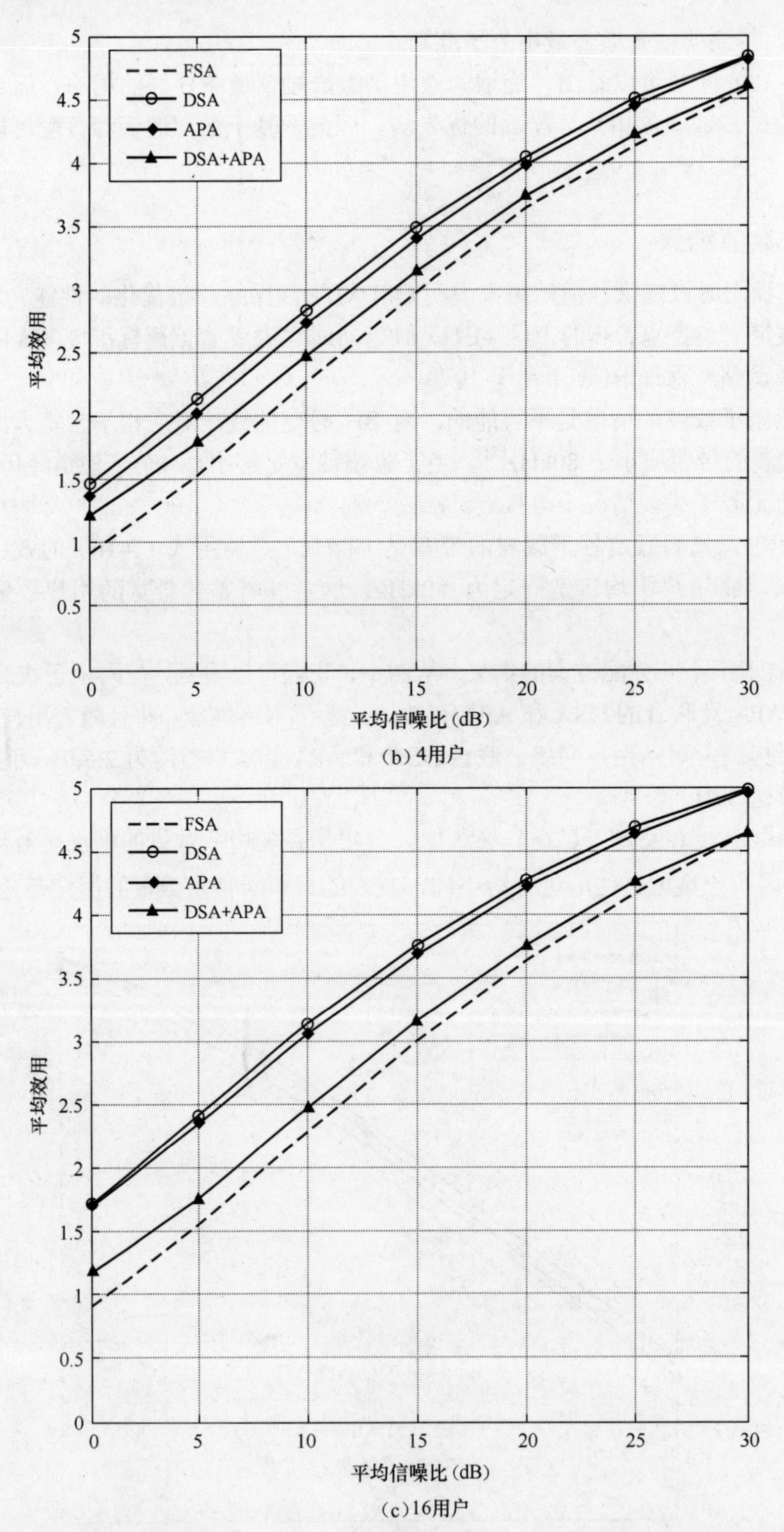

图 7-19 OFDM 无线网络分别使用 FSA、DSA、APA 和联合的 DSA、APA 时的平均用户效用-SNR 曲线（续）

图中值得注意的是 APA 算法带来的性能改善受到连续传输速率调整的限制。然而，文献[52]显示，现实情况下，使用离散秩序调制时，有极大的性能增益。

参考文献

[1] Qusay H.Mahmoud. Cognitive Networks Toward Self-Aware Netowrks. John Wiley & Sons Ltd. 2007.

[2] 俞一帆，纪红，乐光新. 4G 无线系统协议栈的跨层设计. 现代电信科技, 2004 (12).

[3] Choi L U, Ivrlac M T, Steinbach E, and Nossek J A. Bottom-Up Approach to Cross-layer Design for Video Transmission over Wireless Channels. Proc. IEEE Vehicular Technology Conference 2005-Spring (VTC'S05), Stockholm, Sweden, 2005, 5: 3019-3025.

[4] Khan S, Peng Y, Steinbach E, et al. Application-Driven Cross-Layer Optimization for Video Streaming over Wireless Networks. IEEE Communications Magazine, 2006, 44(1): 122-130,

[5] Setton E, Yoo T, Zhu X, et al. Cross-Layer Design of Ad Hoc Networks for Real-Time Video Streaming, IEEE Wireless Communications, 2005, 14(4): 59-65.

[6] Brehmer J, Guthy C, and Utschick W. An efficient approximation of the OFDMA outage probability region. IEEE Workshop on Signal Processing Advances in Wireless Communications (SPAWC'06), Cannes, France, July2–5 2006.

[7] Khan S, Duhovnikov S, Steinbach E, et al. Application-driven Cross-layer Optimization for Mobile Multimedia Communication using a Common Application Layer Quality Metric. Second International Symposium on Multimedia over Wireless (ISMW'06), Vancouver, Canada, July 2006.

[8] Shakkottai S, Rappaport T, and Karlsson P. Cross-layer design for wireless networks. IEEE Communications Magazine. 2003, 41(10): 74-80.

[9] Holliday T and Goldsmith A. Optimal power control and source channel coding for delay constrained traffic wireless channels. in Proc. IEEE Int. Conference on Communications (ICC'03), Anchorage, Alaska, USA, May 2003.

[10] Choi L U, Kellerer W, and Steinbach E. On cross-layer design for streaming video delivery in multiuser wireless environments. EURASIP Journal on Wireless Communications and Networking, Special Issue on Radio Resource Management in 3G+ Systems, 2006, 2006: article ID 60349.

[11] van der Schaar M and S S N. Cross-layer wireless multimedia transmission: challenges, principles, and new paradigms. IEEE Wireless Communications. 2005, 12(4): 50-58.

[12] Parekh A K and Gallager R G. A generalized processor sharing approach to flow control in integrated services networks-the single node case. in Proc. of Infocom, 1992, 2: 915-924.

[13] Boyd S P and Vandenberghe L. Convex Optimization, 1st ed. Cambridge University Press, 2004.

[14] Kreyszig E. Advanced Engineering Mathematics, 7th ed. Wiley, 1993.

[15] IST-2003-507581 WINNER. D7.6 WINNER System Concept Description. Nov. 2005, ver. 2.0

[16] IST-2003-507581 WINNER. D5.4 final report on link level and system level channel models. Nov. 2005, ver. 1.4.

[17] Choi L, Ivrlac M, Steinbach E, and Nossek J. Sequence-level models for distortion-rate

behaviour. in IEEE International Conference on Image Processing, (ICIP'05). Genova, Italy, Sept. 2005.

［18］ S. Shenker. Fundamental design issues for the future internet. IEEE J. Sel.. Areas Commun.vol. 13, no. 7, pp. 1176-1188, Sep. 1995.

［19］ F. Kelly. Charging and rate control for elastic traffic. Eur. Trans.Telecommun., vol. 8, pp. 33-37, 1997.

［20］ F. Kelly, A. Maulloo, and D. Tan. Rate control in communication networks: Shadow prices, proportional fairness, and stability. J. Oper. Res.Soc., vol. 49, pp. 237-252, 1998.

［21］ J. K. MacKie-Mason and H. R. Varian. Pricing congestible network resources. IEEE J. Sel. Areas Commun., .vol. 13, no. 7, pp. 1141-1149, Sept. 1995.

［22］ E. Altman, T. Basar, T. Jimenez, and N. Shimkin. Competitive routing in networks with polynomial cost. Proc. IEEE Conf. Computer Communications, Mar. 2000, pp. 1586-1593.

［23］ V. Shah, N. B. Mandayam, and D. J. Goodman. Power control for wireless data based on utility and pricing. Proc. IEEE Personal, Indoor, Mobile Radio Communications Conf., 1998, pp. 1427-1432.

［24］ D. J. Goodman and N. B. Mandayam. Power control for wireless data. IEEE Personal Commun., vol. 7, no. 2, pp. 48-54, Apr. 2000.

［25］ C. U. Saraydar, N. B. Mandayam, and D. J. Goodman. Pricing and power control in a multicell wireless data network. IEEE J. Sel. Areas Commun., vol. 19, no. 10, pp. 1883-1892, Oct. 2001.

［26］ P. Liu, M. Honig, and S. Jordan. Forward link CDMA resource allocation based on pricing. Proc. IEEE Wireless Communications Networking Conf.. vol. 2, Sep. 2000, pp. 619-623.

［27］ C. Zhou, M. L. Honig, and S. Jordan. Two-cell power allocation for wireless data based on pricing. Proc. 39th Annu. Allerton Conf., Monticello, IL, Oct. 2001, pp. 1088-1097.

［28］ L. Song and N. B. Mandayam. Hierarchical sir and rate control on the forward link for CDMA data users under delay and error constraints. IEEE J. Sel. Areas Commun., vol. 19, no. 10, pp. 1871-1882, Oct. 2001.

［29］ J. Chuang and N. Sollenberger. Beyond 3G:Wideband wireless data access based on OFDM and dynamic packet assignment. IEEE Commun. Mag., vol. 38, no. 7, pp. 78-87, July 2000.

［30］ S. Nanda, K. Balachandran, and S. Kumar. Adaptation techniques in wireless packet data services. IEEE Commun. Mag., vol. 38, no. 1, pp. 54-64, Jan. 2000.

［31］ A. J. Goldsmith and S. G. Chua. Variable-rate variable-power MQAM for fading channel. IEEE Trans. Commun., vol. 45, no. 10, pp. 1218-1230, Oct. 1997.

［32］ P. Viswanath, D. N. C. Tse, and R. L. Laroia. Opportunistic beamforming using dumb antennas. IEEE Trans. Inf. Theory, vol. 48, no. 6, pp. 1277-1294, June 2002.

［33］ D. Tse and S. Hanly. Multi-access fading channels: Part I: Polymatroid structure, optimal resource allocation and throughput capacities. IEEE Trans. Inf. Theory, vol. 44, no. 7, pp. 2796-2815, Nov. 1998.

［34］ L. Li and A. J. Goldsmith. Optimal resource allocation for fading broadcast channels- Part I: Ergodic capacity. IEEE Trans. Inf. Theory, vol. 47, no. 3, pp. 1083-1102, Mar. 2001.

[35] A. J. Goldsmith and M. Effros. The capacity region of broadcast channels with intersymbol interference and colored Gaussian noise. IEEE Trans. Inf. Theory, vol. 47, no. 1, pp. 219-240, Jan. 2001.

[36] C. Y. Wong, R. S. Cheng, K. B. Letaief, and R. D. Murch. Multiuser OFDM with adaptive subcarrier, bit, and power allocation. IEEE J. Sel. Areas Commun., vol. 17, no. 10, pp. 1747-1758, Oct. 1999.

[37] W. Rhee and J. M. Cioffi. Increase in capacity of multiuser OFDM system using dynamic subcarrier allocation. Proc. IEEE Vehicular Technology Conf., 2000, pp. 1085-1089.

[38] W. Yu and J. M. Cioffi. OFDMA capacity of Gaussian multiple-access channels with ISI. IEEE Trans. Commun., vol. 50, no. 1, pp. 102-111, Jan. 2002.

[39] L. M. Hoo, B. Halder, J. Tellado, and J. M. Cioffi. Multiuser transmit optimization for multicarrier broadcast channels: Asymptotic FDMA capacity region and algorithms. IEEE Trans. Commun., submitted for publication.

[40] G. Song and Y. (G.) Li. Utility-based Joint physical-MAC layer optimization in OFDM. Proc. IEEE Global Communications Conf., vol. 1, Nov. 2002, pp. 671-675.

[41] Guocong Gong, Li Y. Adaptive subcarrier and power allocation in OFDM based on maximizing utility. Proc. IEEE Vehicular Technology Conf., vol. 2, Apr. 2003, pp. 905-909.

[42] G. Gong ,Li Y. Adaptive resource allocation based on utility optimization in OFDM. Proc. IEEE Global Communications Conf.,vol.2, Dec. 2003, pp. 586-590.

[43] Y. (G.) Li. Pilot-symbol-aided channel estimation for OFDM in wireless systems. IEEE Trans. Veh. Tech., vol. 49, no. 4, pp. 1207-1215, Jul. 2000.

[44] X. Qiu and K. Chawla. On the performance of adaptive modulation in cellular systems. IEEE Trans. Commun., vol. 47, no. 6, pp. 884-895, Jun. 1999.

[45] Z. Jiang, Y. Ge, and Y. (G.) Li. Max-utility wireless resource management for best effort traffic. IEEE Trans. Wireless Commun., vol. 4, no. 1, pp. 100-111, Jan. 2005.

[46] C. E. Shannon. Communication in the presence of noise. Proc. IRE, vol. 37, pp. 10-21, Jan. 1949.

[47] L. Hoo, J. Tellado, and J. Cioffi. FDMA-based multiuser transmit optimization for broadcast channels. Proc. IEEE Wireless Communications Networking Conf., vol. 2, Chicago, IL, Sep. 2000, pp. 597-602.

[48] D. N. Tse. Optimal power allocation over parallel Gaussian broadcast channel. Proc. IEEE Int. Symp. Information Theory, Ulm, Germany, June 1997, pp. 27-27.

[49] R. T. Rockafellar. Convex Analysis. Princeton, NJ: Princeton Univ. Press, 1970.

[50] D. Bertsekas and R. Gallager. Data Networks. Englewood Cliffs, NJ: Prentice-Hall, 1987.

[51] G. L. Stüber. Principles of Mobile Communication, 2nd ed. Norwell, MA: Kluwer, 2000.

[52] G. Song and Y. (G.) Li. Cross-layer optimization for OFDM wireless network—Part II: Algorithm development. IEEE Trans. Wireless Commun., vol. 4, no. 2, pp. 625-634, Mar. 2005.

[53] W. C. Jakes, Ed.. Microwave Mobile Communication, 2nd ed. Piscataway, NJ: IEEE Press, 1994.

[54] Guocong Song, Ye Li. Cross Layer Optimization for OFDM Wireless Networks. IEEE Transactions on Wireless Communications. vol. 4, no.2, March 2005.

第 8 章 性能评估

8.1 引言

测量数据是描述系统行为的基本数据，因而也是控制和管理网络的准则。利用一组测量结果可以获取给定时间的功能信息和系统状态。在移动站和网络中使用以这些测量结果作为输入的算法，有助于实现保证系统中不同资源的控制和管理。

例如，JRRM 算法旨在实现全局运营商策略，包括网络不同接入技术中的负载平衡或最小化阻塞速度。因此，JRRM 算法的评价基本上是通过检测是否实现了运营商目标，如图 8-1 所示。

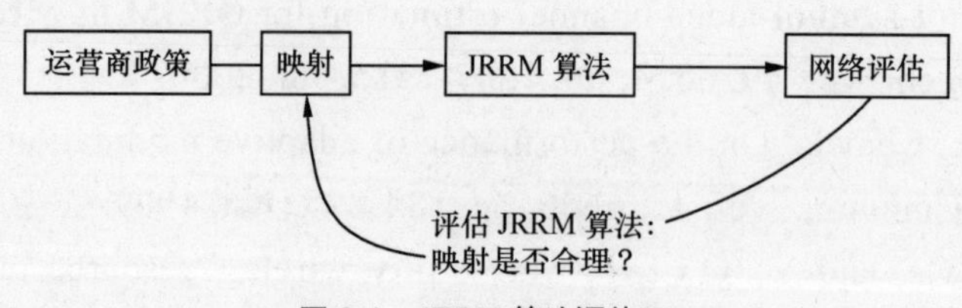

图 8-1 JRRM 算法评价环

任何基于测量类之间数据或逻辑上可能关系和运行的应用，比如基础计算、权重、条件及目标值之间的比较，构成了度量。度量通过结合若干测量类提高测量数据的有效性；这种结合是有必要的，因为单个测试类往往不是充分有用的。通过结合若干测量类，度量可以压缩可用数据并因此减少网络实体间需要处理、存储及信令化的数据。另外，根据统计数据考虑的时间间隔、时间平均值及其他统计值也得以计算。

任何反映系统状态和功能及发送服务质量的所有度量均以关键性能指示器（KPI, Key Performance Indicator）的形式表示。KPI 的确定和使用对于网络的控制和评价是很重要的，原因如下：

① 减少了需要处理的数据量；

② 增强了数据的有用性。

数据量的减少是通过以下方式实现的：

① 通过结合多个测试类限制需要考虑的单个测试类的数量；

② 通过选择及分析统计特征降低测量数据的读取频率。

度量对于运营商和供应商都是很重要的。供应商使用度量定义、执行并测试其无线电资源管理算法；运营商使用度量监测、优化并解决网络问题。度量是网络部署和扩展的重要评价标准，但在成熟网络中，有必要使允许网络状态跟踪监测、预见潜在优化需求的所有检测功能以适当的形式实现。

根据该研究的目的，运营商可以使用不同等级的度量集合。以下是可区别的集合层次。

1．时域集合

每小时：显示一天中每个小时的统计数据，允许在一天中观察不同负载层次下统计量的变化；

忙时：在忙时，一天中网络负载达到最大。忙时的统计数据可以用于确保低活动性期间的不可靠测量不会对区间性能等造成错误影响；

每天：相应统计数据显示短期范围内 KPI 的变化，用于监测网络及负载变化的影响。通常地，在一周内观察每天变化也是很重要的（即在工作日有更多的负载）；

每周：每天统计值的中等范围集合；

每月：这是最大时间范围统计数据的集合并给出网络性能的总体评价。

2．空域集合

小区层次：关注特定小区性能的统计数据，常用于性能的验证和问题的求解，常与忙时集合结合使用；

BSC/RNC/区间簇：从更高的层次进行观察，能够注意网络的不同区域。目标是跟踪特定 KPI 统计数据的趋势；

地区/市场：提供地域变化的概述，仅仅观察主要 KPI 的集合，即可实现性、维持能力、吞吐量等；

整个网络：该集合层次主要用于管理跟踪并提供网络的整体变化，常与时域中的每周或者每月的层次相结合。

因此，小的集合层次导致大量统计数据的产生，从而难以进行预处理，但使得从网络中提取的信息更加精确。该层次的集合可用于解决问题或者自动调整的目的。更高层次的集合（每月或 BSC/RNC）产生的数据量相对较小，往往用于概述网络性能的管理，但失去了区分哪一个因素对性能指示器影响更多的能力。

8.2　网络性能评估

该小节描述几个反映无线网络性能的关键性能参数（KPI，Key Performance Indicator）。它们主要用于从一个网络或者一个小区的角度，量化不同条件下网络资源的有效利用。

8.2.1　小区吞吐量

小区吞吐量表示每个小区在给定容量下的网络实现。小区吞吐量可以通过收集服务基站或接入点每秒内成功发送到用户或从其用户接收到的比特量获得。

因此，小间吞吐量可以定义为不同用户吞吐量的累加和。例如，在联合无线资源管理中，用户吞吐量在仿真的背景下可以定义为

下行

$$V=\frac{1}{8\times N_{\text{comOk}}[iUserClass][iSer]}\sum_{m\in M}V^{\text{total},m} \tag{8-1}$$

上行：对于 HSDPA 终端

$$V=\frac{1}{8\times N_{\text{comOk}}[iUserClass][iSer]}\sum_{m\in M}\sum_{j=i_m}^{k_m+1}V_j^{e,m} \tag{8-2}$$

对其他终端

$$V=\frac{1}{8\times N_{\text{comOk}}[iUserClass][iSer]}\sum_{m\in M}V^{\text{total},m} \tag{8-3}$$

其中，M 是结束通信的包终端的数量；$V^{\text{total},m}$ 代表所有要发送的数据总量，$V_j^{e,m}$ 是已经在时刻 j 前实现的数据流量。

需要注意的是：仿真器上所有的指示器都是基于每个用户、每种服务等级进行计算的。在仿真器上，我们考虑如图 8-2 所示的情况：移动站 m 在时刻 $i_m T_c$ 到达并在时刻$(i_m+k_m)T_c$离开。

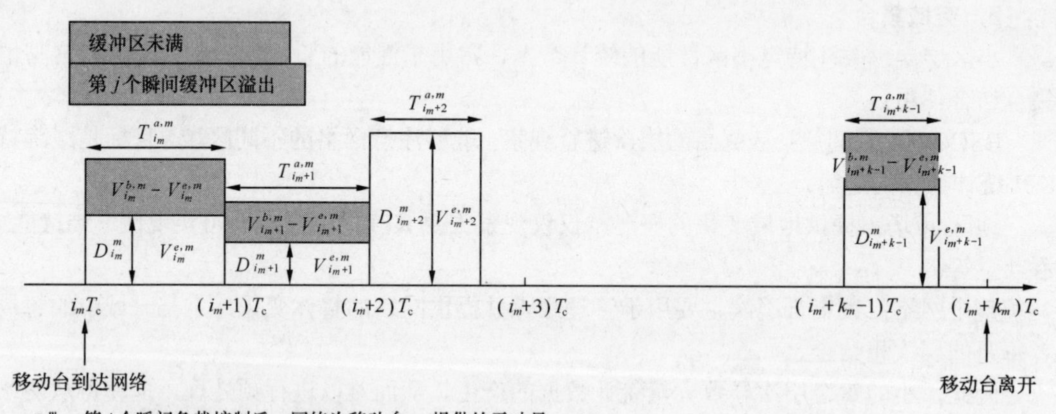

D_j^m：第 j 个瞬间负载控制后，网络为移动台 m 提供的吞吐量；
$V_j^{e,m}$：第 j 个瞬间移动台 m 溢出缓冲区的容量；
$V_j^{b,m}$：第 j 个瞬间移动台 m 的缓冲区容量；
$T_j^{a,m}$：第 j 个瞬间移动台 m 的活跃时间。

图 8-2 用户会话模型

小区负载在无线网络的小区范围内使用 DSNPM 监测过程，定义如文献[1]所述，能够提供关于业务量、移动等级、干扰、区间配置等环境参数。由环境参数估计的小区负载是基于使用的具体接入技术的，考虑以下接入技术。

OFDMA：正交频分多址接入将整个频带分为许多互相正交的子载波以处理频率选择性衰落问题并支持高数据速率。OFDMA 使用 3 种主要技术：动态子载波分配（DSA, Dynamic Subcarrier Allocation）、自适应性调制（AM, Adaptive Modulation）和自适应性功率分配（APA, Adaptive Power Allocation）以显著改进网络性能[2]。使用 OFDMA 接入的无线接入技术包括 LTE[2]、高速 OFDMA 数据包接入（HSOPA，High Speed OFDM Packet Access）[2]、IEEE 802.11a、802.11g、802.11n 无线局域网（WLAN）[3]及 802.16WiMAX[4]。

CDMA：码分多址接入的基本概念是若干发射机可以同时互不干扰地在一个通信频道内

发送信息。从而用户可以共享频带。CDMA 使用宽频技术结合一种特殊的编码机制使得多个用户通过复用可以使用同一物理信道。UMTS[2]是一种使用 CDMA 接入技术的典型接入技术。

TDMA/FDMA：时分多址接入和频分多址接入结合可以向用户分配联合载波频率和时间片的无线资源。GSM 系统使用的就是这种技术。

一般来说，所有技术的目标是以最有效的方式，充分利用网络资源为服务区内用户提供服务。用户终端设备可能触发一些本该由网络独立提供服务的应用会话。对应于上述各接入技术的高层次小区负载估计将在接下来的章节中进行描述。

OFDMA：对于 OFDM 无线接入技术，其资源是可供分配的频段大小。OFDMA 可以运行于若干长度的信道（如同时适用上下行链路的 1.25MHz、1.6MHz、2.5MHz、5MHz、10MHz、15MHz、20MHz）。每个信道被划分为一定数量的可用子载波。利用 DSM 技术可以将每个子载波分配到会话。DSA 可以确保：

① 每个子载波只能分配给一个会话；

② 分配给每个会话的子载波数量要足够以便提供合适的数据速率实现会话。

另外，每个子载波根据信噪比，基于 AM 技术进行调制，然后利用 APA 技术，赋予每个子载波合适的功率并将子载波分配给用户。通过这种方式，在给定子载波数量的情况下可以使用一个简单的仿真器进行小区负载估计，该仿真器可表示如下

$$total\_subcarriers(ch) - \sum_{s=0}^{S} subcarriers(s) \tag{8-4}$$

其中，*ch* 表示正在运行的频道，*total_subcarriers(ch)*表示使用频道 *ch* 的可用子载波的最大数量，*S* 是服务区域需要实现的会话数量，*subcarriers(s)*是分配给会话 *s* 的子载波数量。结果是剩余的可供未来小区利用 DSA、APA 及 AM 技术进行合理配置的可用子载波数量。为确保阻塞概率不会增加，并且网络性能保持在可以接受的水平，需要为该指标引入阈值，一旦指标低于阈值则触发重配置过程。

CDMA：与 OFDMA 相似，在 CDMA 技术中下行和上行链路可以将负载因子考虑为可用资源。可以在上、下行链路中使用合适的负载因子阈值，以供服务区内的每个小区使用。CDMA 技术指标可以表示如下

$$cell\_up\_lf - \sum_{s=0}^{S} up\_lf(s) \tag{8-5}$$

$$cell\_down\_lf - \sum_{s=0}^{S} down\_lf(s) \tag{8-6}$$

其中，*cell_up_lf*、*cell_down_lf* 分别表示区间上行和下行链路的最大负载因子，*S* 表示服务区域中需要实现的会话数量，*up_lf* (*s*)、*down_lf* (*s*)则分别表示上行和下行链路用于会话 *s* 的负载因子。结果以 CDMA 负载因子的形式反映了可供未来服务请求使用的剩余可用容量。如在 OFDMA 中一样，为确保只有在系统趋向极限时才启动重置过程，可以为上行和下行链路使用一些阈值。

TDMA/FDMA：每个小区可以为每条链路（下行和上行）计算所有可用的负载因子，由所有可用频率空闲时间时隙数量除以所有可用频率最大时间时隙数量，如下式

$$\frac{\sum_{i=0}^{Num\_Carrier-1} free\_TS[C_i]}{\sum_{i=0}^{Num\_Carrier-1} total\_TS[C_i]} \tag{8-7}$$

其中，$free_TS[C_i]$表示载波 C_i 上空闲时间片的数量，而 $total_TS[C_i]$表示载波 C_i 上所有时间片的数量。占用的负载因子可以由 1 减去可用负载因子获得。

在 JRRM 的背景下区间负载对 GSM、UMTS、WLAN 系统各自定义如下

对 GSM 系统，小区负载定义为

$$CelLoad_{\mathrm{GSM}} = \frac{N_{\mathrm{used}}}{N_{\mathrm{Total}}} \tag{8-8}$$

其中，N_{used} 及 N_{Total} 分别表示占用的和所有可用时间片的数量。

对 UMTS 下行链路（与上行链路各自定义）小区负载表示为

$$CelLoad_{\mathrm{Downlink}} = \frac{P_{\mathrm{total}}}{P_{\max}} \tag{8-9}$$

其中，P_{total}、$P_{\max}$ 分别表示总的和最大传输功率。

$$CelLoad_{\mathrm{Uplink}} = \frac{I_{\mathrm{total}}}{I_{\mathrm{total}} + N_0} \tag{8-10}$$

其中，I_{total}，N_0 表示总的上行链路干扰和热噪声。

WLAN 的负载估计是基于接入点缓冲非空的时间比例。如果下行链路（从接入点到终端）业务容量等于或高于上行链路的容量，这种度量是很重要的。

8.2.2 流量负载

这种测试与由给定小区或部门在一定时间内服务的用户数量相对应，应该区分不同服务和/或用户情况。

在之前的章节中，小区负载计算只考虑了频率资源消耗的功率，并不足以反映诸如 HSPA、GPRS、EDGE 系统中共享信道、时间片被多个用户共用的情况。

8.2.3 频谱效率

频谱对运营商来说是一种稀缺且有价值的资源。因此，频谱要尽可能高效使用，并且使用每赫兹的信息速率的频域效率来测量。

在蜂窝通信系统中，频谱效率定义也包括频谱重用方面。

定义：下行/上行频谱效率（单位是[(bit/s)/Hz]/sector）是下行/上行方向上每个分配频谱块和每个区域（全缓冲或者混合业务）总用户吞吐量的平均值，频谱分配需要实现公平、延迟和中断概率准则（这些准则将在下面的章节定义）。

另一种方式是描述基于 OFDMA 接入技术（如 LTE，WiMAX 等）的无线通信系统相关的频谱效率。OFDMA 自适应性调制技术负责基于信道的信噪比（SNR）来对每个子载波进行调制。当 SNR 采用每个符号更多比特进行传送的调制机制时，比特率增加。这就是所谓的

自适应数据速率。由于不需要对频谱分配做任何改变就可以增加数据速率，因此得以实现较高的频谱效率。

根据如上内容，可以形成如下指标

$$\frac{\sum_{sc=0}^{SC} br(sc)}{SC} \tag{8-11}$$

其中，SC 表示总的可用子载波数量，sc 表示子载波，$br(sc)$表示给定调制类型子载波 sc 实现的比特率。

8.2.4　有用可释放面

文献[5]中描述了一种新的度量——有用可释放平面（URS，Useful Released Surface），检测网络在给定频带的释放频带供次级认知无线服务使用的能力。URS 考虑用户的最大干扰等级限制，定义了次级认知无线用户可用的给定带宽边界。URS 可以定义为

$$URS = \sum_{f=1}^{F} W^{(f)} \sum_{c=1}^{C_f} S_C^{(f)} \omega_c^{(f)} \text{MHz} \cdot \text{km}^2 \tag{8-12}$$

其中，$W^{(f)}$是载波 f 的带宽，C_f是可以释放载波 f 的非连续区域的集合。$S_C^{(f)}$是区域 C 的对应边界，它是通过将所有不使用载波 f 的相邻小区减去使用载波 f 的小区周围用以保护主用户的保护区边界得到的。注意，在此定义下，仅考虑次级用户使用频谱不会影响主用户传输的区域。最后，$\omega_c^{(f)}$是根据每个小区内存在的次级认知用户数量确定的小区权重。图 8-3 所示为可以由次级发射机使用的区域（白色区域）。该区域不仅包括使用特定子载波的区域（黑色区域），还包括小区周围使用子载波用于保护主用户通信免受次级传输潜在干扰的保护区域（灰色区域）。该保护区域是基于如下方面确定的：主网络可接受的干扰水平、次级发射机在传播条件下估计的最大传输功率。

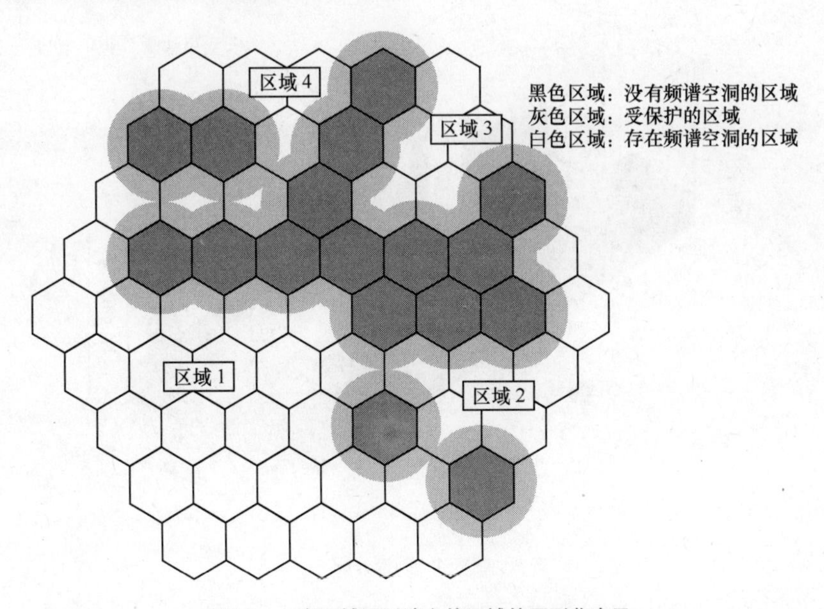

图 8-3　一定区域可以清空的区域的图形化表示

因此，URS 反映可释放频率的可用性，也就是说，相比小区域，在大的连续地理区域释放的可释放频率更容易被利用。

8.2.5 频谱机会指数

可以定义一个称为瞬时信道需求的指标α，给出资源使用及频谱占用的大概情况。α和最大可配置信道数量的差反映了可能出现的超额需求。

考虑现在使用的蜂窝网络，在 GSM 系统中上述指标可以表示如下[6]

$$\alpha_{\mathrm{GSM}}(t)=\left(\frac{\sum T(t)}{8}\right) \tag{8-13}$$

其中，$\sum T(t)$表示每个载波上估计的活动时间间隙和。类似地，对 UMTS 系统，该指标可以定义为[6]

$$\alpha_{\mathrm{CDMA}}(t)=\left(\frac{TotCodes(t)}{MaxCodes(k_{\mathrm{chan}})}\right) \tag{8-14}$$

其中，*TotCodes* 是估计的所有信道编码总数，$MaxCodes(k_{\mathrm{chan}})$是每个信道 k_{chan} 编码的最大数量。

以上两个指标都只提供了频谱占用的一个大概估计。为了评价二者的可靠性，要相应地定义一个合理的 KPI。此外，将这类度量同真实的无线资源占用相比较也是非常重要的。文献[7]已经做了相关比较，新的分析将随后给出。

从认知无线电观点来看，可用频谱的数量是一种最有用的测量，引入称为频谱机会指数（SOI , Spectrum Opportunity Index）的新度量可以量化该测量。为定义这种新的度量，可以将频谱分配视为根据时间和空间动态变化的函数（见图 8-4）。

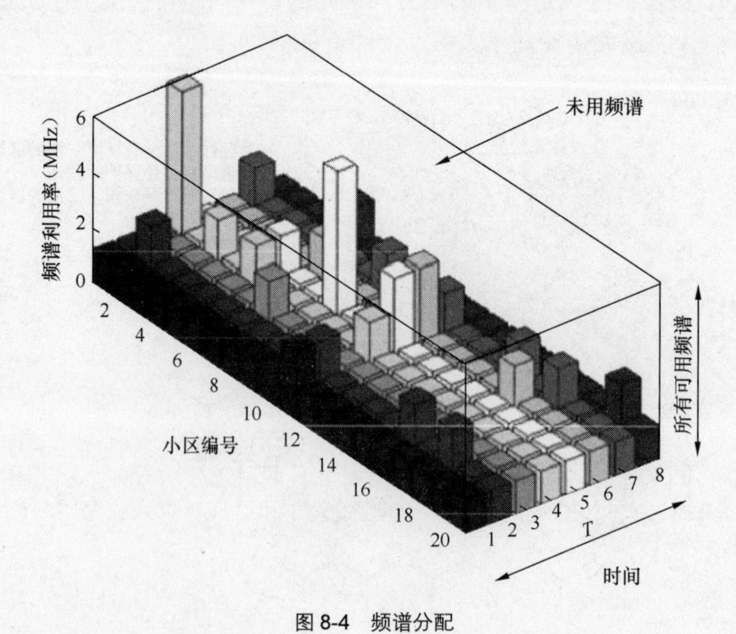

图 8-4 频谱分配

运营商使用静态或动态频谱分配技术实际分配的频谱（用 V_{A} 表示）与载波占用的容量

是相等的，表示如下

$$V_{\rm A} = \sum_{t=0}^{T}\sum_{x=1}^{m} S(x,t) \tag{8-15}$$

其中，$S(x,t)$ 是在时间间隔 t 内分配给小区 x 的频谱总量。网络中所有小区在时间范围 T 内总的可用频谱 $V_{\rm F}$ 可以表示为

$$V_{\rm F} = m \times T \times S_{\rm total} \tag{8-16}$$

其中，$S_{\rm total}$ 是网络总的可用频谱，T 是总的时间，m 是系统中的小区总数。因此，频谱机会指标 Ξ 可以定义为

$$\Xi^{\gamma} = \left(1 - \frac{V_{\rm A}}{V_{\rm F}}\right) \times 100\% \tag{8-17}$$

其中，γ 是相关频谱分配获得的服务质量。这种测量结果理论上在 0～1。如果所有可用频谱在整个时间范围内被各个基站占用，则可以实现下界。在这种情况下，另一种技术接入的机会概率是零。然而，实际情况下，并不会达到 100%的理想上界，这是因为各个基站总能至少分到一个子载波。当且仅当 $\gamma \geqslant 0.98$（98%）时该测量才是有意义的，否则机会增益的获取将以服务质量为代价。这是 GSM 使用的百分率，DSA 的一个基本要求是整个系统能够支持更大量的呼叫，并且要保持同 GSM 一样的掉话率。

频谱机会指标可以用于不考虑采用的调制及多址接入方案，比较不同的静态或者动态频谱分配机制的差别。当不同机制进行比较时，两种分配方案都要获得实现 98% QoS 的 SOI，并且从认知无线电的角度看，最高的 SOI 对应最佳的分配方案。

8.2.6　频谱效率增益

频谱效率增益可以使用不同的度量表示，在比较两种不同的频谱分配机制时频谱效率增益是一种很好的测量。

从前面定义的 α 参数出发，可以定义两个提供频谱效率增益的相关指标。特别地，对于 GSM 系统该指标可以定义为[7]

$$\beta_{\rm GSM}(t) = \left(\frac{C}{\alpha_{\rm GSM}(t)}\right) \tag{8-18}$$

其中，C 表示考虑的活动载波数量。类似地，对 UMTS 系统该指标可以表示为

$$\beta_{\rm CDMA}(t) = \left(\frac{ConfigChan}{\alpha_{\rm CDMA}(t)}\right) \tag{8-19}$$

其中，*ConfigChan* 是配置信道的数量。

先前描述的关于如何评价可靠性的考虑同样适用于这两个指标。

另一种表达频谱效率增益的更一般方式是与不降低 QoS 等级前提下可以额外支持的用户数量相关的。该测量最早由欧洲项目 DRiVE 和 OverDRiVE[8]引入，在一种动态频谱分配机制及其等效静态频谱分配进行比较时，用于发现频谱效率的增加，其数学表示如下

$$\Delta\eta = \left(\frac{\lambda_{\rm DSA}^{98\%} - \lambda_{\rm FSA}^{98\%}}{\lambda_{\rm DSA}^{98\%}}\right) \times 100 \tag{8-20}$$

其中，$\lambda_{\mathrm{DSA}}^{98\%}$ 是动态频谱分配达到98% QoS时以用户/区域/时为单位表示的用户密度，$\lambda_{\mathrm{FSA}}^{98\%}$ 则是静态频谱分配达到98% QoS时的用户密度。

8.2.7 抖动和延迟

在IP网络中，抖动与包延迟的变化相对应。为最小化抖动引入的不良影响，可以采用流媒体缓冲技术。该技术的内在机理是延迟最多的包可以立即执行。因此，对于该技术，处理抖动问题的一个重要方面就是选择合适的缓冲大小使得重配置行为对用户来说是透明的。

另一个方面是底层的可靠性问题，从用户观点看，经常表现为低的吞吐量或者延迟。在无线电层，重配置决策可能导致基于IP的服务延迟数秒。因此，无线网络需要具备在无线通信重新建立前暂存用户数据的能力。尽管如此，在TCP传输层协议中仍会导致TCP传送超时和重传。与此相关的优化算法正引起越来越多的关注。

不同无线接入技术的灵活基站的运行应该是不同的，要与它们各自的限制和功能相符合。典型例子如WCDMA系统，在WCDMA中峰值吞吐量被认为是物理层在完全相同的信号质量条件下可以提供的最大比特速率。WCDMA中的峰值吞吐量由码片速率、扩展码的扩展因子及码速率决定。如同在GPRS、WCDMA的上/下行链路一样，也是非对称的，即与上行链路相比下行链路的带宽更大（消耗的能量是上行链路的一个制约因素）。尽管如此，差异也应该在一定范围内，以避免引入ACK拥塞控制。

8.2.8 阻塞概率

阻塞概率是当用户试图接入系统获取某一服务，如进行语音呼叫，得不到服务的概率。可以如下的形式表示

$$P_{\mathrm{block}}=\frac{Num\_Rejected\_calls}{Num\_Attempted\_calls} \tag{8-21}$$

其中，$Num\_Rejected\_calls$ 是由于接入控制单元内部原因造成的被拒连接的数量，而 $Num\_Attempted\_calls$ 是接收到的连接请求总数。

8.2.9 拥塞概率

当链路需要发送超出其容量的负载时就会造成网络拥塞。由此造成的结果是，服务质量等级下降，总的延迟及阻塞连接的数量增加。为了使拥塞概率尽可能小，需要在上、下行链路独立进行拥塞控制，这是因为上、下行链路负载很可能是非对称的。因此，可以使用两种不同的方法来测量空间接口的负载：第一种是通过接收到的发射带宽来定义负载；而第二种是分配给所有活跃载波的比特速率总和。拥塞概率控制是基于如下3种功能实现的。

① 接入控制：检测一个新的包或电路是否允许接入系统。

② 负载控制：该功能的目标是处理负载超出一定阈值的情形。

③ 数据包调度：确定何时初始化包传送及使用的比特速率。

8.2.10 区域阻塞因子

区域阻塞因子给出一定地理区域内阻塞概率趋势的度量，它包括所有覆盖该区域的RAT的阻塞概率。原则上，区域阻塞因子可以表示为：考虑区域内覆盖的各个RAT的不同阻塞概

率的线性或非线性组合。以下给出区域阻塞因子的一个例子（考虑覆盖相同地区的 GSM 和 UMTS 系统）

$$BlockFactor_{\text{area}} = P_{\text{block,GSM,area}} + P_{\text{block,UMTS,area}} \tag{8-22}$$

网络优化算法可以处理公平性问题。通过引入一些输入参数可以协调重配置行为与公平性考虑。具体地，公平可以由如下输入参数反映。

① 用户描述：根据用户描述，可以配置最小或最大允许的服务质量等级。这种方式可以保证最小的 QoS 并且可用资源以一种公平的方式分配给所有用户。

② 策略：该参数从网络运营商角度反映系统的公平性。它考虑的是各个应用允许配置的 QoS 等级。此外，公平还可以由优化过程中使用的效用函数和目标函数反映出来。

对于尽力而为服务，公平可以通过将用户吞吐量的累积分布函数（CDF）归一化为平均用户吞吐量来评价（也就是说，平均用户吞吐量的值为 1.0）。

定义：当用户吞吐量的归一化累积分布函数在归一化吞吐量边界的右边，则实现了公平标准。图 8-5 所示为用户吞吐量的归一化累积分布函数的允许区域，可以看到吞吐量边界由三点（0.1,0.1）、（0.2,0.2）和（0.5,0.5）确定。

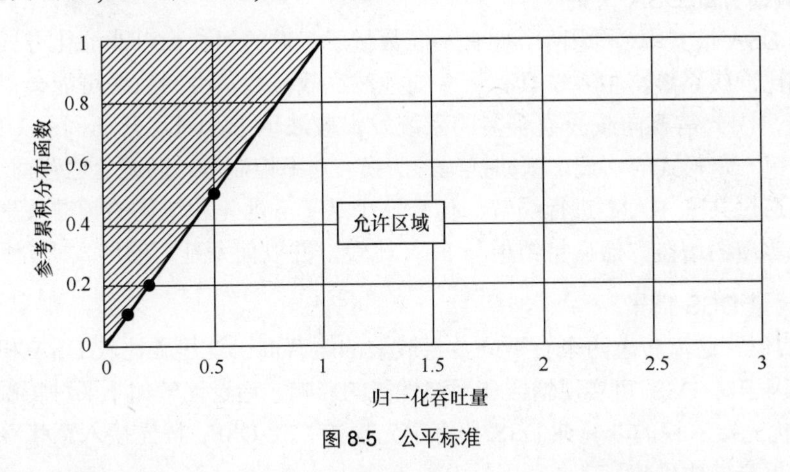

图 8-5　公平标准

点（0.1,0.1）指的是至少 90%的用户要拥有 10%以上的平均用户吞吐量。点（0.2,0.2）、（0.5,0.5）也可以类似的方式理解。

8.2.11　消耗评价及网络效益

可以预测在未来无线通信系统中，会出现不同 RAT 和运营商共存，导致复杂的异构无线环境，因此需要根据负载动态平衡无线、网络和频谱资源。而且，我们很容易达成这样的共识：频谱的稀缺不仅仅是因为频谱的过度使用，同时也与频谱的低效利用相关。共存于同一地理区域的多个运营商如果以一种贪婪的方式获取资源，可能对其他运营商造成重大干扰，需要采用一种更加动态的频谱分配制度。因此，频谱动态使用一方面可以增加频谱效率，另一方面为处理网络间的合作和竞争关系提供了一种解决办法。解决这样的问题有两种主要途径：动态频谱分配和动态频谱选择（DSS，Dynamic Spectrum Selection），DSA 是指网络根据业务需求变化集中式地分配频谱。DSS 则是一种非集中的方法，用户终端使用认知或结合网络协助确定频谱。上述优化方法的实际开销会影响通过认知频谱接入和资源分配实现的网络整体效益，并且网络总收益同这些开销的关系是可以计算的。

1．DSA/DSS 机制的消耗评价解决办法

研究目标：UMTS 扩展频带（2 500～2 690MHz）下均采用两个运营商和单个 RAT 的 DSA 和 DSS。每个运营商拥有独立的授权无线频谱和核心网络。在 DSA 的情况下假设两个运营商有各自的核心网络但共用同一 RNC。另外，假设两个运营商可以有相同或不同数量的具有相同峰时但不同峰值负载的载波，这样可以实现一定的共享增益。DSS 以分散的方式实现频谱选择：终端进行决策，无论是单纯通过独立的认知无线电机制或者结合来自网络的有限帮助。这种方法所需要的网络间的协作较少，缓解了频谱管理的负担，并且在一定程度上可以将负担转移到终端。

本研究表明使用任一技术网络容量都会增加，即使对于具有很高相关性的每日运行负载及有相似或不同峰值负载的高峰时间段。优化过程无论从收益或者容纳更多载波的能力来看，对两个运营商都是有益的。通过对一系列不同 DSA 和 DSS 协议和场景进行仿真，评估提议的简明协议，可以提供更复杂优化机制可能产生的开销等级的说明。

2．动态频谱分配 DSA 情景

在假定的 DSA 情景中，考虑两个拥有不同数量子载波的运营商以非池化方式共存于同一地理区域。相比次级系统，主系统具有更多的载波。载波数量少的系统可能会在高需求量时耗尽系统容量，因此需要向载波数量多的系统发出载波请求。对运营商间的 UMTS 频谱共享，有必要进行一定形式的协调，例如扰码、切换、功率控制等，以避免运营商之间的干扰，这个问题可以通过共享 RAN 进行缓解。仿真一个基于非池化和池化的频谱共享算法，提供频谱共享所能实现的增益。然后将结果与 FSA 比较，并以信令延迟的形式研究算法开销。

3．动态频谱 DSS 情景

与 DSA 相似，这里考虑两个有不同数量载波的运营商。这里要比较 DSA 和 FSA 方案，研究各种影响因子对 DSS 可实现增益和网络性能的影响。通过比较如下两种情况来考虑礼让的影响：具有优先接入权的非礼让 DSS 和有优先权的礼让 DSS。优先接入意味着主用户相比次级用户具有更高的优先权。

在非礼让的 DSS 中，终端通过 BCH 获取关于网络存在的信息，然后向所在网络发送接入请求信息，以激活一次呼叫。如果运营商支持此次呼叫，则返回一个准许接入信息，终端建立呼叫，通信开始。如果运营商不能提供此次呼叫，则终端向在本区域内活动的其他运营商发送接入请求信息。该过程会一直持续直到终端建立呼叫或者所有的请求都被拒绝。在礼让的 DSS 中，网络为自身用户设置优先权，也就是说，如果有两个用户同时到达网络但网络只能提供一个用户的容量，则网络优先服务主用户并拒绝次级用户。与非礼让 DSS 不同的是当网络接收到一次呼叫，无论来自主用户或者次级用户，它一定要向用户提供服务，直到用户终止呼叫。

在 UMTS 环境中考虑两种不同的情景以研究所建议的 DSS 情景的性能：在第一种情景中，两个运营商峰值时间相距 30min，因此业务的时域区别是选择性使用的目标。第二种情况是最坏的情况，两个运营商有完全相关的业务情况并且在忙时有相似的呼叫到达速率。使用此情况的基础是有一些可以被终端使用的即时机会并因此增加了容量和服务质量。比较动态接入和 FSA 并评估算法的开销是需要研究的内容。

4. 网络效益

与实际的开销评估、了解优化的动态无线频谱接入的实际花费相类似，改善运营商的网络收益总是主要目标之一。这也适用于在多运营商环境下的特殊动态频谱管理（DSM，Dynamic Spectrum Management）。这些增益可以表示为“网络效益”。

网络效益参数是指一种无线接入技术运营商在一定时间段内获得的收益。在这种情况下，DSM可以视为不同RAT之间的动态频谱交换。在频谱交易中，需要租用频谱的RAT被称作租借RAT，而由于低运行负载而可以分享频谱的RAT被称为出租RAT。租借RAT和出租RAT都可以从频谱交易中获取效益。网络效益增加的同时，频谱使用和服务满意度也得到了改善。

假设DSM的时间段是T，则网络效益参数可以表示如下

$$P_{\mathrm{RAT}} = P_{\mathrm{Serv}} + P_{\mathrm{DSMLease}} - P_{\mathrm{DSMRent}} \tag{8-23}$$

其中，P_{serv}是网络在时间段T内通过向用户提供服务获得的全部收益，P_{DSMLease}是网络运营商通过从其他RAT租用频谱获取的收益，P_{DSMRent}是网络在DSM期间从其他网络运营商租借频谱的总支出效益。

8.3　服务性能评估

本节介绍衡量网络在服务提供方面满足用户期望程度的关键性能指标。

8.3.1　满意概率

满意概率是服务质量的关键性能指标，定义为系统在给定时间范围内平均吞吐量大于阈值T_{th}的概率，T_{th}也叫做基于帧的典型数据服务满意吞吐量。平均满意概率$P^{T_{\mathrm{th}}}$可以定义如下

$$P^{T_{\mathrm{th}}} = \frac{1}{\Gamma}\frac{1}{U}\sum_{t=1}^{\Gamma}\sum_{m\in U}\theta_m^{T_{\mathrm{th}}}(t) \tag{8-24}$$

其中，T_{th}是用户满意吞吐量，Γ是观测时间段内帧的总数，U是用户总数，$\theta_m^{T_{\mathrm{th}}}(t)$是对应第$m$个用户和第$t$个帧的满意指标，定义为

$$\theta_m^{T_{\mathrm{th}}}(t) = \begin{cases} 1, th_m(t) > T_{\mathrm{th}} \\ 0, th_m(t) < T_{\mathrm{th}} \end{cases} \tag{8-25}$$

8.3.2　延迟

延迟反映了从源端转移一定数量的数据信息到其指定目标所需要的时间。根据具体目标的不同可以测量不同层次的延迟（例如，当考虑将其他通信端作为目标时是端到端延迟，当考虑将基站作为目标时是无线接口延迟）。这种度量对于延迟敏感的服务如音视频会议等是非常重要的。平均值附近的典型偏离即抖动，也是很重要的。

8.3.3　用户吞吐量

用户吞吐量以比特/秒为单位测量允许用户使用的容量。

8.3.4 中断概率

中断概率是给定接收机测量到的信噪比和干扰率低于特定阈值的概率。

8.3.5 效用

效用容量可用于反映用户对传送服务的满意度。用户满意度取决于用户接受到的服务质量等级。在 OFDMA 系统中，服务质量等级由分配给每个应用的子载波数量和每个子载波调制类型确定。另一方面，在 CDMA 系统中目标服务质量等级也是必要的，用以计算每个会话的负载因子。在任何情况下，在给定可实现的服务质量等级的情况下，可以从若干反映用户满意度的效用函数 $U(q)$计算出效用容量。考虑到先前章节中描述的重配置开销，效用可以用优化过程中的目标效用估计。表 8-1 给出了文献[9]中所使用的效用容量，以指数形式增强了服务质量等级。

表 8-1　使用容量估计

kbit/s	服务质量等级	效用函数= 2^q
32	1	2
64	2	4
128	3	8
156	4	16

8.4 算法性能评估

8.4.1 收敛性

认知管理系统的目标是处理耗时的优化算法引入的复杂度问题。这种基于学习技术的管理算法，结合考虑系统过去与网络环境的交互获取的知识和经验，使得管理系统可以更快、更可靠地做出决策。利用 CMA（Circumstance Matching Algorithm）[10]，管理系统不仅能够从过去执行的优化进行学习，还能够识别相同或者相似的环境参数（流量、移动性、干扰），跳过优化步骤应用已知的决策。具体地，CMA 所基于的理念解释如下。

在一个时间段内（例如，一周）可以从管理系统的监测程序提取一些环境。每个环境可能发生数次，因此每个环境存在对应的出现概率。CMA 的使用使得每个环境只在第一次出现时进行优化，并且优化获取的环境参数及相应的解决办法会得到存储，以供未来调用。当捕获一个新的环境时，CMA 可以识别该环境是否与一个已经优化过的环境相同或相似。在这种情况下，相应的解决办法可以跳过耗费时间的优化步骤而直接获得。在无匹配的情况下优化程序被触发，新环境及其解决办法得到存储以供未来调用。

8.4.2 最优化

最优化度量的目标是计算一个策略或者算法提供的解决办法有多少次能够接近最优值，尤其是当问题的最优解决办法不能在指数时间范围内由决策机计算得出，即问题是一个不确定的指数非线性问题[11]时。显然，估算一个非线性问题算法的优化程度只对简单问题是可行的，对于缩减的问题，获取最优解决办法同测试条件下算法给出的解决办法相比较仍然是可行的，这在更复杂的场景中足以评估提议策略或者算法的趋势。

众所周知，在蜂窝网络频谱分配的特定场景，这是一个 NP-hard 问题。如果必须要将 N 个频率分配给 K 个小区，则要对 2^{NK} 种可能的解决方案进行评估或者仿真以获取参考的解决方案列表及它们的性能度量，进而得到提供最佳性能的解决办法。接着就需要一个可以量化建议方案与最优方案的差距的度量。优化区间 $C_{(x,y]}$ 定义为性能在 $[xP_{\max}, yP_{\max})$ 的参考解决方案的集合，其中 $\boldsymbol{P}_{\max}$ 是可获取的最佳性能，$x, y \in [0,1]$ 且 $x < y$ 。最后，测试算法的优化程度可估计为性能属于最后一个优化区间 $C_{(x,1]}$ 的解决方案的数量，这里 x 代表信心百分比。

CMA 基于管理系统的先前经验，为具有同过去相同或相似环境参数的未来环境提供决策。当前从服务区域捕获的环境表示为 cc（current content），而 CMA 为检查自身功能，需要比较 cc 同某一参考环境的距离，该参考环境表示为 rc（reference context）。CMA 使用整体距离函数评估 cc 和 rc 之间的距离。如果总距离为 0，意味着 cc 和 rc 的环境信息是完全一致的。因此，提取 rc 的解决办法是最优的，它具有同优化过程相同的决策。正如已经提到的，CMA 能够识别过去已经处理并优化过的相同或者相似的环境。如果不存在到 cc 的总距离等于 0 的 rc，CMA 将努力找到大于零的最小可能总距离。结果产生同 cc 总距离最近的可能 rc，而不是最优化的。在这种情况下，管理系统不能提供触发优化程序产生的最佳的可能解决办法。

为了处理这个问题，CMA 在算法过程中同时考虑若干阈值以提供一种调整机制，用以选择合适的 rc 及其对应可运用于 cc 的解决办法。如下是 3 种反映 cc 和 rc 之间所允许差距的阈值：

① 总会话数量；

② 每种服务的会话数量；

③ 会话分布的欧式距离。

对允许差距阈值的适当调整可以选择出最合理的解决办法。显然，阈值大，则 CMA 提供的解决办法将大幅度偏离最优解决办法；阈值小，意味着 cc 和 rc 之间能够容忍的差距是很严格的，因而 CMA 提供的解决办法接近于最优解决办法。如果有一个或者更多的差距高于这些门限值，CMA 认为捕获的环境是未知的并触发优化程序。

8.4.3　重配置开销

当优化程序产生若干具有相同或者近似网络性能的候选解决办法时，我们偏向于采用重配置需求最少的解决办法。因此，我们为那些固件下载及安装较少或涉及网元的信令开销较少的解决办法赋予优先级。显然，要确定重配置最少的解决办法需要了解网络的先前状态。

下面区分某一指定重配置行为发送信息导致网络从状态 n 向状态 n+1 转换产生的 3 类可能开销。假定的各个类型开销的和构成了总的重配置开销，并且各类开销均可划分为基站侧开销或者用户终端侧开销。

1．基站侧

C_r：网络从状态 n 向状态 n+1 转换时，改变运营 RAT 的基站收发器的数量。

2．用户终端侧

① C_R：网络从状态 n 向状态 n+1 转换时，需改变服务 RAT 的用户终端数。

② C_Q：网络从状态 n 向状态 n+1 转换时，用户终端服务质量等级增加/减少的阶数。

总的重配置开销是上述 3 种开销贡献组件的加权和，可由以下关系描述

$$C_{\text{reconf}}(n \to n+1) = \omega_1 \cdot C_T + \omega_2 \cdot C_R + \omega_3 \cdot C_Q \tag{8-26}$$

其中，ω_1、ω_2、ω_3是实值权重，可以根据网络运营商为每种类型的开销具体赋予的重要性进行适当调整。

8.4.4 主动计划的无线资源

每个 RAT、每小区计划的无线资源数量代表计划假设和限制（例如，流量或者干扰）条件下，频率、扩展码或者任何需要在逐个小区基础上激活的无线资源的数量。当在网络中使用动态计划功能和算法时，每个区间主动计划的无线资源会是这些功能和算法行为正确与否的反馈。举个例子，考虑一个高负载条件下的热点区域，重配置算法将努力降低阻塞概率，使之低于特定阈值，因而，我们希望能够增加该区域主动计划的无线资源数量以确保降低阻塞概率。相反地，考虑一个低负载的不同区域，重配置算法在保持阻塞概率低于一定阈值条件下，尽可能多地释放无线资源，也就是说，我们期望该区域主动计划的无线资源数量减少。

参考文献

［1］ E3 Deliverable D3.2. Algorithms and KPIs for Collaborative Cognitive Resource Management.

［2］ G. Song and Y. (G.) Li. Cross-layer optimization for OFDM wireless networks—Part I: Theoretical Framework. IEEE Trans. Wireless Commun., vol. 4, no. 2, pp. 614-624, April. 2005.

［3］ Third (3rd) Generation Partnership Project (3GPP), Web site, www.3gpp.org, 2008.

［4］ Institute of Electrical and Electronics Engineers (IEEE), 802 standards, www.ieee802.org, 2008.

［5］ WiMAX Forum, www.wimaxforum.org, 2008.

［6］ J. Nasreddine, J. Pérez-Romero, O. Sallent, R. Agustí. A primary spectrum management solution facilitating secondary usage exploitation. 17th ICT mobile and wireless communications summit, Stockholm, Sweden, 2008.

［7］ T. Kamakaris, M. M. Buddhikot, R. Iyer. A Case for Coordinated Dynamic Spectrum Access in Cellular Networks. DySPAN 2005 Conference, Baltimore, Maryland USA, November 2005.

［8］ E2R II Deliverable D6.2. Cognitive Networks: Final Report on Internal Milestones, White Papers and Contributions to Dissemination, Regulation and Standardisation Bodies. December 2007

［9］ IST-2001-35125 Spectrum Efficient Uni- and Multicast Services over Dynamic Multi-Radio Networks in Vehicular Environments (OverDRiVE) Project, http://www.ist-overdrive.org.

［10］ K. Tsagkaris, G. Dimitrakopoulos, A. Saatsakis, P. Demestichas. Distributed radio access technology selection for adaptive networks in high-Speed, B3G infrastructures. Int. J. of Commun. Syst., Wiley, Vol. 20, Issue 8, pp 969-992, August 2007.

［11］ E^3 Deliverable D2.1. SysScenariosUseCasesAssessment [1.1]. 2008-06-27.

［12］ 3rd Generation Partnership Project (3GPP), TS 36.213 v8.3.0. F Physical layer procedures. Release 8, 2008.

第9章 基于CR技术的标准化

随着认知无线电技术的发展，国际和国内各个标准化组织和行业联盟也纷纷开展相关的研究，并且开始着手制定认知无线电的标准和协议。

本章将简述不同的标准化组织在CR技术上相关工作的进展，这些组织包括ITU、AWF、IEEE SCC41、IEEE 802.22、ETSI、软件无线电论坛（software defined radio forum）和中国通信标准化协会（CCSA）。

9.1 ITU-R

ITU（国际电联）是主管信息通信技术事务的联合国机构。国际电联总部设于瑞士日内瓦，其成员包括191个成员国和700多个部门成员及部门准成员。国际电联由3个部门组成，IUT-R（无线电通信）、ITU-T（标准化）和ITU-D（发展）。

CR技术目前在ITU-R进行研究。早在2007年，ITU-R的最高级别会议——世界无线电大会（WRC，World Radio Conference）就确定了关于软件无线电和认知无线电的议题，议题编号为1.19，其具体内容是："根据第956号决议（WRC-07）在ITU-R研究结果的基础上，考虑为方便引入软件无线电和认知无线电系统所需采取的规则措施及其相关性"。

956号决议（WRC-07）：引入软件无线电和认知无线电系统后采取的无线电规则措施及其相关性。在956号决议中，要求ITU-R的研究组研究以下内容：

① 研究是否需要采取与认知无线电系统技术应用相关的规则措施；

② 研究是否需要采取与软件无线电应用相关的规则措施。

在WRC07大会随后举行的世界无线电大会筹备会议CPM12-01上，将该议题分配到工作组WP 1B完成，其他参加的研究组包括：工作组SG3（Stduying Group 3）、WP 4A、WP 4C、WP 5A、WP 6A、WP 7D、WP 5B、WP 5C、WP 6C、WP 7B和WP 7C研究组。

针对WRC07 1.19议题以及无线电通信全会RA会议的要求，ITU-R属下的研究组对CR开展了广泛的研究。其中尤以WP 1B、WP 5A、WP 5D的研究最为重要，下文将主要介绍这3个工作组的CR相关的研究进展情况。

9.1.1 WP 1B

WP 1B工作组负责ITU关于频谱管理方法和经济战略的研究。由于WP 1B工作组本身并不是CR技术的研究工作组，因此该工作组实际上在ITU属于纯粹的领导工作组，其工作组的输入多数来自其他工作组的联络函输入以及关心 WRC12 1.19 议题的 ITU 各个成员国的文稿输入。

WP 1B 为了研究 WRC12 1.19 议题专门成立了 WP 1B2 工作组，由来自美国的.Conner 先生任主席。到最近的 2010 年 6 月会议为止，完成了两项重要工作：CRS 的定义工作和 WRC12 1.19 议题的 CPM 报告文本的起草工作。

1．CRS（Cognitive Radio System）的定义

在 ITU 起草 CRS 的统一定义之前，存在着多个 CRS 的定义版本，包括 IEEE、软件无线电论坛等组织都有自己的关于 CRS 的定义。

ITU 根据在 ITU-R 决议 35-2“包括术语和定义在内的词汇组织工作”的“决定 6”中指出“如果有多于一个 ITU 无线电通信研究组在定义相同的术语和/或定义，则必须采取行动选择一个所有的 ITU 研究组都可以接受的单一的一个定义和单一的词汇”的要求，向各个成员国和标准化组织征集 CRS 的定义。最终经过详细和认真的讨论给出了一个各方认可的 CRS 定义，并将其写入了 ITU-R 新的报告书 ITU-R SM.2152 中。

认知无线电系统的定义如下所述。

“使用以下技术的无线电系统：允许系统获取周围的工作和地理环境信息，已建立的通信策略及其内部状态；依据获取的信息，动态和自主地调整工作参数和协议来实现预定的目标；并根据获取的结果来自我学习。”

2．CPM 报告文本起草

对于 WRC12 大会议题最重要的一项工作就是要在 CPM 大会指定的日期前完成 CPM 报告文本的起草工作，并提交 CPM 大会讨论。由于 CPM 报告的内容将直接对 WRC12 大会上参会的 ITU 成员国的观点产生影响，并会影响该项议题的 WRC 最终结果，因此 CPM 报告的起草工作异常重要。针对 CPM 报告文本的起草，各国提交的文稿很多，对于 CPM 文本逐字逐句的进行讨论，会上的争论也异常激烈。

CPM 报告的章节分为摘要、背景、技术和可操作性研究及相关 ITU-R 建议、研究结果分析、议题满足方法、规则和程序建议。其中最重要的两个章节是议题满足方法以及规则和程序建议。

对于不同的满足方法，各个成员国均有自己不同的观点，我国也正积极对该议题开展研究工作，并对 CPM 报告和其他区域性组织的观点进行分析和研究，在 CPM 大会之前形成我国的议题观点。

9.1.2 WP 5A

1．背景

WP 5A 是 RA07 之后综合了原 SG8 WP 8A 和 SG9 的部分职能成立的新的工作组，其研究内容涉及业余和业余卫星业务，无线接入包括无线局域网、公共减灾和安全、集群、与无线接入业务相关的干扰与共享以及新的技术和系统的研究。WP 5A 是 ITU-R 中研究 CRS 的最主要的工作组。

在 2007 年 6 月于日内瓦举行的 ITU-R WP 8A 会议上，会议提出了开展认知无线电的研究的要求，并形成了“问题”文本提交给 SG8，后被 SG8 批准，并被 RA07 审核通过，成为

新的"问题241-1/8"。在RA07工作改组后，该问题更新为"问题241-1/5"。

现把该问题所涉及的具体内容列在下面：ITU-R 第 241-1/5 号课题"移动业务中的认知无线电系统"。

（1）考虑的因素

① 移动无线电系统在全球的应用日益普及；

② 更有效地利用频谱对此类系统的持续发展至关重要；

③ 认知无线电系统可促进在移动无线电系统中更有效地利用频谱；

④ 认知无线电系统可在移动无线电系统中提供功能和操作方面的多样性和灵活性；

⑤ 目前正在针对认知无线电系统和相关的无线电技术进行大量的研发工作；

⑥ 认知无线电系统的实施可能包含技术和规则问题，确定其技术和操作特性是有益处的；

⑦ 有关认知无线电系统的报告和/或建议书可作为关于移动无线电系统的其他ITU-R建议书的补充。

（2）注意的因素

存在与认知无线电系统的控制相关网络问题。

（3）综合以上因素，应对以下课题予以研究

① 国际电联对认知无线电系统是怎样定义的？

② 在此方面有哪些密切相关的无线电技术（如智能无线电、可重新配置的无线电、由政策定义的适应性无线电及其相关的控制机制）？此类技术具备哪些可能构成认知无线电系统的功能？

③ 哪些重要的技术特性、要求、性能和好处与认知无线电系统的实施相关？

④ 认知无线电系统有哪些潜在应用？对频谱管理有哪些影响？

⑤ 认知无线电系统在操作方面有哪些影响（包括隐私和鉴权问题）？

⑥ 哪些认知能力可促进与移动业务和其他无线电通信业务（如广播、卫星移动或固定业务）中的现有系统共存？

⑦ 为实施认知无线电系统，并确保与其他用户共存，可使用哪些频谱共用技术？

⑧ 认知无线电系统如何才能推动对无线电资源的有效利用？

（4）进一步的计划

① 应将上述研究结果纳入一种或多种建议书、报告或手册中；

② 以上研究应在2010年之前完成。

在新的问题得到RA批准后，SG8 WP 8A及后续的WP 5A即开始了CRS相关技术的研究。其取得的主要成果为：统一了CR定义，并提交WP 1B，最终通过了SG1的审核。正在进行的工作是编辑ITU-R报告书草案（移动业务中的认知无线电系统），预期在2010年之前完成ITU-R报告，解决陆地移动服务中认知无线系统的定义、描述和应用。

2．议事历程

2008年2月，ITU-R WP 5A的第一次会议在日内瓦举行，针对ITU-R 241/8问题贡献解决方案，其中，贡献一：基于CPC概念，对认知无线电定义进行修正，使得两者具有更紧密的契合度；贡献二：为CRS相关的工作文档主体，提供认知网络的描述。

2008年10月28日到11月6日，WP 5A第二次会议在日内瓦举行。WP 5A已经开始开发WRC-11议事项目1.23的工作文档；本次会议继续针对241/8问题贡献解决方案。

2009年7月，WP 5A召开第3次会议，通过该会议，引入WP 1B关于CRS的定义，使得CRS定义走向成熟。

本次会议的一个里程碑是引入认知循环，辅助CRS描述；通过认知循环，提取CRS的3大关键特征：获取环境操作地理信息；设定CRS的策略和内部状态；根据获取的知识动态调整其操作参数和协议，并从中学习。此外，本次会议针对CRS与SDR的相关性进行讨论；提出栅格认知网络——利用栅格拓扑，实现控制平面由局部走向集中的管理，实现异构网络的融合；加固认知网络实现的安全体系。

2009年11月23日到12月2日，WP 5A召开第4次会议，基于已有研究成果，继续面向问题241/5提供解决方案。

到最新的一次2010年5月10日到5月19日在瑞士日内瓦举行的ITU-R WP 5A会议上，陆地移动业务中的认知无线电系统报告书取得了突破性进展，这是WP 5A召开的第5次会议。

"移动业务中的认知无线电系统"报告书是目前为止ITU-R第一个关于CR技术的报告书，各个成员国和各标准化组织都非常重视，提交文稿，力争将自己的研究成果加入报告书中，取得国际CR标准化工作的主动权。其具体的讨论是由WP 5A下的WG5工作组负责的，工作组的主席是来自日本的Hitoshi Yoshino。

第5次会议经过艰苦的讨论，确定了最新的报告书结构，如下所示：

1 范围
2 简介
3 相关文档
  3.1 ITU-R建议
  3.2 ITU-R报告
  3.3 其他参考文件
4 定义和术语
  4.1 CRS定义
  4.2 术语
  4.3 缩写
5 CRS系统的一般性描述
  5.1 技术参数和能力
    5.1.1 信息获取
      5.1.1.1 信息获取方法
        5.1.1.1.1 从CRS系统组件中收集信息
        5.1.1.1.2 地理位置
        5.1.1.1.3 频谱感知
        5.1.1.1.4 数据库接入
        5.1.1.1.5 无线信道监听
    5.1.2 操作参数和协议的调整和决定

5.1.2.1 决策和调整方法
5.1.3 学习
5.1.4 CRS概念小结
5.2 潜在的优点
5.2.1 提升频谱使用效率
5.2.2 更高灵活性
5.2.3 潜在的新移动通信应用
5.3 技术挑战和事项
6 CRS系统的应用场景和方案
6.1 应用场景
6.1.1 单一运营商使用CRS技术提升频谱资源利用率
6.1.2 多运营商使用CRS共享频谱
6.1.3 使用CRS进行机会频谱接入
6.1.4 使用CRS指导终端和多无线电系统间的连接重构
6.1.5 使用CRS进行公用陆地移动通信和专用通信网络的合作
6.2 潜在应用
6.2.1 认知网络
6.2.1.1 认知网络概念
6.2.1.2 认知网络的主要特征
6.2.2 认知无线电系统的机会应用
6.2.2.1 TV广播频段的“频谱空洞”
6.2.2.2 在无线接入系统中动态频谱接入的增强
6.2.2.3 通用性
6.3 操作技术
6.3.1 信息获取
6.3.1.1 信道监听
6.3.1.1.1 认知控制信道（CCC，Cognitive Control Channel）
6.3.1.1.2 认知导频信道（CPC，Cognitive Pilot Channel）
6.3.1.1.2.1 CPC操作程序
6.3.1.1.2.2 CPC的主要功能
6.3.1.1.3 无线信道监听的挑战
6.3.1.2 频谱感知
6.3.1.2.1 频谱感知方法
6.3.1.2.2 频谱感知中的性能指示
6.3.1.2.3 频谱感知的挑战
6.3.1.3 数据库
6.3.1.3.1 频谱信息数据库
6.3.1.3.2 多维感知数据库
6.3.1.3.3 数据库接入的挑战

6.3.2　决策和调整

6.3.2.1　决策准则

6.3.2.2　集中式决策

6.3.2.3　分布式决策

6.3.2.4　重构基站管理

6.3.2.5　基于 SDR 重构的调整方法

6.3.2.6　基于重构的调整方法

6.3.3　学习

6.3.4　复合技术

7　共存

7.1　与现有无线电系统的共存

7.2　CR 系统间的共存

8　结论

附件 A　与 CRS 紧密相关的无线电技术

A.1　软件无线电

A.2　重构无线电（Reconfigurable Radio）

A.3　策略无线电（Policy-based Radio）

A.4　智能天线

A.5　动态频谱选择

A.6　自适应系统

A.7　CPC 应用举例

A.7.1 地理信息组织

A.7.1.1　Mesh 方案

A.7.1.2　覆盖区方案

A.7.2　分步方案

A.7.3　带内和带外特征

附件 B　SDR 和 CRS 的关系

附件 C　CRS 使用举例

C.1　认知 Mesh 网络

C.2　设备间和系统间切换

C.3　运营商多链路切换

C.4　移动无线路由器

C.5　三个无线系统间的网络配置

其次是经过讨论，基本确定了各章节下的具体内容，按照 WP 5A 的计划将在下次会议上最终完成该报告，时间为 2010 年 11 月 8 日～11 月 19 日

我国依托国内科学研究成果，在最近的两次 WP5A 会议共有 50 余篇国内文稿计划提交 ITU-R，由于文稿数量多，技术点多，因此国内组织会议对提交的文稿进行遴选和融合后提交国际文稿 14 篇，多数文稿和技术观点均被 ITU 采纳，写入了“移动业务中的认知无线电系统”报告书中。

9.1.3　WP 5D

1．背景

WP 5D 的前身是 SG8 WP 8F 工作组，专注于 IMT（国际运动通信）技术的研究。在 WP 5A 研究 CRS 过程中，将研究情况的联络函发给 WP 5D，在 WP 5D 会议上，会议代表建议就 IMT 领域的 CRS 技术进行研究。

在最初的讨论中，会议代表认为应当按照 SDR 报告的研究思路，将研究结果提交 WP 5A，由 WP 5A 将 IMT 部分加入 CRS 报告中。但随着讨论的进行，会议代表希望能起草新的关于 IMT 的 CRS 报告书，并制定了相应的工作计划。

2．最新进展

2010 年 6 月 9 日到 16 日，WP 5D 第 8 次会议在越南岘港召开。会议共收到有关 CRS 的提案 6 篇，分别是：5D/696（WP 5A）、5D/700（美国）、5D/747（Wimax Forum）、5D/752（法国）、5D/767（中兴、大唐）和 5D/778（巴西）。会议讨论的重点是认知无线电在 IMT 系统中应用场景部分。会议最终以 Editor Notes 的方式表示希望今后可以收到其他场景的提案以供讨论。会议还根据提案，对该报告中其他章节如 CRS 在 IMT 系统中的描述及影响、性能评估及指标等进行了更新，由于该部分目前还并没有具体内容，均为概括性较高的条目，所以较为顺利的讨论通过。

9.2　IEEE

9.2.1　IEEE 802.11h 标准

从表面上看，IEEE 802.11h 似乎不是有关认知无线电的标准。但是，802.11h 协议中的一个关键内容：动态频谱选择实际上已经属于认知无线电的范畴。IEEE 802.11h 为“无线局域网媒体接入控制和物理层规范，欧洲 5GHz 频段频谱和发射功率管理扩展”协议，其修改了 IEEE 802.11a 物理层标准，增强了 5GHz 频段的网络管理、频谱控制和传输功率管理功能，提高了信道能量测量和报告、多个管理域的信道覆盖、动态信道选择和传输功率控制机制，及其在协议中的一些定义和术语。

9.2.2　IEEE 802.11y 标准

IEEE 802.11y 是 802.11 协议簇中基于竞争的协议，主要制定标准化的干扰避免机制，同时方便今后新频段的应用，其应用频段主要是 2005 年 7 月 FCC 向公众应用开放的原来用于卫星服务网络的 3.65～3.7 GHz 频段，为该频段的宽带无线业务分配提供补充和改善。

2006 年 11 月的会议上，将原 802.11y 草案 0.02 重新命名为 P802.11y 草案 1.0。

9.2.3　IEEE 802.16h 标准

1999 年，IEEE 成立了 802.16 工作组专门开发宽带固定无线技术标准（WiMAX），目标就是要建立一个全球统一的宽带无线接入标准。但是，随着 802.16 系列规范的不断制订和完善，频谱资源问题成为制约技术发展的关键问题，为此，2004 年 12 月，专门成立了致力于解决共存问题的 802.16h 工作组，利用认知无线电技术使 802.16 系列标准可以在免授权频段获得应用，并降低对其他基于 IEEE 802.16 免授权频段服务用户的干扰。同月，IEEE 802.16h 工作组公开征集提案，主要针对 802.16h 规范涉及的具体方面、新系统对授权用户产生的冲突影响、802.16 不同 PHY 层模式下的共存机制、802.16-2004 标准中现有的免授权频段服务支持以及 802.16h 标准制定的主要目标等。2005 年 1 月，确定了 IEEE 802.16h 标准的具体涉及内容，其主要思路是在 IEEE 802.16 制定的 QoS 要求下，让多个系统共用资源。目前公布的最新版本为 2006 年 8 月的版本。

IEEE 802.16h 标准由免授权任务组（License-Exempt Task Group）所制定，致力于改进诸如策略和媒介接入控制等机制，以确保基于 IEEE 802.16 的免授权系统之间的共存，以及与授权用户系统之间的共存。

9.2.4 IEEE 802.22 标准

2004 年 11 月，IEEE 正式成立了 IEEE 802.22 工作组，这是第一个世界范围的基于认知无线电技术的空中接口标准化组织。该工作组目的是利用认知无线电技术将分配给电视广播的 VHF/UHF 频带用作宽带接入。IEEE 802.22 也被称为无线区域网络（WRAN，Wireless Regional Area Network），系统工作于 54～862MHz 的 VHF/UHF 频段上未使用的 TV 信道，工作模式为点到多点，可自动检测空闲的频段资源并加以使用，因此可与电视、无线麦克风等已有设备共存。利用 WRAN 设备的这种特征可向低人口密度地区提供类似于城区所得到的宽带服务。

2006 年 5 月的 802.22 工作组会议上，飞利浦、摩托罗拉、三星、华为等公司的物理/MAC 提案合为一体，加速了 802.22 标准化进程。工作组除了制定基本的物理层/MAC 层标准外，还有任务组 1 负责制定加强保护小功率授权设备的 802.22.1 标准，任务组 2 负责制定工程实施标准 802.22.2，sensing tiger team 负责提出对各种 TV 授权系统的感知方案，geolocation/database tiger team 负责提出确定 802.22 基站、CPE 以及授权系统的地理位置并建立数据库的方案。2006 年 12 月，802.22 工作组通过 D1.0 标准草案。

为了与 TV 频道的授权用户共存，802.22 系统的物理层和 MAC 层协议应该允许基站根据感知结果，动态调整系统的功率或者工作频率，还应包括降噪机制，从而避免对 TV 频道的授权用户造成干扰。现有的 IEEE 802.22 标准提案对空中接口进行了规范，包括 PHY 层与 MAC 层的规范，MAC 层和物理层协议栈对于所有被支持的服务都是相同的。

根据 IEEE 802.22 标准提案，物理层可细分为一个会聚子层和一个物理媒体相关（PMD，Physical Media Dependant）子层，PMD 是物理层的主要部分，而汇聚子层能自适应映射 MAC 层的特定需要到通用的 PMD 服务，IEEE 802.22 协议在 PHY 层上增加了频谱感知功能，通过本地频谱感知技术以及分布式检测等方法，来可靠地感知某时刻、某地区的电视频段中各子信道是否被授权的电视信号（ATSC、DVB-T、DMB-T 等制式）占用，以使得认知用户能够在对授权用户系统不造成干扰的情况下接入空闲的电视频段，充分利用有限的频谱资源；而 MAC 层的协议设计不同于以往，除提供媒介接入控制等传统业务能力，还以共存为主要目的，为与授权用户共存和保护授权用户提供了丰富的手段，并且引入了一个新颖的共存信标协议（CBP，Coexistence Beacon Protocol）来使得那些具有重叠覆盖区域的 802.22 基站可以协作和有效地分享宝贵的频谱资源。另外，还提供了信道管理和测量功能，这使得 MAC 层在频谱管理上更加灵活和有效。

9.2.5　IEEE SCC41

IEEE 标准协商委员会（IEEE SCC41，IEEE Standards Coordinating Committee 41）致力于建立与下一代无线通信技术和高级频谱管理技术相关的新技术标准，如动态频谱接入、认知无线电、无线系统协调、高级频谱管理、干扰管理以及下一代无线电系统的策略原语。其前身是 IEEE 1900 标准委员会，1900 是由 IEEE 通信学会和 IEEE 电磁兼容学会于 2005 年第一季度建立的。在 2007 年 3 月 22 日，IEEE 决定对 1900 进行改组，成立新的 SCC41“动态频谱接入网”，原 1900 的各个工作组直接划归 SCC41 继续工作。目前，SCC41 有 6 个工作组：1900.1、1900.2、1900.3、1900.4、1900.5 以及 1900.6，各个工作组的职能如下：

1900.1 工作组：此工作组的任务是解释和定义有关下一代无线电系统和频谱管理的术语和概念，如认知无线电、软件无线电、动态频谱接入网等。由于与下一代无线电系统和频谱管理有关的术语和概念使用比较混乱，各个标准组织、学术组织对相同的术语或概念的定义往往并不完全一致甚至差异甚大，所以此工作组的目标是澄清各个术语和概念之间的区别并弄清各个技术之间的关系，以提供对技术的准确定义和对关键技术的精确解释。此工作组目前已经发布了 IEEE Std 1900.1™-2008 标准“IEEE Standard Definitions and Concepts for Dynamic Spectrum Access: Terminology Relating to Emerging Wireless Networks，System Functionality，and Spectrum Management”。

1900.2 工作组：此工作组的任务是为不同无线网络间的干扰和共存分析提供操作规程建议。此前有关无线网络间干扰和共存分析的操作规程建议主要是基于固定的、静态的、排他性的频谱分配模式。随着新一代无线网络技术的出现，网络的特性越来越趋向于灵活、动态、智能以及资源共享等，此前的操作规程建议并不完全适应新型网络。为了应对新一代网络的挑战，此工作组致力于提供分析各种无线网络间共存和相互间干扰的技术指导方针和统一框架。此工作组目前已经发布了 IEEE Std 1900.2™-2008 标准“IEEE Recommended Practice for the Analysis of In-Band and Adjacent Band Interference and Coexistence Between Radio Systems”。

1900.3 工作组：此工作组的主要任务是为软件无线电设备的软件模块制定一致性评估的操作规程建议并提供用于一致性评估的测试方法，同时提供分析软件无线电中软件模块的技术指导方针以保证这些模块符合监管和操作需求。软件无线电模块是未来认知无线电网络的一个很重要的模块，将来部署的软件无线电设备将会包含多层软件模块，每层都具有不同的功能，相应的操作规程必须对这些软件模块进行有效的一致性测试，以保证相应功能在事先确定的监管和操作限制内正确执行。

1900.4 工作组：此工作组的任务是在异构无线环境中制定一种可以优化无线资源和服务质量的管理系统：包括 NRM（管理网络参数的重配置）、TRM（管理终端参数的重配置）等，NRM 和 TRM 通过交互信息来共同做出资源使用的决定，以便在异构无线环境中优化无线电资源的使用。目前已经发布了 IEEE Std 1900.4™-2008 标准“IEEE Standard for Architectural Building Blocks Enabling Network-Device Distributed Decision Making for Optimized Radio Resource Usage in Heterogeneous Wireless Access Networks”，发布的标准主要是对系统结构和各个构建模块的功能进行了定义，各个模块之间的具体接口和协议将在后续标准中进行制定。从 2009 年 4 月开始，1900. 4 工作组开始制定另外两个标准：（1）1900.4a：“Standard for Architectural Building Blocks Enabling Network-Device Distributed Decision Making for Optimized Radio Resource Usage in Heterogeneous Wireless Access Networks - Amendment: Architecture and Interfaces for Dynamic Spectrum Access Networks in White Space Frequency Bands”，此标准将对 IEEE Std 1900.4™-2008 标准进行相应的补充，补充内容主要集中于在频谱空洞处工作的动态频谱接入网的系统结构和接口；（2）1900.4.1：“Standard for Interfaces and Protocols Enabling Distributed Decision Making for Optimized Radio Resource Usage in Heterogeneous Wireless Network”，此标准将对 IEEE Std 1900.4™-2008 标准中各个模块之间的具体接口和协议进行制定。

1900.5 工作组：此工作组的主要任务是定义一整套在不同厂商的兼容设备间进行互操作的策略原语和策略架构，用于管理动态频谱接入网络中的认知无线电功能和行为。初期的工作将集中于标准化策略原语的必备特征，定义的策略原语将和一个或多个策略架构进行绑定以对动态接入网络中认知无线电的功能和行为进行说明；后期的工作将在前期工作的基础上对实现细节进行定义，重点聚焦于互操作性。

1900.6 工作组：此工作组的主要任务是定义一个用于无线系统中频谱感知模块与其他模块之间的可扩展的接口框架和数据结构，以使频谱感知模块的发展演进与其他系统模块之间的发展演进相独立，但同时又不会限制各自的发展。现在提出的一些基于频谱感知技术的先进无线电系统是将感知模块和其他基于感知结果的功能模块结合在一个架构中，但这种架构会限制各自的发展。如果让感知模块和其他模块之间各自独立发展，就要保证这两种模块之间的互操作性，因为感知模块和其他模块可能是不同制造商提供的。1900.6 工作组就致力于提供一种可用于感知模块和其他模块之间的可扩展的信息交互方式。

SSC41 认为 SDR 使得 CR/DSR 成为可能[1]，它关注不兼容无线网络之间架构概念和网络管理细节的研究，而不是添加到物理层或者媒体接入控制协议层的具体机制。SCC41[2]开发 3G/4G、Wi-Fi 和 WiMAX 网络之间动态频谱接入的基于策略的网络管理。IEEE SCC41 将在更少架构的无线网络提供垂直和水平网络重配置管理，以提高互操作性。

图 9-1 显示了使得认知和非认知无线接入网络之间频谱管理成为可能的 SCC41 操作概念。网络重配置管理功能同终端无线管理功能进行交互以提供无线设备无线网络环境的互操作性。这些环境的动态频谱接入和管理包括每个网络通过策略进行分布式决策。DSA 管理的分布式决策制定可以解释这个能力。P1900.4 兼容架构允许终端和网络重配置以解释这些因素并可能使用现有的网络设备实现无缝连接。

SCC41 近来提议了两个工作组来处理策略语言（P1900.5）和射频频谱感知（P1900.6）。这两个小组的目标是开发使用基于本体语言的策略语言框架并在 TRM 实现管理感知功能。

下面分别简要介绍两个重要工作组：1900.4 和 1900.6 的标准化进展情况

1. IEEE P1900.4

2007 年 2 月，IEEE 正式成立了 IEEE 1900.4 工作组，称为“IEEE 标准之中使得异构无线接入网络能够通过网络设备分布式决策实现无线资源优化利用的架构建筑模块”。

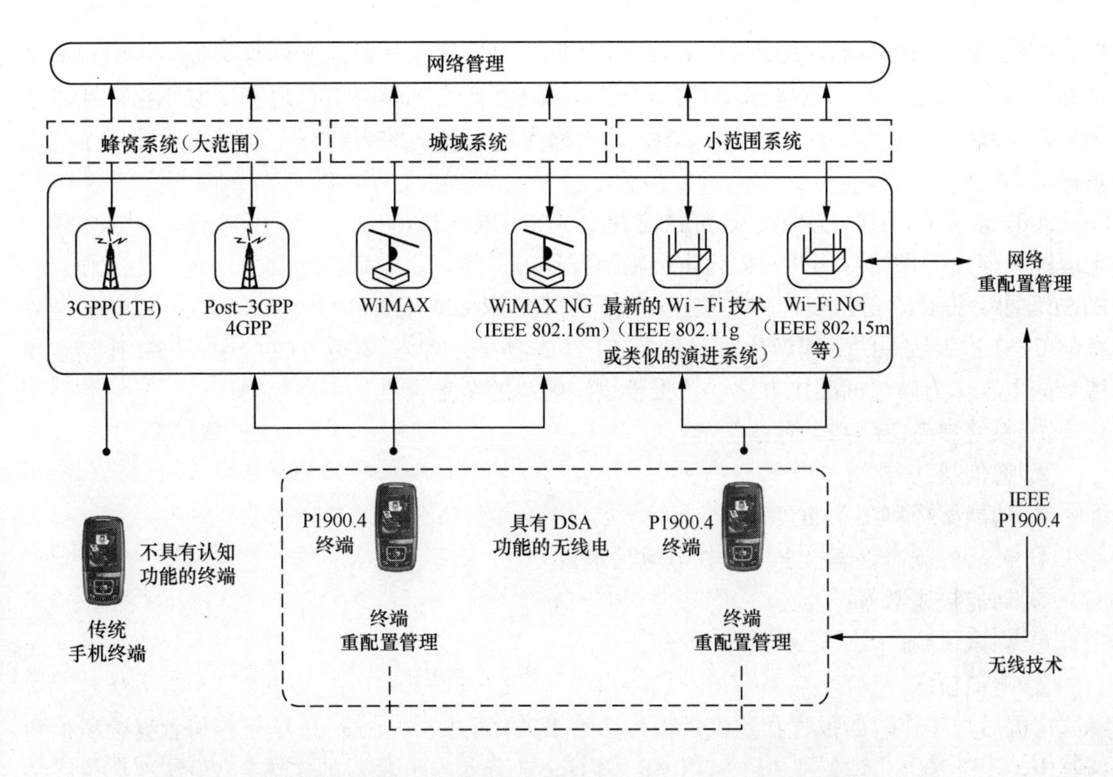

图 9-1　P1900.4 操作理念（CONOPS，P1900.4 Concept of Operations 的缩写）其中，终端使用认知技术实现跨越多个现存网络架构的操作并维持无缝连接

1900.4 工作组的主要目标是在多种无线接入技术共存的环境中，通过定义适当的架构和协议，优化无线资源的使用，尤其是挖掘网络和移动终端之间的交互信——无论其是否同时支持多个链接以及动态频谱接入——从而使全网的容量和服务质量得到提高。

2009 年 2 月该标准已经制定完成并公开发布。2009 年 4 月，1900.4 工作组分为两个方向进行后续工作，分别为 1900.4.1 和 1900.4a，方便系统架构的细化，同时去除不用的接口。

2．IEEE P1900.6

目前基于检测技术（比如 802.22）的先进认知系统是将检测与协议以及通过未授权的形式使用检测结果的认知引擎结合起来。这种结构限制了以提高系统性能为目的的新技术的发展。当检测结果不再是单系统行为时，应归纳到包括频谱监测及执行的频谱管理过程中去。

为了解决以上问题，2008 年 IEEE SCC41 委员会成立了 IEEE 1900.6 工作组。作为 SCC41 动态频谱接入网络研究的一部分，1900.6 主要负责动态频谱接入以及其他先进无线通信系统的频谱感知接口和数据结构的标准化工作。

1900.6 工作组致力于规范单设备检测、协作检测、分辨恶意检测信息、上报数据结构、执行规范等。

目前，1900.6 的工作基本完成，已经处于收尾阶段。

9.3　ETSI

2008 年 1 月，ETSI 理事会#65 批准建立可重配置无线系统技术委员会（TC RRS，Technical

Committee Reconfigurable Radio System）。可重配置无线系统是基于软件无线电（SDR）和认知无线电（CR）的。这些系统充分利用可重配置无线电和网络自适应动态变化环境的能力以确保端对端的连接的可靠性。E2R II 欧洲委员会资助的无线开发项目组对此展开了大量研究。

2007 年春天，ETSI 理事会已经决定建立 SDR/CR Ad-Hoc 工作组，意在评估在这些课题上展开标准化工作的可能性并向理事会提出发展方向建议。最后作出如下决定：由工作组向 ETSI 理事会提交一份报告，详细描述 ETSI 内部 SDR/CR 标准化的分析和建议。E2R II 合作者就 ETSI 报告展开的工作产生了一份 ETSI 具体输入文档[3]。在这个文档中，E2R II 指定支持一些主题作为候选标准化方案。该报告设法解决的全部标准化主题包括：

① 系统参考文档和一致的标准；

② 通信超立方体；

③ 功能架构和相关的接口；

④ 灵活的频谱管理技术（认知导频信道）；

⑤ 功能描述语言；

⑥ 测试说明；

⑦ 测量技术。

定稿后，工作组的报告和建议就被传送给 ETSI 理事会。E2R II 项目参与者继续积极参与其中，直到 2006 年 12 月 7 日 SDR/CR Ad-Hoc 工作组召开最后的实体会议。这次会议终结工作组的工作，同时 E2R II 提供一份具体的报告[3]，从 E2R II 的角度提出了不同标准化组织在这一领域工作的相关方向的总体看法。这些标准化组织包括 ETSI TC RRS 和 IEEE SCC41。在这些不同的技术体制中 CPC 也包括在内。特别地，ETSI 内部 CPC 的标准化活动集中于以下方面。

① 公共的（带外物理信道）：网络运营商的“黄页”（广告商）使得在同一频带上实现异构环境下全球范围内新的 RAT 同演进 RAT 快速优化的连接成为可能。

② 私有的（带外和带内的逻辑信道和/或者物理信道）：基于运营商的 CPC（单个运营商或者多运营商联合）使得：（1）本地范围内异构环境下的快速和优化的连接性；（2）异构环境中运营商能够实现快速优化的无线资源和频谱管理。关于（2），ETSI 标准化应该与 SCC41/P1900.4 的标准化相接，以便开发出“无线使能”工具的清晰界限。

如前所述，ETSI 理事会在 2008 年 1 月的会议中实现了积极决策。在 E3 一边有若干官方支持的成员以及另外一些设想提出贡献的组织，甚至有尚未被支持的成员。

ETSI TC RRC 的第一次会议在 2008 年 3 月举行。在这次会议中，工作组 WG 结构获得批准。值得一提的是，这次会议通过如下 4 个 WG：系统方面、设备架构、FA（Functional Architecture）和 CPC 以及公共安全。E3 将主要致力于“设备架构”和“FA 和 CPC”工作组，为此需要针对这 2 个工作组准备具体的工作条目（WI，Working Item）。

提供 WP5 内部不同活动实现的技术工作输入，E3 的一个主要目标是为构建的 TC RRC 做出贡献。特别地，关于 CPC 的工作将包含于其定义的定稿，并重点关注架构和功能两个方面。虽然 IEEE 中 CPC 可能局限在传输简单的带内信息，在 ETSI 中可能启动带外 CPC 使用的工作，并将 CPC 概念运用于当前 ETSI 标准化的 RAT。机会不仅存在于开始带外 CPC 使用的工作中，也存在于在已经标准化的现存无线接入网中应用 CPC 概念。

9.4 软件无线电论坛

2003 年 8 月软件无线电论坛就开始探讨放松当前严格的频谱划分政策的可能性，研究通过开发新的智能无线电设备从而提高频谱利用效率。

该论坛于 2004 年 10 月成立了认知无线电工作组与认知无线电特殊兴趣组，专门开展有关认知无线电技术的研究。认知无线电工作组的主要任务是标准化认知无线电定义及确认可用于认知无线电的技术。特殊兴趣组的任务是对工作组所确认的技术确定其商业应用的价值。鉴于软件无线电论坛的特殊任务，目前主要致力于开展认知无线电平台的分析和多模式调整功能的研究。

2006 年 4 月，软件无线电论坛于旧金山召开了认知无线电工作组会议。2006 年 6 月软件无线电论坛对认知无线电技术可能面临的挑战进行了讨论。2006 年 11 月软件无线电论坛也组织了认知无线电的专题讨论会。

2007 年 1 月软件无线电论坛会议上，认知无线电与频谱效率工作组决定对 FCC 相关的一些工作做出回应。

2008 年 9 月，在软件无线电论坛给出的一份报告“Cognitive Radio Definitions and Nomenclature”中，认知无线电工作组提出一种利用分层结构的概念模型，软件无线电接近于物理层的射频信道，认知层在 SDR 层以上，应用层以下。这种架构的一个目标是为具体应用隐藏软件无线电的复杂度。认知“引擎”与 SDR 的结合组成“认知无线电”或认知软件无线电，认知层用于以最小的用户交互或监管以优化或控制 SDR。在该模型中认知引擎接收输入、决策并从现有和历史的知识经验中推断以控制并向结构灵活的 SDR 发出配置命令。

认知无线电架构方案如图 9-2 所示。

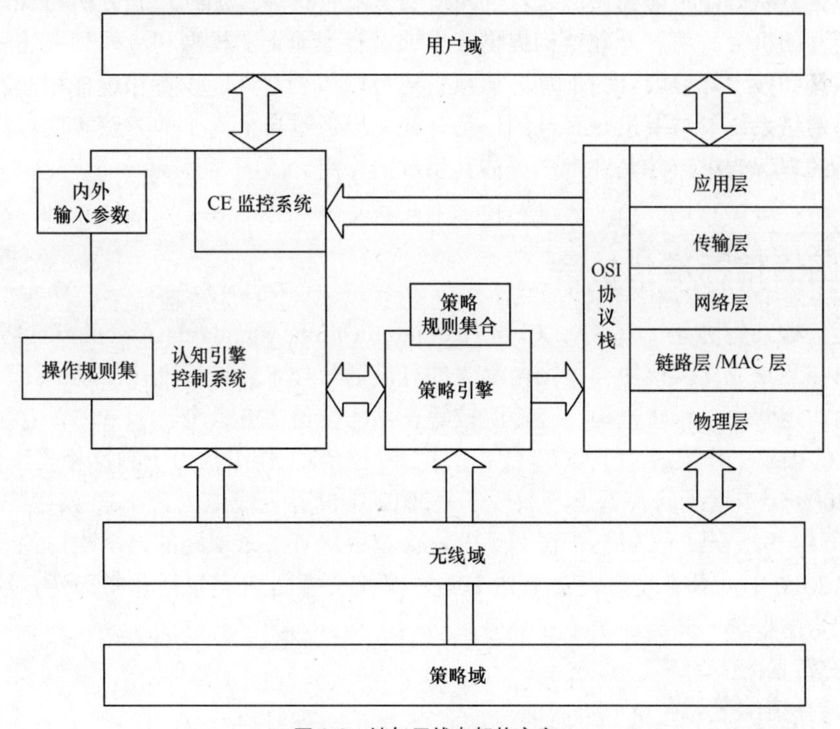

图 9-2　认知无线电架构方案

由于重配置无线电技术已经不再是单纯的软件无线电，包括了认知无线电和动态频谱接入，为更好支持论坛的长期发展和会员需求，而且软件无线电论坛包括了下一代无线网络产业链的许多机构，为反映这种需求，2009 年 12 月，软件无线电论坛商业用名改为 Wireless Innovation Forum，即 Version 2.0 of The SDR Forum。2010 年 3 月，在 SanDiego 论坛的第 65 次工作会议上，Wireless Innovation Forum 启动了一个新的项目“Test Guidelines for TV Whitespace”，以支持设备设计商和生产商、测试设备供应商、测试和评价服务提供商、认证机构、频谱授权者、无线业务提供商和终端用户开发新的技术如动态波形激活、选择调度、动态频谱接入、次级和未授权频谱接入（如，通过 TVBD (Television Band Devices)）及其他基于策略的运行。该项目会提供一份关于 TVBD 中由 SDR/CR 技术实现的测试所面临的挑战的报告，并提供测试和认证的基础。

认知无线电工作组（CRWG，Cognitive Radio Working Group）会最终形成一份名为“Quantifying the Benefits of Cognitive Radio”的报告，为世界范围内电信商和频谱机构理解下一代无线系统中使用认知无线电技术所带来的优势。该报告会提交给 ITU-R 并作为管理机构的依据来认识认知无线电技术的优势和系统设计选择。另外，CRWG 还会继续在以下两个已有项目上展开研究。

认知无线电数据库（CRDB，Cogntive Radio Data Base）——预计未来 CR 需求的无线电环境地图（REM，Radio Environment Map）。该规范用于第三方数据库提供商和频谱空洞来源方提供关于数据库结构和标准化形式及功能以支持必要的灵活性，目的是适应现在和未来的认知无线电频谱应用，如移动性、频谱经济交易、退出、切换、可用网络和服务等。

信息处理架构：该报告用于处于复杂的信息系统和其相应的通信子系统中的参与方表示其系统的现运行状态，考虑如何从过程的角度对其进行扩展和加强，并分析与其他有相似特征的系统交互的机会。信息处理结构提供一个通过自上而下的模型和一系列描述复杂系统结构运行、系统和技术标准观点的工具。该报告还可以用于定义、设备和选择相关的认知无线电处理，对通信系统参与者也是有益的，另外还可以通过自上而下的方法实现对结构和信息系统间关系的理解改进，并允许用户评估其系统的作用。

9.5 中国通信标准化协会

中国通信标准化协会（CCSA，China Communications Standards Association）于 2002 年 12 月 18 日在北京成立。该协会是国内最大的开展通信技术领域标准化活动的团体，目前有包括制造商、运营商、科研机构、高等院校等在内的会员 270 余个。

CCSA 的频率工作组成立于 2000 年 12 月 28 日，该工作组致力于频率相关工作的研究。工作组在 2009 年申请了研究课题项目——“2012 年世界无线电大会 1.19 议题的研究”，在最近的 2010 年 7 月 6 日至 7 日召开的第 39 次会议上进行了该课题的第 7 次讨论。

目前“2012 年世界无线电大会 1.19 议题的研究”报告内容包括非常广泛，经过讨论基本确定了报告的框架，共分 5 个主要部分：

① 研究背景；

② 技术介绍；

③ ITU-R 相关工作的研究；

④ 对频谱管理政策影响的分析；

⑤ 对我国频谱管理政策的建议。

第 39 次频率工作组会议共收到该议题相关文稿 9 篇，内容涉及认知无线电（CR）技术在现有 IMT 系统的应用分析及实现方案、CR 在空白 U 频段（White Space）的应用、其他标准化组织相关工作的研究、CR 应用场景的分析、CR 频谱管理需求分析及 CR 所引发的频谱管理问题。会议将这些输入文稿综合编辑到研究报告文稿中，并试图对文稿进行详细讨论，但因为时间的关系，并未展开，将在随后的会议中进行。

会议就该项目目前内容与我国 1.19 议题 CPM 大会的相关度，以及技术内容和规则内容的平衡等方面进行了讨论，最后，会议决定新立一个项目，CRS 研究报告，专门用于研究提高频率利用率的认知无线电技术的技术及应用等方面的研究。而本项目仅保留与 WRC12 1.19 紧密相关的内容。

该组计划于 2010 年底提出研究报告较稳定的版本，于 2011 年上半年完成最终版。

参考文献

[1] Prasad R V, et al. Cognitive Functionality in Next Generation Wireless Networks: Standardization Efforts. IEEE Communications Magazine, 2008, 46.

[2] Guenin J. IEEE Standards Coordinating Committee 41 on Dynamic Spectrum Access Networks: Activities, Technical Issues, and Results. Presentation-IEEE Standard Co-ordination Committee 41, Sept. 2007.

[3] ETSI SDR/CR ad-hoc group. Report on potential for standardisation of Software Defined Radio (SDR) and Cognitive Radio (CR) at ETSI. September 2007.

缩略语

3G	3rd Generation (mobile communication system)	第三代（移动通信系统）
AC	Automomic Computing	自主计算
AM	Adaptive Modulation	自适应调制
AMC	Adaptive Modulation and Coding	自适应调制编码
AP	Access Point	接入点
APA	Adaptive Power Allocation	自适应功率分配
ASM	Advanced Spectrum Management	先进的频谱管理
B3G	Beyond 3rd Generation	超 3G 移动通信系统
BI	Balance Index	均衡指标
BTSM	BTS Management	基站管理
CAPEX	CAPital EXpenditure	资本支出
CBP	Coexistence Becon Protocol	共存信标协议
CBSMC	Cognitive Base Station Measurement Collector	认知基站测量收集器
CBSRC	Cognitive Base Station Reconfiguration Cotroller	认知基站重配置控制器
CBSRM	Cognitive Base Station Reconfiguration Manager	认知基站重配置管理器
CDF	Cumulative Distribution Function	累积分布函数
CDT	Channel Detection Time	信道检测时间
CE	Cognitive Engine	认知引擎
CLO	Cross Layer Optimization	跨层优化
CLP	Constraint Logic Programming	约束逻辑编程
CMA	Circumstance Matching Algorithm	环境匹配算法
CNE	Core Network Entity	核心网实体
CPC	Cognitive Pilot Channel	感知导频信道
CPE	Customer Premises Equipment	用户驻地设备
CPWG	Cognitive Radio Work Group	认知无线电工作组
CQI	Channel Quality Indicator	信道质量指示器
CR	Cognitive Radio	认知无线电
CRDB	Cogntive Radio Data Base	认知无线电数据库
CRS	Cognitive Radio System	认知无线系统
CSI	Channel State Information	信道状态信息
CSP	Constraint Satisfaction Problem	满意度受限问题
DAPRA	Defense Advanced Research Projects Agency	美国国防部高级研究计划署
DNPM	Dynamic Network Planning and Management	动态网络规划和管理
DSA	Dynamic Spectrum Allocation	动态频谱分配

DSM	Dynamic Spectrum Management	动态频谱管理
DSNPM	Dynamic Self-organizing Network Planning and Management	动态自组织网络规划和管理
DSS	Dynamic Spectrum Sharing	动态频谱共享
DSS	Dynamic Spectrum Selection	动态频谱选择
DySPAN	Dynamic SPectrum Access Network	动态频谱接入网络
E2R	End-to-End Reconfiguration	端到端重配置
E3	End-to-End Efficiency	端到端效能
EMD	Evaluation Method Documents	评估方法文档
FA	Functional Architecture	功能架构
FBS	Flexible Base Station	灵活基站
FCAPS	Fault、Configuration、Account、Performance、Security Management	故障管理、配置管理、计费管理、性能管理、安全管理
FCC	Federal Communications Commission	美国联邦通信委员会
FFT	Fast Fourier Transformation	快速傅里叶变换
FSM	Fixed Spectrum Management	固定频谱管理
GoS	Grade of Service	服务等级
GPS	Global Positioning System	全球定位系统
HI	High interference Indicator	强干扰指示器
HO	HandOver	切换
HSS	Home Subscriber Server	归属用户服务器
ICIC	Inter Cell Interference Coordination	小区间干扰协调
IDT	Incumbent Detection Threshold	授权用户感知门限
IE	Interference Estimator	干扰预测
IEEE ComSoc	IEEE Communication Society	IEEE 通信协会
IEEE EMC	IEEE Electromagnetic Compatibility Society	IEEE 电磁兼容协会
IEEE SCC	IEEE Standards Coordinating Committee	IEEE 标准协商委员会
ISP	Internet Service Provider	Internet 服务提供商
JOLDC	JOint Load Control	联合负载控制
JOSAC	JOint Session Admission Control	联合会话接纳控制
JOSCH	JOint Section SCHeduling	联合会话调度
JRRM	Joint Radio Resources Management	联合无线资源管理
KPI	Key Performance Indicator	关键性能指示器
LO	Local Oscillator	本地振荡器
LODCL	LOaD ControL	负载控制
LRRM	Local Radio Resource Management	本地无线资源管理
LTE	Long Term Evolution	长期演进
MME	Mobility Management Entity	移动管理实体
MOS	Mean Opinion Score	用户平均意见得分
MRRM	Multi-Radio Resource Management	多种无线接入技术共存的资源管理
MRSS	Multi-Resolution Spectrum Sensing	多分辨率频谱检测
NBAP	Node B Applition Part	Node B 应用部分
NGMN	Next Generation Mobile Networks	下一代移动网络
NGN	Next Generation Network	下一代网络
NM	Network Manager	网络管理实体
NP-hard	Non-deterministic Polynomial-time Hard	非确定性的多项式时间复杂度
NRM	Network Reconfiguration Manager	网络重配置管理实体
NRM	Network Reconfiguration Management	网络重配置管理功能

O&M	Operation and Management	运营管理
OAM	Operation Adruiaistration and Maintenance	运营、管理和维护
OF	Object Function	目标函数
OI	Overload Indicator	负荷指示器
OPEX	Operating Expense	运营成本
OSM	Operator Spectrum Manager	运营商频谱管理实体
PAR	Project Authorization Request	项目提案需求书
PMD	Physical Media Dependant	物理媒体相关
PRB	Physical Resource Block	物理资源块
PSNR	Peak SNR	峰值信噪比
QoS	Quality of Service	服务质量
RA	Registration Authority	注册中心
RAN	Radio Access Network	无线接入网
RANE	Radio Access Network Entity	无线接入网络实体
RAT	Radio Access Technology	无线接入技术
RCM	Reconfiguration Management	重置管理
RE	Radio Enabler	无线使能器
REM	Radio Environment Map	无线电环境地图
RKRL	Radio Knowledge Rendering Language	无线知识描述语言
RRM	Radio Resource Management	无线资源管理
RSSI	Received Signal Strength Indication	接收信号强度指示
SA	Spectrum Agent	频谱代理
SAC	Session Admission Control	会话接入控制
SAP	Service Access Point	业务接入点
SC-FDMA	Single Carrier Frequence Division Multiple Access	单载波频分多址接入
SCH	Super frame Control Head	超帧控制头
SDD	System Description Documents	系统描述文档
SDR	Software Defined Radio	软件无线电
SGW	Serving GateWay	服务网关
SINR	Signal to Interference plus Noise Ratio	信干噪比
SM	Spectrum Market	频谱市场
SNR	Signal to Noise Ratio	信噪比
SOCRATES	Self-Optimisation and self-ConfiguRATion in wirelESs networks	自优化、自配置无线接入网
SOI	Spectrum Opportunity Index	频谱机会指数
SON	Self Organized Network	自组网
SRD	System Requirement Documents	系统要求文档
TREST	TRaffic ESTimation	业务预测模块
TRM	Terminal Reconfiguration Manager	终端重配置管理
TRSCH	TRaffic SCHeduler	业务调度器
UE	User Equipment	用户设备
UHF	Ultra-high Frequency	超高频
UPE	User Plane Entity	用户平面实体
URS	Useful Released Surface	有用可释放平面
VHO	Vertical HandOver	垂直切换
WMAN	Wireless Metropolitan Area Network	无线城域网
WRAN	Wireless Regional Area Network	无线区域网络
WSM	White Space Manager	频谱空洞管理器